植物育種原理

東京農業大学教授
藤 巻 宏

東 京
株式会社
養 賢 堂 発 行

はしがき

地上の生きとし生けるものは，植物の光合成により作られる有機物質を利用して生存している．人類も例外ではなく，農作物を栽培したり，家畜を飼育したり，農畜産物を加工したりして，生活に必要な物資や資材を得ている．農業生産では，育種技術により品種の遺伝的能力を高め，栽培技術によりその能力を発揮させ，農作物の収量や品質を高める．農業生産や農畜産物の加工に必要な技術は，作物品種，肥料，農薬，農機具などの資材開発を行うハードテクノロジーと，栽培，農作業，灌漑，施肥，病虫害防除，農産加工などに関連するソフトテクノロジーとに区分できる．

大学や大学院の講義では，肥料，農薬，農機具の開発に関するハードテクノロジーについて論ぜられることは少なく，むしろ，それらの利用技術に重点がおかれる．しかし，作物育種の講義では，農作物の品種開発に直接関連する技術が論ぜられる．一般の人々の関心も品種開発の具体的方法より品種の特性や栽培法に関心が集まりがちである．

ところで，厳しい農業情勢の下で国産農産物の国際競争力を高めるには，生産や流通の合理化による抜本的なコスト低減とともに，ユニークな品質・成分をもつ作物品種を開発し，それらの特性を活かした加工技術により付加価値を高めることがとくに重要である．こうした情勢の下では，従来のように作物育種を公的機関や一部の種苗会社に任せておくのではなく，農業団体や生産者が自ら特産農作物の改良に積極的に取り組み，地域あるいは経営体ごとに独自のブランド品種を開発することが期待される．

そこで，本書では，植物育種を実践的技術として位置づけ，遺伝学や生物工学技術（バイオテクノロジー）に関連する記述を最小限にとどめ，育種技術の基本原理を体系的に整理し記述するとともに，次の点に特色を持たせた．

① 農作物の繁殖様式と植物集団の構造との関連に基づき，作物育種の基本原理を体系的に整理して記述した．

② 遺伝子，染色体，ゲノム，個体，集団のあらゆるレベルの原理を包括的

に解説した．

③ 組織培養，細胞融合，組換え DNA などの生物工学技術を作物育種の部分技術として位置づけた．

④ 国際的に深刻化している遺伝資源，品種，種苗，遺伝子をめぐる知的所有権問題をやや詳しく論じた．

⑤ 組換え作物の生態系影響評価や組換え食品の安全性評価について記述した．

本書の執筆にあたり，原稿を精読し有益な助言をいただいた菊池文雄氏をはじめ，必要な計算の一部を快く引き受けいただいた鵜飼保雄氏，一部の未発表データを提供してくれた福田善通氏，その他写真を提供していただいた諸氏に深く感謝する．本書の出版を快諾していただいた養賢堂の矢野勝也 氏ならびに編集の労をとっていただいた奥田暢子 氏に謝意を表する．さらに，一部の挿絵を描くとともに，かけがえのない支援を惜しまなかった妻 初子に深謝する．

2003年9月29日

東京農業大学・国際食料情報学部
藤巻　宏

目　次

第1章　栽培植物の進化と遺伝的多様性の解析……… 1
1. 高等植物の出現と進化……………… 2
2. 栽培植物の選択……………………… 3
3. 栽培植物の起源と多様性の中心 …… 4
4. 栽培化シンドローム………………… 6
(1) 種子脱落・撒布性の低下 ………… 6
(2) 種子休眠性の消失………………… 7
(3) 環境反応性の変化………………… 7
(4) 環境ストレス耐性の消失 ………… 8
(5) 生殖様式の変化 …………………… 8
(6) 収穫部位の変化 …………………… 9
(7) 有害・不快成分の除去…………… 9
(8) 野生イネの栽培化模擬実験………11
5. 雑草と二次作物の進化……………12
6. 品種分化と遺伝的多様性の解析 …13
(1) 表現形質の変異解析 ……………13
(2) 核型分析 …………………………14
(3) アイソザイム分析…………………14
(4) DNA多型分析 ……………………16

第2章　植物遺伝資源の保全と管理…………………………19
1. 植物遺伝資源をめぐる内外情勢 …20
2. 農業生物資源ジーンバンク ………21
(1) 遺伝資源の探索と収集……………24
(2) 収集遺伝資源の分類と同定………26
(3) 遺伝資源の保存と増殖……………26
(4) 特性情報の収集と管理……………30
(5) 遺伝資源の配布 …………………31
(6) 遺伝資源情報の管理 ……………32
3. 国際遺伝資源計画…………………33
4. 生物遺伝資源をめぐる権利問題 …36
(1) 生物多様性条約 …………………36
(2) 食糧および農業に用いられる植物遺伝資源に関する国際条約…37
(3) 資源の権利化と遺伝子特許………38

第3章　植物形質の遺伝原理…………………………………39
1. 植物の生活環………………………39
2. 核相交代と細胞分裂………………40
3. メンデルの遺伝の法則……………42
(1) 優性の法則 ………………………43
(2) 分離の法則 ………………………44
(3) 独立の法則 ………………………45
4. 組換えと連鎖地図…………………47
(1) 遺伝子の連鎖……………………47
(2) 連鎖分析と連鎖地図 ……………48
5. 遺伝子間相互作用…………………51
(1) 優・劣性…………………………51
(2) 上位性……………………………52
(3) 補足作用…………………………52
(4) 重複作用…………………………53
(5) 抑制作用…………………………53
(6) 上位作用…………………………54
6. 細胞質遺伝（母性遺伝）……………54
7. 倍数性の進化と倍数体の作出 ……55
8. ゲノムとゲノム分析………………59

第4章　組織・細胞培養と遺伝子機能の発現 …62
1. 器官・組織・細胞などの培養 ……63
(1) 茎頂培養…………………………65

(2) 胚培養……66
(3) 葯・花粉培養……67
(4) プロトプラスト培養……68
2. 細胞融合……68
3. 遺伝子とDNA……69
4. DNAの複製……71
5. 遺伝子発現のセントラルドグマ……72
(1) 転　写……72
(2) スプライシング……73
(3) 翻　訳……73
6. 遺伝子の発現調節……75
7. 遺伝子の単離とクローニング……76
(1) 制限酵素……76
(2) ベクター……78

第5章　組換えDNAとGM作物の開発……80
1. 組換えDNAの原理……80
(1) プラスミド感染……81
(2) エレクトロポレーション……82
(3) パーティクルガン……82
(4) ポリエチレングリコール……82
2. 抗菌性タンパク質遺伝子導入による耐病性イネの開発……85
(1) アブラナ科野菜由来の抗菌タンパク質デフェンシン遺伝子の導入によるいもち病抵抗性GMイネの開発……86
(2) エンバク由来抗菌性タンパク質チオニン遺伝子の導入による苗立枯細菌病抵抗性GMイネの開発……88
3. GM作物の栽培・普及の現状と問題点……89
4. 植物育種における生物工学技術の活用……92

第6章　植物の生殖様式と集団構造……96
1. 植物の生殖様式……96
2. 植物集団の構造……101
(1) 集団の大きさ……102
(2) 種子稔性や生存率の差異……102
(3) 自然選択と人為選抜……102
(4) 突然変異……103
(5) 移　住……103
(6) 交配様式……103
3. Hardy − Weinbergの法則……104
4. 自殖集団と他殖集団の構造比較……106
5. 連鎖平衡と連鎖打破……107

第7章　量的形質の遺伝解析……112
1. Johannsenの純系説……113
2. ポリジーン……114
3. 量的形質の遺伝……117
4. 遺伝変異と環境変異……119
5. 分散分析による遺伝分散成分の推定……121
(1) 他殖性作物集団……121
(2) 自殖性作物集団……123
6. 親子間共分散による相加分散成分の推定……124
(1) 片親に対する半きょうだい系統の共分散……124
(2) 中間親に対する全きょうだい系統の共分散……125
7. ダイアレル分析による遺伝変異の解析……126
(1) 分散分析……127
(2) $V_i - W_i$ グラフによる分析……128

(3) イネの突然変異系統の脱粒性に関する分析例 ……129

第8章　育種目標と育種計画 ……132

1. 育種目標の設定……132
2. 収量性の向上……134
(1) ソース機能の増強……135
(2) シンク容量の拡大……137
(3) 収穫指数……138
3. 品質成分特性の改良……138
4. 環境ストレス耐性の向上……141
(1) 物理的ストレッサー……142
(2) 化学的ストレッサー……142
(3) 生物的ストレッサー……143
5. 早晩性と作型分化……145
(1) 基本栄養成長……146
(2) 感温性と春化……147
(3) 感　光　性……147
6. 育種計画の策定……149
(1) 組合せ育種……149
(2) 超越育種……150
(3) 戻し交配育種……150
(4) 突然変異育種……150
(5) 組換えDNA育種……150
7. 育種の流れと育種体系……151

第9章　遺伝変異の誘発と選抜基本集団の養成……154

1. 育種素材の選定……154
2. 人工交配……155
(1) 生殖様式と花器構造……156
(2) 開花期の調節……157
(3) 温湯除雄と雄性不稔の利用……158
(4) 遠縁交配……159
3. 染色体異常……159
(1) 倍数性と異数性……160
(2) 半数体の誘発と育種的利用……161
(3) 染色体の構造変化……162
4. 突然変異……163
5. 培養変異……166
6. 組換えDNA……168
7. 選抜基本集団の養成……168
(1) 遺伝変異の固定……169
(2) 循環選抜による有望遺伝子型頻度の向上……170

第10章　自然選択と人為選抜 ……171

1. 自然選択と環境適応……172
2. 自然選択のタイプ……174
(1) 方向選択……174
(2) 安定化選択……175
(3) 分裂選択……175
3. 選抜単位と選抜効果……176
4. 個体選抜と系統選抜……177
5. 遺伝率の推定……178
(1) 分散分析による広義の遺伝率の推定……179
(2) 回帰分析による狭義の遺伝率の推定……180
(3) 選抜実験による遺伝率の推定……181
6. 後代検定に基づく選抜……183
7. 循環選抜……184
(1) 表現型に基づく循環選抜……184
(2) 後代検定に基づく循環選抜……184
(3) 単純循環選抜……185
(4) 相反循環選抜……186
8. 戻し交配法……187
9. 選抜基準と選抜指数……190

(1) 単形質選抜……………………190
(2) 多形質選抜……………………191
10. DNA マーカー選抜……………192
(1) 質的形質の改良………………192
(2) 量的形質の改良………………193

第11章　純系改良（IBL）方式……194

1. 自殖性作物の育種法……………194
2. 遺伝変異の誘発…………………195
3. 遺伝変異の固定と基本集団の養成……196
4. 個体選抜…………………………199
5. 自殖系統の養成と系統選抜……200
6. イネ品種「どんとこい」の育成…202
7. 新品種の維持と増殖……………205
(1) 自殖性作物の原種生産…………205
(2) 純系品種の固定度………………206

第12章　開放受粉集団改良（OPP）方式……208

1. 集団構造と遺伝子頻度の変化……208
(1) 機会的浮動……………………209
(2) 自然選択………………………210
(3) 移　住…………………………212
(4) 突然変異………………………212
2. 人為選抜による遺伝的進歩……213
3. 表現型による集団選抜…………214
4. 後代検定に基づく集団改良……215
(1) 表現形質の改良………………216
(2) 組合せ能力の改良……………216
5. 合成品種の育成…………………217

第13章　一代雑種改良（HYB）方式……219

1. 雑種強勢（ヘテロシス）の効果……219
2. 雑種強勢発現の原理……………222
(1) 超優性説………………………223
(2) 優性遺伝子連鎖説……………223
3. 組合せ能力の検定と評価………224
(1) 総当たり交配法………………225
(2) トップ交配法…………………226
4. 一代雑種（F_1）品種の開発……226
5. 単交配による一代雑種トウモロコシの育成……228
6. 一代雑種（F_1）種子の生産技術……230

第14章　栄養系改良（CLO）方式……233

1. 遺伝変異の誘発…………………233
(1) 人工交配………………………234
(2) 遺伝子突然変異………………234
(3) 染色体異常……………………234
(4) 培養変異………………………236
2. 栄養系（クローン）養成と選抜…237
3. ジャガイモとナシの品種開発……238
(1) クローン選抜によるジャガイモ品種「Hampton」の育成……238
(2) 枝変わり突然変異によるナシ品種「ゴールド二十世紀」の育成……239
4. クローン増殖……………………242
(1) PLB 由来メリクロン…………242
(2) 苗状原基………………………242
5. ウイルスフリー種苗の生産……243
(1) ウイルスフリー化の原理………243
(2) 茎頂培養によるウイルスフリー植物の作出……244

第15章　選抜系統の特性検定 ……246

1. 病害虫抵抗性……246
　(1) 真性抵抗性と圃場抵抗性……248
　(2) 病原性の分化と真性抵抗性の崩壊……249
　(3) 判別品種による病原菌レースの分類……250
　(4) 真性抵抗性の育種的利用……252
　(5) 圃場抵抗性の活用……253
2. 環境ストレス耐性……253
　(1) 耐 冷 性……254
　(2) 耐 凍 性……255
　(3) 耐 旱 性……256
　(4) 耐 湿 性……256
　(5) 耐 塩 性……257
3. 品質・成分特性……258
　(1) 外観形質……258
　(2) 流通特性……259
　(3) 加工適性……260
　(4) 消費特性……261
　(5) 成分特性……262

第16章　環境適応性と安全性の評価……267

1. 環境適応性と遺伝子型×環境相互作用……267
2. 分散分析による環境適応性評価……269
3. 回帰分析による広域適応性の評価……271
4. 育成系統の地域適応性検定……273
5. GM農作物・食品の安全性評価……274
　(1) GM作物の環境影響評価……275
　(2) GM食品の安全性評価……279

第17章　品種登録と種苗増殖……282

1. 種苗登録による育成者の権利保護……282
2. 農林番号登録と新品種の奨励普及……285
3. 種苗の増殖……287
　(1) 自殖性作物の種苗増殖……288
　(2) 他殖性作物の種苗増殖……289
　(3) 栄養繁殖性作物の種苗増殖……291
4. 組織培養によるクローン増殖……292
5. DNA分析による品種鑑定……296
　(1) RFLP法……297
　(2) PCR法……298

参照文献……301
索　引……313

第1章　栽培植物の進化と遺伝的多様性の解析

地球生態系では，植物は生産者として，太陽エネルギーを使う光合成により有機物を合成し，動物は消費者として，植物の合成する有機物に依存して生活している．また，微生物は分解者として，動植物の死体や排泄物を分解して，有機物を無機物に戻す役割を果たしている．これら3者のバランスのとれた働きにより，地球生態系は持続的に進化してきた．

植物の光合成では，大気中の炭酸ガスと水とから炭水化物が合成される．光合成により太陽の光エネルギーが炭水化物の中に固定される．ほとんどの生物種は呼吸により炭水化物を燃焼させてエネルギーを得ている．

海中で誕生・進化した植物が陸上にあがるには，大きな体勢の変化を必要とした．第一の変化は，骨格をもたない植物が固い細胞壁をもつ多数の細胞を積み重ねて堅固な立体構造を作り上げたことである．第二の変化は，根系と維管束の発達である．これらは，土壌中の水を効率的に利用するために，不可欠な構造である．第三の変化は，表皮細胞のクチクラ層と気孔の発達である．これらの構造は，余分な蒸発散を防ぐ一方で光合成に必要な炭酸ガスの取り込みを容易にする．

生物進化は遺伝変異と自然選択の所産である．このため，遺伝的多様性に富む生物集団が適応戦略上有利となる．とくに，移動能力を欠く植物は，下種した土地に根付き，気候や土壌条件に適応し生育して子孫を残さなければならない．栽培植物の改良の過程でも，遺伝変異と人為選抜とが両輪の役割を果たす．

およそ46億年前に誕生した地球の歴史の中で，草本性の被子植物がめだって増加したのは，わずか百万年前頃である．さらに，これを正月元旦とし，現在までの年月を1年に例えたとすると，人類が農耕を始めるのは，暮れも押し迫った12月28，29日頃となり，科学的な植物育種は，大晦日の夜11時を過ぎてから開始されたことになる．

1．高等植物の出現と進化

約46億年前の誕生直後の地球には，有機物質も生命も存在しなかったと考えられる．地球上に生命が誕生するまでには，10億年の時間が必要であった．地球上に最初に出現したのは，細菌類や藍藻類のような単細胞生物で，はっきりとした核の構造をもたない原核生物であり，細胞分裂により無性的に増殖していた．やがて，光合成細菌のように太陽エネルギーを使って，空気中の炭酸ガスを固定して有機物を合成できる単細胞生物が出現した．

核膜で隔てられた細胞核をもつ真核生物の出現までには，さらに20億年の歳月が必要であった．多くの真核生物を構成する無機成分の種類や濃度が海水によく似ていることから，真核生物は海の中に出現したと推察されている．

単細胞生物から多細胞生物への進化は，段階的に進んだとみられる．最初はクワノミなどの無秩序な細胞塊，アオミドロのような線状構造，アマノリのような平面構造，そしてコンブのような立体構造を持つ生物へと進化した．

微生物や動物の細胞とは異なり，藻類以上の植物の細胞には光合成に必要な葉緑体がある．植物細胞の葉緑体は，独立した分裂能力と固有のゲノムをもつことなどから，光合成細菌のような微生物が植物細胞に寄生することにより進化したと考えられている．

数億年前までには裸子植物が出現し，一億年前頃までに木本性被子植物が増加するようになった．この間，古生代の石炭期の気候は，北極圏から南極大陸にわたりきわめて温和で，樹木は旺盛に生長し大森林が発達した．この時期に大繁茂した森林資源は，石炭や石油などの化石燃料の原料となった．地上での大森林と海中の珊瑚礁の発達により大気中の炭酸ガスが大量に固定され，その濃度が低下して地球環境が変化した．

数百万年前になって最古の人類が出現し，旧人のネアンダータル人や新人のクロマニオン人の出現までには，百万年以上の歳月が経過した．人類の祖先となったと考えられている原人が生活していた新生代第三紀の時代には，大型の裸子植物や木本性被子植物が繁茂し，恐竜などを含む大型動物が栄えていたとみられる．したがって，原人たちは果実を採集し動物を狩る採集狩猟生活を営んでいたと想像される.

栽培植物とくにコムギ，イネ，トウモロコシなどの主要な穀実作物の仲間の草本性被子植物が目立って増加するのは，百万年前頃になってからである.これから農耕の始まる頃までのおよそ百万年の間に，穀実作物の祖先となる植物種が進化したとみられている.

農耕のはじまりは約一万年前頃とされている．人は森を焼き切り開いて農耕地とした．このことにより自然生態系が破壊され，人の手による管理の下に新たな農業生態系が作り出された.

農耕のはじまりと前後して，コムギなどの植物が栽培化されたと考えられている．人が植物を栽培するようになると，自然の進化とは異なる変化が栽培植物には起こった．種子撒布力や種子休眠性の喪失，生殖様式の変化，含有成分の変化などの栽培化シンドローム（domestication syndrome）と呼ばれる一連の変化が急速に進んだ.

2．栽培植物の選択

現在地球上には，23 万種に及ぶ被子植物が生育し，単子葉植物は 65,000 種，双子葉植物は 165,000 種が繁茂している．これらの中で，人類が農業生産に活用しているのは，ほんの限られた種に過ぎない.

植物分類上の科のレベルでみても，作物として利用されている植物種は，ごく限られた科に偏っている．G. Ladizinsky (1998) の整理によると，食用作物を含む 53 科の中で，多くの重要作物を含む科は次のとおりである.

イネ科 (Gramineae)・・・コムギ，イネ，トウモロコシ，オオムギ，エンバク，ソルガムなど主要な穀実作物と多数の牧草類や飼料作物.

マメ科 (Leguminosae)・・・ダイズ，アズキ，エンドウ，インゲンマメ，ソラマメ，レンズマメなど多種の食用まめ類と数属の牧草類

ナス科 (Solanaceae)・・・ジャガイモ，ナス，トマト，タバコ，トウガラシ類など多種の野菜類，香辛・嗜好作物類

アブラナ科 (Brassicaceae)・・・ダイコン，ハクサイ，キャベツ，カブ，ワサビなど多種の野菜類や油料作物類

ウリ科 (Cucurbitaceae)・・・キュウリ，カボチャ，メロン，スイカなどの果菜類

ヤマノイモ科 (Dioscoreaceae)・・・ヤムイモやナガイモなどの根菜類

ユリ科 (Liliaceae)・・・タマネギ，ネギ，ニンニク，ラッキョウ，ニラなど多種の野菜類

バラ科 (Rosaceae)・・・リンゴ，ナシ，モモ，アンズ，ウメ，オウトウ，イチゴなど多種の果樹・果菜類

ミカン科 (Rutaceae)・・・ミカン，オレンジ，グレープフルーツ，レモンなど柑橘類

キク科 (Compositae)・・・ヒマワリ，ベニバナ，レタス，ゴボウなど数種の油料作物や野菜類

このほか数十種の科に1～数種類の作物が含まれる．

1万年以上前，人類が農耕をはじめるにあたり，野生植物の中から無害で，おいしい上に収穫効率のよい植物種を丹念に選択したものと推察される．その結果，23万種に及ぶ被子植物の中から人の目にかなった植物種だけが選りすぐられたものと想像される．

3．栽培植物の起源と多様性の中心

C. Darwin (1859) は「種の起源」の第1章「飼育栽培のもとでの変異」の中で，人の手で飼育される家畜や栽培される作物には，自然界の野生の動植物とは異なる多様性がみられるばかりでなく，ときには野生祖先種の面影がないほどに変化してしまっていることを生物進化の身近な証としている．

旧ロシアの植物遺伝学者 N.I. Vavilov (1926) は，「栽培植物の起源に関する研究」で大きな功績を残した．彼は世界各地から栽培植物の地方品種 (landrace) を収集して均一な環境で栽培し，各種特性の変異を丹念に比較調査し，最も変異に富む多様性の中心地域を予測した．これらの場所が栽培植物の起源地である可能性が高いと考えた．また，地方品種の変異の地理的勾配から遺伝的多様性の中心地域を探し当てる手段の一つとして，植物地理的微分法を提案した．

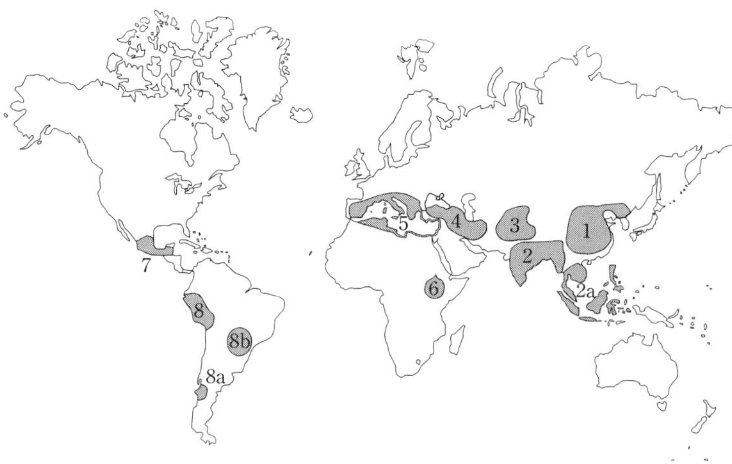

図 1.1　Vavilov による栽培植物の起源中心（Ladizinsky, 1998）

表 1.1　Vavilv の 8 多様性中心とそこに由来する作物（Ladizinsky, 1998一部補足改変）

番号	中心地名	穀実・豆類	塊根茎作物類	野菜・果樹類	その他
1	中国	イネ，ソバ，キビ，アワ，シコクビエ ダイズ，アズキ，ハッショウマメ	ヤムイモ，ダイコン，カブ，ショウガ，クワイ	ハクサイ，ネギ，シロウリ，ワケギ モモ，スモモ，アンズ，カキ，中国ナシ，ビワ，レイシ，キウイ，カンラン，中国ハシバミ	チャ，アサ，ラミー
2	インド 南東アジア	イネ，ハトムギ，ミレット キマメ，クラスタマメ，フジマメ，マグビーン，マットビーン，ライスビーン，ナタマメ，フジマメ，シカクマメ	ヤムイモ，サトイモ，ジャイアントタロ，クワズイモ	キュウリ，ナス，カラシナ，ゴマ，インドガラシ バナナ，マンゴー，タマリンド，オレンジ，レモン，ミカン，グレープフルーツ，マンゴー，ザボン，ダイダイ，ドリアン，マンゴスチン，ライチ，スターフルーツ，ランブータン，リュウガン，ジャックフルーツ	サトウキビ，サトウヤシ，マニラアサ，アサ，ジュート，ケナフ
3	中央アジア	パンコムギ		タマネギ，ニンジン，ホウレンソウ，ニンニク リンゴ，ナシ，アンズ，ナツメ，クルミ，ピスタシオ	
4	中近東	オオムギ，ライムギ，マカロニコムギ ヒヨコマメ，レンズマメ，エンドウマメ，ソラマメ，ルーピン，ビターベッチ，グラスピー		ニンジン，レタス，洋種ナタネ，カラシナ リンゴ，ナシ，ブドウ，メロン，ナツメヤシ，ハゼルナッツ，西洋プラム，オウトウ，ザクロ，マルメロ，イチジク，アーモンド，クルミ	サフラワー，アマ，ケシ
5	地中海沿岸	エンバク		ダイコン，キャベツ，セロリ，アスパラガス，ビート，ニンジン，パセリ，アーチチョーク，アメリカボーフ	オリーブ
6	エチオピア	シコクビエ，テフ，ソルガム，パールミレット，カウピー			ナグ
7	中部アメリカ	トウモロコシ，アマランサス ナタマメ，ベニバナインゲン，ライマビーン，インゲンマメ		トマト，トウガラシ，カボチャ，チリペパー パパイヤ，チェリモヤ，アボガド，グアヴァ	ワタ，シーザルアサ
8	南米 北西部	アマランサス，キノア ラッカセイ，インゲンマメ，ルーピン，ライマビーン，ジャックビーン	ジャガイモ，サツマイモ，キャッサバ，ヤムイモ，食用カンナ	トウガラシ類（含ピーマン），カボチャ パイナップル，パパイヤ，カシュウナッツ，パッションフルーツ，ブラジルナッツ	タバコ

Vavilov は栽培植物の起源中心として，図 1.1 に示す 1〜8 のセンターと南東アジア (2 a)，チリ中部 (8 a) ならびにブラジル南部 (8 b) の 3 つのサブセンターを提案した．それぞれの起源中心に由来する作物は，表 1.1 に示すとおりである．

4. 栽培化シンドローム

野生植物が栽培化されると，植物のさまざまな形質が変化する．栽培化に伴って起こる一連の形質変化を栽培化シンドローム (domestication syndrome) あるいは栽培に伴う適応シンドロームと呼んでいる．

野生植物のゲノムには，厳しい環境を生きぬき子孫を残すのに必要な適応戦略が刻まれている．たとえば，種子脱落性と撒布性，種子休眠性，環境反応性，環境ストレス耐性，他家受粉性などは，野生で生き残るために必要な特性である． 栽培化により新たに発達する特性もある．典型的な例としては，収穫部位の大きさや形の変化，無毒化，早晩性や生殖様式の変化などがある．

(1) 種子脱落・撒布性の低下

種子の脱落性と撒布性は，野生植物には重要な特性である．種子が脱落しなければ，発芽の機会に恵まれないし，撒布力が乏しいと，親株の近くに多くの種子が集まって過繁茂になり共倒れしてしまう．しかし，栽培植物では，種子が脱落しやすいと，収穫・脱穀時のロスが多くなる．

イネやコムギなどの野生種はきわめて脱粒しやすいが，栽培品種では収穫や脱穀の仕方に適合した脱粒性が必要とされる．人畜力による収穫や脱穀では，ある程度の脱粒しやすい方がよいが，機械による収穫・脱穀では，脱粒しにくい方がロスは少なくなる．

栽培ダイズの祖先とみられる野生のツルマメでは，莢が成熟して乾燥すると，はじけて種子を遠くに飛ばす性質がある．この性質は栽培ダイズにも残っており，北海道などのダイズ産地の農家は，日中を避けて湿気のある早朝に機械収穫することを余儀なくされている．

（2） 種子休眠性の消失

種子休眠性（seed dormancy）は，野生植物の最も重要な適応戦略の一つである．温暖地域の秋季あるいは熱帯地域の雨季の終わりに成熟した種子は，休眠性を備えている．季節のおわりに成熟した種子が休眠性をもたずに一斉に発芽してしまえば，その後に訪れる寒さや乾燥により全滅してしまう．成熟種子のもつ生理的休眠性は，種子の成熟後一定期間働いて冬季や乾季の途中で破れるが，低温や乾燥による物理的休眠により次の生育時期までは発芽はしない．そして，次の春季や雨季の到来とともに一斉に発芽する．

マメ科植物の硬実種子や穎に休眠物質を含むイネ科植物の種子は，数年間にわたり発芽しないものもあり，また，花序の位置により種子休眠の程度が異なる植物も知られている．このように種子休眠に関連するさまざまな機構は，一斉発芽による絶滅を避けるための野生植物の巧みな適応戦略とみることができる．

栽培植物は生育期のおわりに収穫され乾燥・保存されるため，種子休眠性は必要ない．むしろ，種子休眠性は，次の作期の発芽揃いを悪くすることにもなりかねない．このため，イネやコムギの多くの改良品種は，種子休眠性を失っている．

ところが，秋の長雨や梅雨の多湿条件で収穫が遅れると，成熟種子が穂に着いたまま発芽する穂発芽（preharvest sprouting）により，品質が著しく劣化する．

（3） 環境反応性の変化

移動能力をもたない植物は，生育環境に適応して繁茂するために，生育場所の温度や日長などの環境の変化に適合する生活環をつくりあげている．葉や茎を繁茂させる栄養成長から花や実をつける生殖成長に変わる成長相の転換は，温度や日長の変化に反応して起こる．

野生植物が栽培されるようになると，栽培地域の環境条件に合わせた生活環の短縮や拡張が必要になる．このため，野生植物がもつ本来の感温性や感光性を変化させて，早生化したり晩生化したりする．たとえば，熱帯起原のイネを寒冷気候の北海道で安定的に栽培するため，短日植物としてのイネの感光性を失わせ，早生化する改良が行われてきた．現在，北海道などで栽培されているイネ極早生品種は，感光性を失っていて，もはや短日植物ではなくなっている．

（4）環境ストレス耐性の消失

野生植物は下種された自然環境で生き延びるために，気象・土壌条件や有害生物（病害虫や雑草）などによる環境ストレスに耐える生体防衛機構を発達させている．

植物が産出するアルカロイド，青酸配糖体，ポリフェノールなどの二次代謝産物は，有毒作用，防虫・忌避作用，抗菌作用，他感作用などをもち生体防御物質として役立てられている．

植物に寄生する病害虫では，植物の抵抗性と病害虫の侵害性との間の共進化（coevolution）により，特異的な寄主・寄生者関係が発達してきた．近年の科学的な育種では，地方品種，祖先種，近縁野生種などに残る病害虫抵抗性遺伝子を改良品種に取り込む試みが頻繁に行われてきた．

（5）生殖様式の変化

多様な生育環境に適応するには，多様な遺伝変異を準備しておく必要がある．多くの野生植物は，他家受粉などにより遺伝的多様性を作りだしている．ところが，人為的に管理された環境で栽培される農作物では，栽培環境に最もよく適応し，最大の生産をあげる遺伝子型だけを自家受粉や栄養繁殖により増殖するのが効果的である．このため，コムギ，イネ，オオムギなどの主要なイネ科作物やダイズなどの多くのマメ科作物が自殖性であり，ジャガイモ，サツマイモ，キャッサバ，ヤムイモなどの塊根茎作物や多くの果樹類が栄養繁殖される．また，農耕地に繁茂する雑草にも自殖性や栄養繁殖性の種類が多い．野生植物の栽培化あるいは雑草化の過程では，他殖性から自殖性あるいは栄養繁殖性への変化が生じたと推察される．

（6）収穫部位の変化

野生植物と栽培植物との間の大きな差異は，収穫部位に最も顕著に現れる．果樹や果菜類の果実は，野生祖先種の果実の数倍も大きくなっている．また，キャベツの祖先とみられる野生植物（*Brassica oleracea* L.）からは，幾種類もの農作物が作り出されてきた（写真1）．コムギやイネなどの穀実作物では，穀実の大きさよりは穀実数の増加に改良の効果が現れ，とくに，植物体全重に対する穀実重の割合としての収穫指数に顕著な改良効果がみられる．

地球規模の緑の革命を招いたコムギやイネの改良では，半矮性遺伝子の活用により，短稈化，受光態勢の改良，収穫指数の向上などをはかることに成功した．

牧草類の改良の効果は，全生物生産量の増加にみられ，サトウキビやテンサイでは糖含有率，ダイズやナタネでは油脂含有率の向上により有効成分収量が飛躍的に高められてきた．

（7）有害・不快成分の除去

野生植物は環境ストレスに耐えるために，さまざまな種類の二次代謝産物を作っている．これらの二次代謝産物は，人を含む天敵に有害であたり，不快感を与えたりするものが少なくない．

野生のアーモンドのナッツには，少量で致死する有毒な苦味成分が含まれている．この有毒なアミグダリンは，炒ったり煮たり濾過したりしても解毒できない．アーモンドの栽培種には，アミグダリンが含まれておらず，野生の苦味種から自然突然変異により甘味種が出現して栽培化されたと考えられる（Ladizinsky, 1998）．また，自然突然変異により渋ガキから甘ガキが出現し，育種により野生キュウリの苦味成分が除去されたと考えられる．

Lupinus 属の植物は南北アメリカや地中海地域の原産で，300〜400種が知られており，変異に富んだ植物である．この植物はルーピンと呼ばれ，生草にはルパニンなどの有毒なアルカロイドが含まれ，青刈り飼料として多量に家畜に与えると呼吸麻痺を起こす．ドイツの R.V. Sengbusch（1930）は，ヨ

ブロッコリ

キャベツ

メキャベツ

カリフラワー

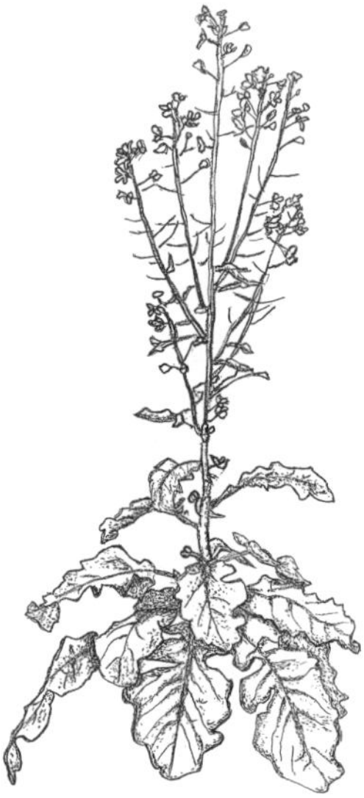

野生祖先種（仮想）
(*Brassica oleracea* L)

コールラビ
(鈴木　俊 氏：提供)

ハボタン
↓

スティックセニョール
(鈴木　俊 氏：提供)
↓

写真1　*Brassica oleracea* L. に由来する作物

中央の *Brassica oleracea* L. の野生祖先種（仮想）から人工的に作出された7種類の作物．最もなじみのあるキャベツは巻いた葉，カリフラワーとブロッコリは幼い花蕾，メキャベツは脇芽，コールラビは肥大した茎，スティックセニョールは花梗を食用とする．また，ハボタンは葉の形状や色の変化を鑑賞する．それぞれ食用あるいは鑑賞用とされる部分が極端に変形して巨大化している．

ウ素とヨウ化カリウムを加えて種子や葉の抽出液から沈殿させる方法により，120万株を検定して，アルカロイド含量が1/20〜1/200に減少した系統を選抜することに成功した．その結果，黄花ルーピンから3系統，青花ルーピンから2系統の甘（無毒）ルーピンを育成した．こうして開発された無毒ルーピンは家畜の飼料として栽培面積を急速に増やした．

オーストラリアに自生し牧草となっているサブクローバ（*Trifolium subterraneum* L.）には，卵巣ホルモンと類似の作用を示すイソフラボンが5％も含まれていて，雌羊に繁殖障害を起こす．西オーストラリア大学のC.M. Francis と A.J. Millington（1965）は，サブクローバ品種ゲラルドトンの種子をEMS処理し人為突然変異を誘発し，2万個体を分析して4種のイソフラボン成分のうち，3成分を欠く突然変異体L 858，イソフラボンの少ない系統927，2成分の少ない系統A 258，全イソフラボン成分を欠く系統B 763などの選抜に成功した．これらのうち，イソフラボン含量の少ない系統L 858は，ユニウエガーという品種名で1967年に登録・普及された．

（8） 野生イネの栽培化模擬実験

森島（2001）は野生イネを台湾で栽培して適期播種・収穫を数年繰り返えし，野生イネ集団の中で栽培化シンドロームをもつ栽培型が急速に増加することを明らかにした．野生型と栽培型の区別は表1.2に示す

表1.2　イネの栽培化に伴って変化する形質
（森島，2001一部改変）

形質	野生型	栽培型
種子の脱落性	脱落しやすい	脱落しにくい
種子の休眠性	強い	弱い
種子の大きさ	小さい	大きい
稔実歩合	低い	高い
穂数	少ない	多い
1穂着粒数	少ない	多い
成長・成熟の一様性	低い	高い

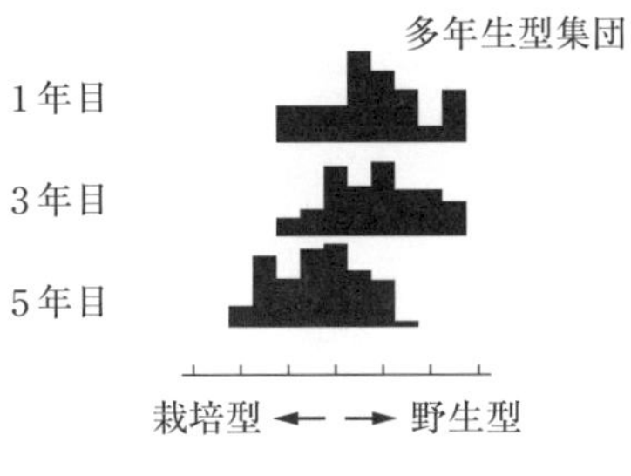

図1.2　イネの栽培化の模擬実験
（森島，2001）

1群の形質を比較して行った．図1.2に示すように，野生イネを一年生型集団と多年生型集団に分けて，栽培による集団構成の変化を1，3，5年目に調査した．一年生型集団では，1年目には栽培型と野生型に分かれて二つのピークが見られたが，5年目には明らかに栽培型に偏った単頂分布となり，集団内で栽培型がきわだって多くなっていることが分かった．一方，多年生型集団でも同様な傾向がみられ，栽培操作を繰り返すことにより栽培型の頻度が増加することが明らかとなった．

このような実験結果から，1万年以上前に人類が野生植物を栽培化する過程では，栽培行為により栽培化シンドロームがかなり短期間に生じたと推察される．

5．雑草と二次作物の進化

農耕地に侵入する雑草は，栽培植物と類似の特性を進化させることが多い．その一つは生殖様式の変化である．野生の植物が多様な自然環境に適応して広範囲に分布するためには，交雑により新たな組換え型作り出し，遺伝的多様性を保持することが必要である．一方，栽培植物では，人為的に管理された農耕地に最もよく適応する遺伝子型だけが自殖や栄養繁殖により増殖される．

ところで，野草が農耕地に侵入して雑草化する過程でも，生殖様式の変化が起こったと推測される．農耕地雑草の中には，自殖性や栄養繁殖性のものが多い．水田の難防除雑草の一つとされるミズガヤツリは，耕耘によって切断された根から発芽して急速に栄養繁殖する．

第二は擬態の進化である．擬態（mimicry）は模倣者である雑草がモデルとなる作物に似た外観や性質を示す現象で，両者は異なる属の植物の間や，生殖的に隔離された同属の植物の間で進化する．栄養体擬態と種子擬態の2種類がある．

わが国の水田に繁茂するヒエは，栄養体擬態の典型である．S.C.H. Barrett（1983）によると，雑草ヒエ（*Echinochloa crus-galli*）の二つの生態型のうち，oryzicola型の方がイネとの類似性が高く，種子の休眠性も弱い．栄養体擬態は栄養成長期の除草の大きな障害となる.

農耕地に侵入し進化した雑草から栽培化されたライムギやエンバクは，二次作物 (secondary crop) と呼ばれている．Vavilov (1926) によると，東南アジアのコムギ畑やオオムギ畑には，雑草ライムギが繁茂している．アフガニスタンや小アジアの山岳地帯では，雑草ライムギの中から栽培型が進化したとみられる．ライムギはコムギよりも強健で不良環境に耐えるため，コムギに伴って北進した雑草ライムギは，高緯度地帯では高い適応力を発揮し，栽培化シンドロームを進化させ，作物として栽培されるようになったと考えられる.

6. 品種分化と遺伝的多様性の解析

Vavilov (1922) は栽培植物の地方品種数の地理的分布から品種分化の実態を調査し，地方品種の多様性中心を明らかにした．農作物の品種分化と多様性の解析においては，多種類の表現形質の変異を総合的に分析することが重要である．そのためには，主成分分析やクラスター分析などによる多変量解析が行われる.

細胞遺伝学的方法としてのゲノム分析や核型分析は，作物の品種分化や多様性発現の機構解明の有力な手段となる．同位酵素などの変異や DNA 多型の分析は，自然選択や人為選抜の直接的影響が少ないため，品種分化や多様性発現の機構解明にきわめて有効である.

（1） 表現形質の変異解析

多数の表現形質の変異を総合的に解析するには，主成分分析が有効な手段となる．望月 (1968) はトウモロコシの地方品種の系統的分類に主成分分析を活用した．四国地域から収集した 57 地方品種の 65 形質を調査した．形質間相関係数を参考にして，絹糸抽出揃期，稈長，葉長，主稈葉数，雄穂長，雌穂長，雌穂径，雌穂重，包葉数，百粒重の 10 代表形質を選定して主成分分析を行った．その結果に基づき累積寄与率が 50 % を越えた第 1〜第 4 主成分のスコアーを用いた距離を計算して，57 地方品種と 4 つの品種群に分類した.

品種群A：早生，短稈，少葉，細少雌穂，少収の5品種
品種群B：中生，中・長稈，中大雌穂，中多収の41品種
品種群C：晩生，長稈，多葉，中細雌穂，中収の10品種
品種群D：中生，短稈，中短太雌穂，多包葉，短雄穂の1品種

(2) 核型分析

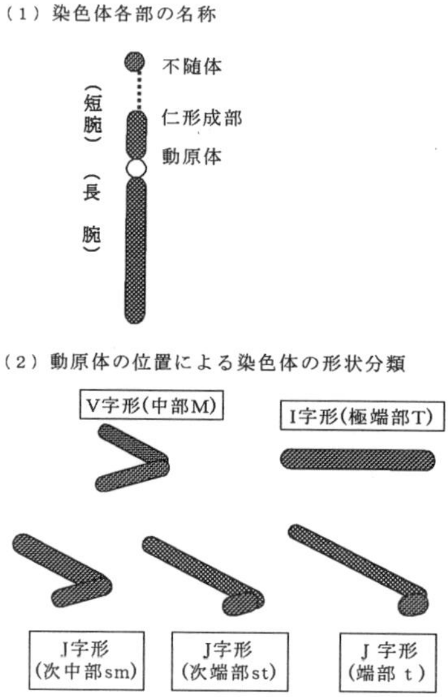

図1.3　体細胞分裂中期染色体の部分名称と形態分類
(西山，1994)

植物の核ゲノムを構成する染色体は，細胞分裂のステージにより形状が変化する．図1.3には，体細胞分裂中期の染色体の形態と名称ならびに動原体の位置による染色体型の分類基準を示した．動原体は体細胞分裂で2分した染色分体が両極に移動する際に機能する紡錘糸の結束点として働き，動原体が先に移動していくため，中央にある中部型はV字形となり，先端にある極端部型はI字形，両者の中間に動原体があり，長腕と短腕をもつ次中部型，次端部型，端部型はそれぞれJ字形の染色体像を示す．

このように体細胞分裂中期の特異的な染色体像の核型分析（karyotype analysis）により，植物種属の類縁関係や進化の跡をたどることができる．

(3) アイソザイム分析

同じ触媒反応をするタンパク質の一次構造が異なり，分子の電荷，基質特異性，最適pHなどの物理化学的特性が異なる状態を酵素多型（enzyme polymorphism）という．遺伝的多型を示す一群の酵素を同位酵素（isozyme）という．アイソザイム分析では，抽出酵素を電気泳動により分離して，特異的染色法により特定の酵素を検出できる．電気泳動の結果得られるバンド像

をザイモグラム (zymogram) と呼ぶ.

植物のアイソザイム分析によく用いられる酵素名と略記号を表 1.3 に示した. これらのうち, 植物種内の多様性解析や品種分化の研究によく用いられるのがエステラーゼ・アイソザイムである.

イネのエステラーゼ・アイソザイムは, *Est-1*, *Est-2*, *Est-3* の三つの独立な遺伝子座に支配されており, それぞれ染色体 7, 6, 9 に座乗することが明らかにされている (中川原, 1977). *Est-1* 座は 1 A バンドの有無に関する 2 種の対立遺伝子, *Est-2* 座は 6 A あるいは 7 A バンド, または両者を欠く 3 種の対立遺伝子, また, *Est-3* 座は 12 A あるいは 13 A に関する 2 種の対立遺伝子をもち, それらの組合せによる 2×3×2＝12 種類の遺伝子型が存在することになる (図 1.4).

表 1.3　植物のアイソザイム分析によく用いられる酵素名 (原田, 2000, 一部改変)

酵素名	略記号
酸性ホスファターゼ	ACP
アルコールデヒドロゲナーゼ	ADH
エステラーゼ	EST
グルコース－リン酸デヒドロゲナーゼ	G-6-PDH
グルタミン酸デヒドロゲナーゼ	GTDH
グルタミン酸オギザロ酢酸トランスアミナーゼ	GOT
ロイシンアミノペプチダーゼ	LAP
リンゴ酸デヒドロゲナーゼ	MDH
グルコースリン酸イソメラーゼ	PGI
ホスホグルコムターゼ	PGM
スーパーオキシドジスムターゼ	SOD

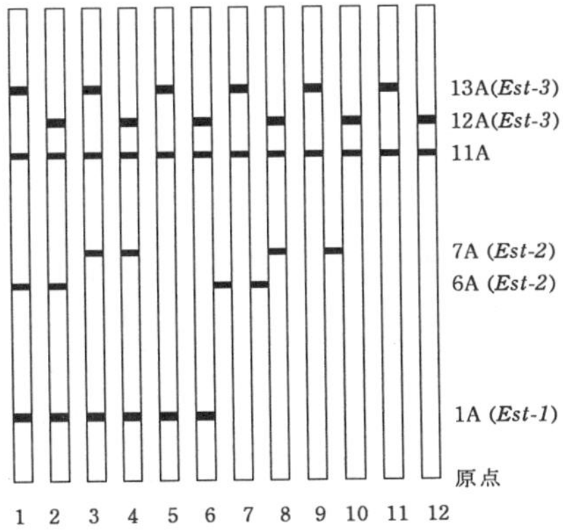

図 1.4　エステラーゼ・アイソザイムの遺伝子型

アイソザイムは酵素としての機能が同一であることから, 表現形質に作用する自然選択や人為選抜の直接的影響を受けない. したがって, 生物進化や品種分化に関わる多様性の変化をたどるのに好都合である. Nakagahra ら (1975) はアジアの国々 (または地域) から収集されたイネ地方品種のエス

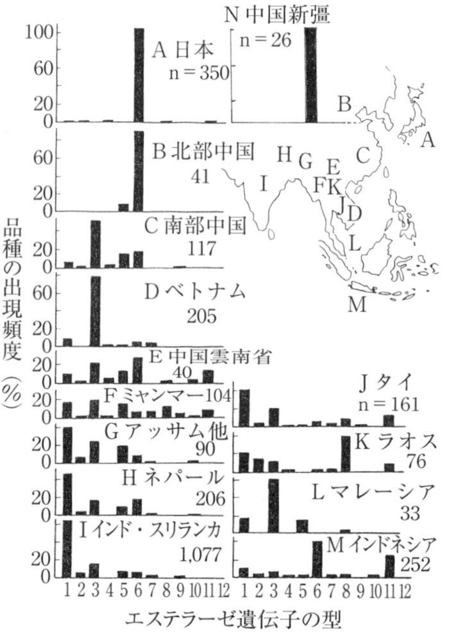

図 1.5　エステラーゼアイソザイム遺伝子型の地理的分布（Nakagahara, 1975 および叢ら, 2002 より合成作成）

テラーゼ・アイソザイムの遺伝子型を調査し，国・地域別の 12 種類の遺伝子型の頻度分布を明らかにした．また，叢ら (2002) は中国西北部の新彊ウイグル自治区の地方品種の遺伝子型を明らかにした．両者のデータを合成して図 1.5 を作成した．この図から明らかなように，イネの多様性中心とみられる中国雲南省，ミャンマー（旧ビルマ），タイなどの地方品種には，12 種の全遺伝子型が比較的低頻度で現れ，アイソザイムの多様性がみられる．これに対して，中国東北部や新彊あるいは日本などの多様性中心から離れた遠隔地では，遺伝子型の種類は極端に減少し，日本や新彊の全ての地方品種が同一の遺伝子型となっている．

（4）DNA 多型分析

植物ゲノムでは，生物機能をもつタンパク質を作る構造遺伝子とそれらの発現を制御する領域をコードする部分は，ゲノム全体の数ないし十数パーセントに過ぎない．その他の大部分の DNA 領域は，有効な遺伝情報を担っていないジャンク領域とみられる．これらのジャンク領域の DNA には，塩基の欠失，挿入，置換などによる変異が一定の頻度で絶えず生じ，多型となってゲノムに蓄積される．

DNA 多型分析では，ゲノム DNA を多種類の制限酵素で切断して多数の DNA 断片を作り，電気泳動により DNA 断片をアガロースゲル上に展開する．展開像をナイロン膜に移しとり標識DNAプローブを結合させて，プローブが結合したDNA断片長が見えるようにする．

① RFLP

RFLP (Restriction Fragment Length Polymorphism) では，何種類かの制限酵素を用いてDNAを切断した後，DNA断片長を電気泳動により分離する．これらの分離されたDNA断片の泳動像をサザンブロット法によりフィルターに固定する．

RFLPはメンデルの法則に従って遺伝する．たとえば，TAACGAATCCGGATAT**GAATTC**TCCTTAAGCGCCCATというDNA断片長を想定すると，制限酵素*Eco* R Ⅰは認識配列部位……**G ↓ AATTC**……のGとAの間で切断して，TAACGAATCCGGATAT**G**と**AATTC**TCCTTAAGCGCCCATという2種類のDNA断片を作る．ところが，制限酵素が特異的に認識する塩基配列……**GAATTC**……のアデニン (A) がグアニン (G) に置換されると，……**GAGTTC**……なり*Eco* R Ⅰはもはや認識できなくなり，TAACGAATCCGGATAT**GAGTTC**TCCTTAAGCGCCCATが一つの長い断片として現れる．

図1.6では，長い断片 (TAACGAATCCGGATAT**GAGTTC**TCCTTAAGCGCCCAT) をAで表し，二つに分断された短い断片長をa1 (TAACGAATCCGGATAT**G**) およびa2 (**AATTC**TCCTTAAGCGCCCAT) で表している．一方の親 (P_1) は長いDNA断片長 (バンドA) をコードする遺伝子***A***のホモ接合体 (***AA***) であり，もう一方の親 (P_2) は二つの短い断片長 (a1とa2) をコードする遺伝子***a***のホモ接合体 (***aa***) であるとすると，両者の一代雑種 (F_1) はヘテロ接合体 (***Aa***) となり，***A***および***a***遺伝子が共優性 (codominance) として働き，A，a1，a2の3種類のバンドをもつことになる．そして，F_1の自殖によるF_2世代では，P_1 (***AA***)，F_1 (***Aa***)，P_2 (***aa***) の3種の遺伝子型が1：2：1の割合で分離することになる．

② RAPD

RAPD (Random Amplified Polymorphic DNA) による作物品種や植物系統の識別は，次のような手順で行われる．まず，異なる品種や系統からDNAを

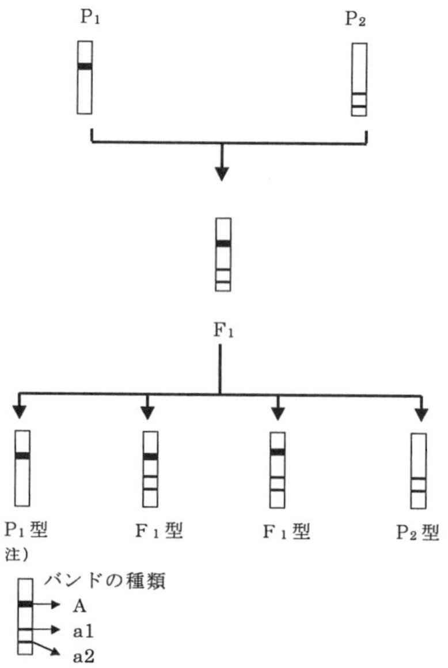

図 1.6　RFLPの遺伝様式

抽出し，いくつかの10塩基程度の短いランダムプライマーを使ってDNA断片を増幅する．任意に設定したプライマーを用いてPCR（Polymerase Chain Reaction）を行うと，そのプライマーと同じ塩基配列が相補的な2本鎖DNAの双方に存在し，両者の間が数十～数千塩基程度であると，DNA断片が増幅される．増幅されるDNA断片をアガロース電気泳動により長さの順に分離する．その後，エチジュウムブロマイド染色するとバンドパターンが現れる．これをDNA指紋（DNA finger print）として品種，系統，個体間のDNA構造の違いを識別できる．

このほかのDNA多型を検出する方法としては，AFLP（Amplified Fragment Length Polymorphism）やVNTR（Variable Number of Tandem Repeat）などがある．

第 2 章　植物遺伝資源の保全と管理

農作物のゲノムには，数千万年にわたる自然進化と数万年にわたる人為的改良の歴史が刻まれている．現在の作物品種のもつ遺伝子型は，進化と改良の所産であり，一度失われると再現が困難な貴重な遺伝子の組合せ（遺伝子型）といえる．農作物の品種には，多数の有用遺伝子が蓄積されており，いずれも貴重な遺伝資源である．

従来の作物育種では，交配による遺伝子移行の難易により育種素材の遺伝資源が評価されてきた．Harlan と de Wet（1971）は，作物育種との関連で，遺伝子プールの概念を活用して遺伝資源の階級区分を行った（図 2.1）．

第一次遺伝子プールは，作物と同じ植物種に属する栽培種や祖先種で，交配が自由にでき遺伝子の移行も容易である．第二次遺伝子プールは，作物の近縁野生種などからなり，作物と交配して雑種が形成されるが，遺伝子の移行に困難を伴うことがある．この場合，農作物との戻し交配により遺伝子移行が可能である．第三次遺伝子プールは，交配が難しく，稀に形成される雑種は不稔や致死などの異常を伴い，遺伝子の移行が困難である．組織培養に

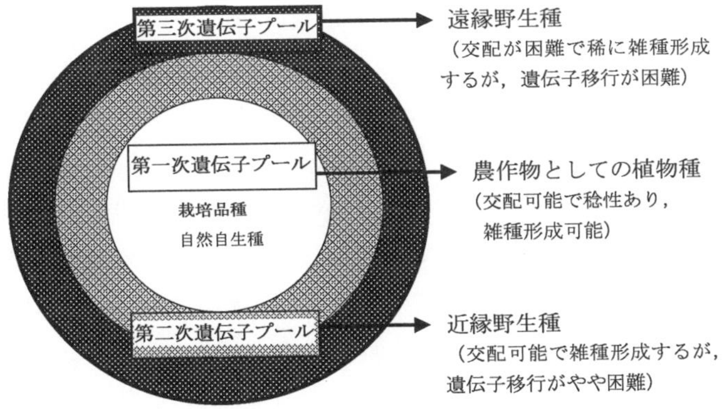

図 2.1　遺伝子プール概念による植物遺伝資源の類型化
（Harlan と de Wet, 1970 を参考に作図）

よる胚救済と戻し交配との組合せにより作物への遺伝子移行が可能となる．

現在では，組換えDNA技術の発達により，生物種の壁を越えて遺伝子の移行が可能となっている．しかし，従来から収集されている農作物の地方品種や近縁野生種の遺伝資源としての価値は，いささかも減ずるものではない．

わが国におけるもちコムギの開発は，遺伝資源活用の典型と言える．コムギは異質六倍体であるため，うるち・もち性を決める遺伝子座が3対の同祖染色体（A1，B1，D1）上にあって，それらの全てがもち遺伝子になると，表現型上もちコムギとなる．世界のコムギ1960品種を調べ，A1およびB1染色体上の遺伝子がもち性になっている品種は，それぞれ177および159点づつあったが，D1上の遺伝子がもち性なのは，中国品種「白火」だけであった（Yamamoriら，1994）．この「白火」の発見により，世界で最初のもちコムギが開発された．

1．植物遺伝資源をめぐる内外情勢

欧米諸国では，古くから植物資源の重要性が認識され，探索・収集に大きな注目が集まった．大航海時代の中世ヨーロッパでは，プラントハンターが大活躍し，世界のさまざまな地域の珍しい植物や有用植物を収集した．

イギリスのキュー国立植物園には，世界のさまざまな国や地域から収集された植物が貴重な資源として保存されている．また，C. Columbus（1492）によるアメリカ発見やVasco da Gama（1498）による喜望峰航路の発見などをもたらした航海は，いずれも新たな有用植物資源の探索が一つの目的とされていた．

アメリカ合衆国は建国以来世界のほかの国や地域からの植物資源を積極的に導入するため，農務省（USDA）には，植物導入局（PIB）が設置された．コムギ，トウモロコシ，ダイズなどの主要な農作物は，ヨーロッパ，メキシコ，中国などから導入され改良された．また，緑の革命の引き金となった半矮性遺伝子をもつコムギ品種「農林10号」は，1948年に有望な遺伝資源としてアメリカ合衆国に導入され，PI12699という導入番号がつけられ，現在でもUSDAジーンバンクに保存されている．

一方，ロシアでは植物遺伝学者であり植物育種家として著名な N.I. Vavilov が植物遺伝資源を求めて，1916 年頃から世界の 65 カ国を 40 回にもわたる探索を行った．ロシア国内でも，140 回の探索旅行を繰返した．その結果，コムギ，トウモロコシ，飼料作物類を含む 25 万点の栽培植物ならびに近縁野生種を収集した．このようにして収集した植物の特性調査や地理的分布などの研究を基にして，1926 年には「栽培植物の起源に関する研究」を発表した．この研究の中で，栽培植物の 8 つの起源中心を明らかにした（第 1 章参照）．

現在，世界の遺伝資源大国となっているのは，生物の多様性に恵まれた熱帯・亜熱帯地域の発展途上の国々ではなく，生物多様性の乏しい冷温帯地域の先進諸国であり，それらの国々に世界規模で収集された多くの遺伝資源が保存されている．

近年，遺伝資源の重要性が盛んに論議されるようになった背景には，いくつかの重要な出来事があった．第一は，改良品種の普及に伴う地方品種の消失や自然生態系の破壊に伴う栽培植物の野生祖先種や近縁野生種の消滅などによる遺伝的侵食（genetic erosion）の危惧，第二は，生物工学技術（biotechnology）の急速な進歩による遺伝資源活用の範囲の拡大，第三に，生物多様性条約（CBD）の発効に伴う遺伝資源の権利意識の高揚などにより，生物資源や植物遺伝資源に対する問題意識が急速に高まった．

2. 農業生物資源ジーンバンク

わが国では，組織的な作物育種事業が開始された 1931 年以降，地方品種の価値が育種家に強く認識されるようになった．1953 年には，農林省が稲，麦類，豆・雑穀類の育種素材研究室を設置し，本格的な作物品種の収集・導入・特性評価を開始した．その後，農業の近代化，高度経済成長，食の高度化・多様化などの急速な変化に伴い，イネ，コムギ，ダイズ，オオムギなどの主穀・豆類作物のみならず，野菜・果樹類などの優良品種が普及するようになり，地方品種の消失が目立つようになった．

1983 年には，農林水産省が農業生物資源研究所を設立し，遺伝資源研究と生物工学技術の研究を一体的に推進する態勢を整えるとともに，1985 年には，組織横断的に農林水産ジーンバンク事業を開始した．農業生物資源研究所をセンターバンクとし，農林水産省傘下の全試験研究機関をネットワーク化した農林水産ジーンバンクは，2001年の独立行政法人化に伴う組織改編により，森林・水産資源を除く農業生物資源を一元的に扱うために，「農業生物資源ジーンバンク」に再編された．

農業生物資源ジーンバンクの組織と事業のあらましは，図2.2に示すとおりである．農業生物資源研究所にセンターバンクがおかれ，植物，微生物，動物，DNAの部門別にサブバンクが置かれている．稲類，麦類，豆類，野菜・果樹・花卉類などの地方品種や改良品種，近縁野生種などを扱う植物部門サブバンクをはじめ，農作物・家畜の病原微生物，食品微生物ならびに共生微生物などを保存する微生物部門サブバンク，牛，豚，鶏，蚕などの地方品種や改良品種，天敵昆虫，実験動物などを保存する動物部門サブバンク，さらに，イネや豚のDNAクローンやDNA情報を扱うDNA部門サブバンクが設置されている．農業生物資源研究所にバンク長がおり，ジーンバンク事業に関わる組織横断的な調整を行っている．

作物育種の進展により，収量・品質のすぐれた優良品種が開発され，広範囲に普及するようになると，古くから栽培されてきた地方品種が次々に失われる事態となった．また，栽培植物の近縁野生種には，栽培品種が失ってし

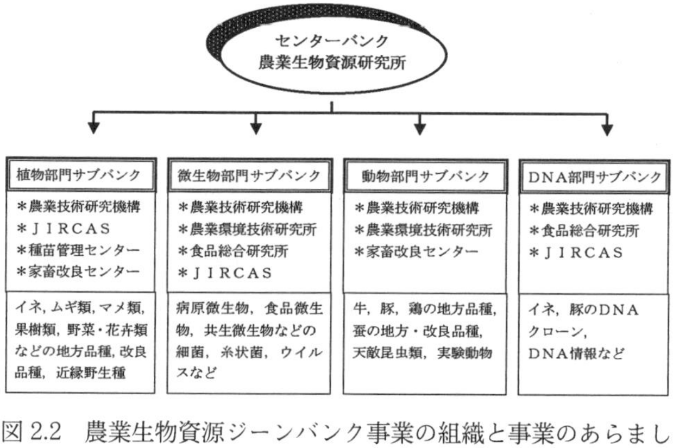

図2.2　農業生物資源ジーンバンク事業の組織と事業のあらまし
注）JIRCAS：国際農林水産業研究センター

まった有用な遺伝子が残っている可能性が高い．しかし，開発に伴う自然生態系の破壊により，貴重な遺伝子をもつ近縁野生種が急速に失われている．

このように改良品種の普及に伴う地方品種の減少や開発に伴う近縁野生種の消失により，貴重な遺伝資源が失われていく過程を遺伝的侵食（genetic erosion）と呼んでいる．このようにして貴重な遺伝資源が失われると，再現は不可能である．このため，遺伝的侵食による遺伝資源の消失を防ぎ，多様な遺伝資源を保全するには，（生息）域内保全と域外保存との二つの方法が考えられる．

域内保全（*in situ* conservation）とは，近縁野生種などの生育地域の生態系あるいは生物相全体を保全する方法である．この方法では，特定の栽培植物や近縁野生種の多様性中心のある地域の全生物相を保全することになる．しかし，保全地域の選定など技術的問題のほかに，地域開発や資金などの社会・経済的な問題，ときには地域の管理・領有権などの政治的問題などもあり，きわめて困難が多い．

域外保存（*ex situ* preservation）では，地方品種や近縁野生種を生育地域から収集して，低温・乾燥などの人為環境で永続的に保存する．最も代表的な方式が遺伝子銀行（gene bank）である．

遺伝子銀行の業務は，図 2.3 に示すような内容である．探索・収集にはじまり，収集物の導入・分類・同定，保存，特性評価，配布となる．これらの業務を効果的に進めるには，遺伝資源の戸籍簿となるパスポートデータ，遺伝資源の特徴を記録する特性情報データ，また，遺伝資源の配布と

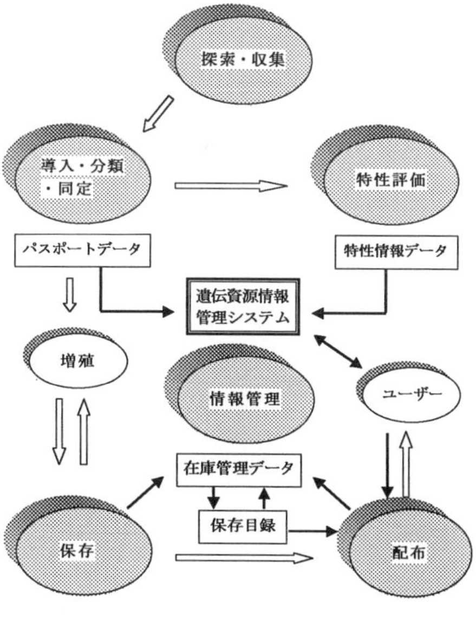

図 2.3　遺伝子銀行の業務内容

表 2.1　農業生物資源ジーンバンク植物遺伝資源保存情況
(農業生物資源研究所，2002)

植物の種類	保存区分		保存形態		
	ベースコレクション	アクティブコレクション	種子保存	栄養体保存	凍結保存
稲類	37,811	30,527	38,377	9	0
麦類	57,911	35,253	59,187	74	0
豆類	15,798	11,307	16,568	0	0
いも類	6,936	3,771	395	6,766	0
雑穀・特用作物	15,818	9,302	13,230	4,080	2
牧草・飼料作物	24,510	14,886	26,433	3,909	0
果樹類	6,793	4,435	87	8,914	0
野菜類	15,743	9,489	22,137	1,470	0
花卉・緑化植物	2,210	348	102	5,595	0
チャ	5,784	1,228	1	7,178	0
クワ	992	780	0	1,354	47
熱帯・亜熱帯植物	351	15	38	379	0
その他の植物	1,453	307	1,744	1,576	0
合計	192,110	121,648	178,299	41,304	49

増殖に必要な在庫管理データを統一的に管理するために，遺伝資源情報管理システムが必要である．

2002 年現在，農業生物資源ジーンバンクの植物遺伝資源の保存情況は表 2.1 に示すとおりである．稲，麦，豆，いも類の普通作物をはじめ，果樹，野菜，花卉などの園芸作物，牧草・飼料作物，工芸作物など多岐の作物にわたり，半永久的な長期保存（－ 10 ℃）のベースコレクションとして 19 万点余，配布可能なアクティブコレクションとして 12 万点余が種子貯蔵庫（－ 1 ℃）や圃場に保存されている．また，保存形態別では，種子で保存されているものが 178,299 点，栄養体として保存されているものが 41,304 点となっているが，液体窒素中（－ 196 ℃）で凍結保存されているのは主としてクワで 49 点に過ぎない．

（1） 遺伝資源の探索と収集

遺伝資源の探索・収集の目的の第一は，開発に伴う遺伝的多様性の喪失や改良品種の普及による地方品種の消失などによる遺伝的侵食の防止，第二はジーンバンク（GB）のコレクションの充実である．遺伝的侵食防止の目的で行われる遺伝資源の探索収集は，大規模になる傾向があり，多大の資金が必要となるばかりでなく，国際的な関心や重要性も大きいことから，国際機関や国際的協力により実施されることが望ましい．国際植物遺伝資源研究所（IPGRI）は，遺伝的侵食による多様性消失の危険の大きい地域を優先する遺伝資源の収集・保全計画を提案している．

わが国では，1985 年に農林水産ジーンバンク事業が開始され，海外における遺伝資源の探索・収集活動が本格的に始動した．第 1 期事業（1985 − 1992 年）では，34 の探索隊が派遣され，遺伝資源の探査収集が行われた．また，各種作物の地方品種の収集も並行して実施された．この第 1 期事業の成果として，1 万点以上の遺伝資源の収集に成功した（写真 2）．

遺伝資源収集にあたっては，対象作物の生殖様式を念頭において，自殖性や栄養生殖性の作物では，サンプルサイズが比較的小さくてもよいが，他殖性作物では，サンプルサイズをある程度大きくしないと，機会的浮動により原品種の集団構成が収集標本に反映されないことがある．野生集団からの標本採取にあたっては，近接する集団から大きな標本をとるのではなく，かけ離れた場所にある多数の集団から少数標本をとる方がよい．

写真 2　アワ遺伝資源の探索・収集
（長峰　司 氏：提供）
パキスタン山岳地帯における栽培アワ地方品種の収集．集団内に緑や紫の穂のアワが混在し，遺伝的多様性がみられる．改良品種の普及により地方品種が減少して，いわゆる遺伝的浸食が急速に進展している．

収集される標本ごとに品種名，来歴，栽培条件，栽培年数，種子入手法，主要な特徴，利用の仕方など作物栽培に関する情報とともに，収集場所の正確な位置，地形，標高，気候，土壌などの自然環境に関する情報も丹念に記録しておく必要がある．

（2） 収集遺伝資源の分類と同定

収集された遺伝資源は，植物学的な分類基準に基づき種の同定がまず行われる．通常の作物品種の収集では，植物種は自明の場合も多く，改めて植物分類学的な同定作業は必要ない．

特定作物の地方品種などの収集では，同名異種や異名同種なども少なくない．同一地域で栽培されている間にも，自然突然変異や機会的浮動あるいは自然選択や無意識・意識的な人為選抜などにより，地方品種の特性が変化することはめずらしくない．その結果，同じ品種名であっても，異なる場所や圃場から収集した標本が必ずしも同一の特性をもつとは限らないし，同一品種の中にも形状や色彩などの表現形質が異なる標本が混在することもある．

ここでは，収集情報の整理とともに，保存に必要なパスポートデータに関する情報の整理が行われる．植物分類上の科名，学名（属種名），作物名，品種（系統）名，別名，来歴（野生，在来，育成など），取得区分（収集実施，依頼取得，育成作出など），原産地または取寄先，取得年，保存形態（種子，栄養体，細胞・組織，花粉，自根樹，接木樹など）保存方法（低温乾燥，低温常湿，常温乾燥，常温常湿，液体窒素貯蔵，圃場年更新，圃場永年栽培，ポット永年栽培，温室栽培など），主な特徴を表すキーワード（6個以内）などがパスポートデータとして必要となる．収集標本のパスポートデータは，データベース化されて保存標本と対応づけて管理保存される．

（3） 遺伝資源の保存と増殖

植物遺伝資源は種子・花粉などの生殖質，あるいは生体・組織などの栄養体として保存される．

①種子保存

全遺伝情報をコンパクトに長期間保存できるメリットがある．作物種子には，イネ，麦類，豆類のように低温乾燥条件で長期間保存できる普通種子（orthodox seed）と，低温乾燥条件では長期間保存の困難な難貯蔵種子（recalcitrant seed）とがある．普通種子でも，イネや麦類などの胚乳に養分を蓄積する（胚乳）種子と豆類などの子葉に養分を蓄える（子葉）種子とでは，貯蔵条件が多少異なる．しかし，ジーンバンクにおける普通種子の保存は，配布用種子では，温度－1 ℃と相対湿度 30 %の条件で，ペット容器で行われている．一方，永年貯蔵用種子は－10 ℃の温度と 30 %の相対湿度で約 180 cc の真空巻締缶で貯蔵される．E.H. Roberts（1972）の推定によると，含水率 10 %のイネやオオムギ種子は，－10 ℃の条件では，約千年もの寿命をもつとされている．

農業生物資源ジーンバンクでは，普通種子の保存は高度にインテリジェント化された種子貯蔵施設で行われている（写真 3）．この種子貯蔵施設では，パスポートデータと在庫管理データとが統一的に管理され，種子の配布実績や残量がコンピュータの画面上で把握できる．

中村（1993）によると，難貯蔵種子に関しては，温度と湿度に対する感受性の違いから次の 3 種に類別できる．

湿潤・低温を要する作物・・・クルミ，ワサビ，ゴムなど．

乾燥・低温に弱い作物・・・コーヒー，サトイモ，パパイヤなど．

低温に弱く乾燥には比較的強い作物・・・ニガウリなど．

写真 3　遺伝資源種子貯蔵施設（農業生物資源ジーンバンク：提供）

12万点以上の配布用種子が収納・保存されている．遺伝資源のパスポート・データ，在庫管理データ，特性情報データなどがコンピュータにより管理され，遺伝資源種子の入出庫が完全に自動化されている．世界的にも最高水準のインテリジェント化された遺伝資源保存・管理施設である．

難貯蔵種子の作物は，熱帯植物や水辺植物に多く，生育環境に適応した結果とみることができる．

②花粉保存

種子よりはるかにコンパクトに保存できるが，半数性であるため，遺伝情報の半分しか保存できない．しかし，最近では，葯培養や花粉培養により半数体植物の再生ができる．このため，自殖性作物では，染色体倍加による純系の復元が可能である．

果樹類の花粉は低温乾燥条件で長期保存することができ，リンゴなどでは，開花期の異なる品種の交配に貯蔵花粉が活用されている．花粉の凍結保存は今後の研究課題である．

農作物には栄養繁殖性植物が多い．果樹・花木類には接木，挿木，取木，いも類や花卉類には塊茎根や球根で栄養繁殖されるものが多い．これらの作物は遺伝的にヘテロ接合性になっているため，種子繁殖では親品種と同じ特性を維持できない．したがって，遺伝資源は栄養体保存となる．栄養体保存には，圃場保存と試験管内保存とがある．

③圃場保存

大型の果樹・花木類の遺伝資源は，圃場で保存される．果樹類などの場合，通常の栽培の仕方では，10 a の圃場にせいぜい数十本程度しか栽植できない．このため，圃場保存には広い面積の土地とともに，多くの労力と資材が必要となる．そこで，一定面積の圃場に多くの遺伝資源を保存するための工夫がなされる．たとえば，柑橘類をポット栽培したり，矮性台木に接木したリンゴを垣根のように仕立てたり，クワのような株元で刈り込んだりする低樹高栽培による遺伝資源の保存が行われている．圃場保存は経費や労力がかかるばかりでなく，病害虫や気象災害により保存樹が枯死するリスクもある．

④試験管内保存

近年の組織培養技術の進歩により，さまざまな様式での試験管内保存が可能となった．この中には，成長抑制保存や凍結保存などが含まれる．

成長抑制保存・・・果樹などの木本作物やいも類などの塊根茎作物のウイルスフリー化技術を活用して，植え継ぎを繰返して培養栄養体を保存する．この方法では，茎頂または成長点を切り出して，人工培地上で無菌培養する．人工培地には，成長抑制剤や高濃度の糖などを加えて培養組織の成長を抑制し，植え継ぎ間隔を引き延ばす方法がとられる．培養温度は落葉植物では5℃程度，常緑植物では10℃程度，熱帯植物では12〜15℃程度が適当とされる．ジャガイモなどでは，培養により形成されるマイクロチューバによる保存法も考え出されている．この成長抑制保存が可能な栄養繁殖作物の種類は限られているばかりりでなく，継代培養中に活力が低下して枯死してしまうこともあり，さらなる技術的改良が必要である．

凍結保存 (cryopreservation)･･･超低温保存とも呼ばれ，液体窒素中で半永久的に保存が可能となる．このため，培養による植え継ぎの手間が省けるばかりでなく，種子更新などに伴う遺伝資源の特性変化の心配も少ない．予備凍結保存法では，クワやナシなどの冬芽 (自然条件下で凍結耐性を獲得した材料) を用いて，5〜10℃/日という緩やかな速度で－30〜－40℃まで徐々に温度を下げ液体窒素中に保存する．また，凍結耐性を獲得していない培養茎頂などでも，低温下での順化やアブシジン酸処理による凍結耐性付与により，液体窒素中での保存が可能となる．近年，Sakaiら (1990) によって開発されたガラス化法 (vitrification method) では，グリセリン，エチレングリコールおよびジメチルスルホキシド (DMSO) を含む高張液 (PVS 2) に組織を浸漬して急速に脱水した後，直接液体窒素に入れて保存する．Sakai (2000) によれば，植物組織が凍結する過程では，致命的な細胞内凍結を避けるために，十分に脱水してから急速凍結することが必要である．凍結回避機構としてのガラス化により，水和された細胞や組織が液体窒素の超低温に耐えて生き残ることができるようになる．この方法により，－196℃の超低温保存に成功した作物は，リンゴ，ブドウ，ナシ，チャ，ニンニク，ユリなど多岐にわたっている．この凍結保存法は温帯・熱帯産を問わず，栄養繁殖性植物で生体や種子による保存が困難な植物遺伝資源の長期保存にとくに有効と考えられる．

⑤ 種苗増殖

遺伝資源の増殖にあたっては，保存集団の遺伝的構成を忠実に再現できるようにしなければならない．とくに，種子繁殖性の植物の場合，生殖様式の違いにより増殖に必要な集団の大きさや方法が異なる．自殖性植物では，比較的小規模な集団で増殖できる．しかし，極端に少数の種子から増殖すると，集団の遺伝的構成が変化してしまう恐れがある．他殖性植物では，十分な大きさの標本から増殖をはからないと，始祖効果（founder effect）や遺伝的浮動（genetic drift）に伴う集団構成の変化により，増殖集団が保存集団とは異なる遺伝的構成に変化してしまう．

種子増殖に伴う保存集団の遺伝的構成の変化を少なくするために，アクティブコレクションは配布用種子と増殖用種子の２段階で保存されている．配布用種子は１回の配布に要する数十〜数百粒の種子を小缶に詰めてあり缶ごと配布する．一方，増殖用種子はやや多目の種子を中缶に詰めて保存しておき，特定の作物品種の小缶数が少なくなると，増殖用の中缶から種子を取り出して増殖に回す．こうすることにより種子増殖に伴う集団構成の変化を最小限にとどめることができる．

（4）特性情報の収集と管理

国際植物遺伝資源研究所（IPGRI）では，作物別に特性調査のための記述子（descriptors）の国際規格を作成している．初期（1980年）の頃に作成されたイネなどの記述子リストは，IPGRIの前身である国際植物遺伝資源理事会（IBPGR）と国際稲研究所（IRRI）のイネ諮問合同委員会が作成した．その他の多くの作物の記述子リストは，関連する国際研究機関の協力を得てIPGRIが作成している．現在では，IPGRI作成の記述子リストが遺伝資源特性情報の国際規格となっている．

IPGRIの記述子リストでは，データベースの作成やコンピュータによる情報管理を効果的に行うために，形状や色彩などの質的形質は階級名を数値として表している．たとえば，ヤムイモの記述子リストでは，塊茎の形状を球形，卵形，長卵形，円筒形，扁平形，不規則形，その他に階級分けして，それぞれの階級に1，2，3，4，5，6，99という数値を対応させている．また，大きさ，重さ，数，時間などで計測される量的形質は，極小，小，中小，中，中大，大，極大などに階級分けして，それぞれに1〜7の数値を対応させる場合と，cm や g などの測定単位で計測した数値を表示する場合とがある．

わが国の農業生物資源ジーンバンク事業では，1992 年に農業生物資源研究所が刊行した「植物遺伝資源調査マニュアル」(5 分冊) が国内統一規格となっている．このマニュアルには，イネ，コムギ，ダイズなどの主要農作物をはじめとする 110 作物が掲載されている．調査項目は形質の種類や調査の優先度を考慮した上で，一次，二次，三次特性に分けられる．

一次特性は，遺伝資源 (品種や系統) の識別に必要な形態的特性や色素発現など環境の影響を比較的受けにくい形質が中心となる．二次特性は，病害虫抵抗性やストレス耐性など特別な環境を設定して調査が行われ，遺伝資源利用上重要な特性検定のデータなども含まれる．さらに，三次特性は，収量や品質成分など農業上最も重要な特性であり，生産力検定試験のデータなどが含まれる．調査項目の中では，早急に調査すべき必須項目と将来重要性が見込まれる選択項目とに分けて優先度が付けられる．

(5) 遺伝資源の配布

国際農業研究協議グループ (CGIAR) の傘下で IPGRI の調整下にある国際遺伝資源計画 (SGRP) により，国際研究機関に保存されている遺伝資源は，試験研究の目的にかぎり誰でも無償で配布を受けることができる．わが国の農業生物資源ジーンバンクに保存されている遺伝資源についても，試験研究や育種的利用の目的に限り無償で配布を受けることができる．この場合，特定の人が一度に多数の遺伝資源の請求を行ったり，配布を受けた遺伝資源を有償で譲渡し利益を得たりすることは固く禁じられている．試験研究に供試する遺伝資源の出所由来を明記することや試験研究の成果を報告することなども義務づけられる．さらに，他国から遺伝資源を持ち出す際には，それぞれの国の国内法に準拠して必要な許可をとり，材料移転契約 (MTA) を締結する必要がある．

生物工学技術の発展した今日では，全生物種の遺伝子が利用可能である．このため細菌や藻類から高等植物にいたる全ての生物種が遺伝資源としての価値をもつ可能性がある．

(6) 遺伝資源情報の管理

ジーンバンクに保存されている遺伝資源は，収集保存物とそれに関連する情報とが一体となってこそ価値が高まる．遺伝資源情報としては，遺伝資源の出所由来を示すパスポートデータ，遺伝資源の保存管理状況を示す在庫管理データ，遺伝資源の特徴を記述する特性情報データの3種類が必要である．

パスポートデータは，遺伝資源の収集・受け入れをする段階で作成され，遺伝資源の戸籍簿とも言える．パスポートデータを登録すると，全ての遺伝資源には固有の整理番号が付される．この整理番号により，パスポートデータ，在庫管理データおよび特性情報データが関連付けられる．パスポートデータは25の項目の属性からなり，付随する外部表として機関コード表や植物番号表などがある．

このデータの管理はパスポートデータ管理システムにより行われ，パスポートデータ表，植物番号表，機関コード表を管理するそれぞれの専用プログラムにより管理システムが運用されている．このシステムにより配布目録も作成される．

在庫管理データは，新規登録，配布申請受付，増殖依頼，発芽試験などの処理に関連する情報である．このデータを管理する在庫管理システムでは，配布申請の登録や種子庫の入出に関する処理を行う．

特性情報データは，一次～三次特性の必須・選択調査項目の6種のデータが植物種ごとに生産される．現在の遺伝資源特性調査マニュアルでは，約110種類の植物を扱っているので，600以上のデータ表の管理が必要である．特性情報データは植物の種類ごとに異なる記述子のセットを必要とし，データの構造がそれぞれ異なる．

特性情報データ管理システムでは，600以上にも及ぶ多数のデータ表を一つのプログラムで統一的に効率よく管理する必要があり，植物の種類ごとに予めデータの構造に関する情報を入力する訳にはいかない．そこで，プログラムの稼働中に管理対象となるデータの構造をコンピュータに検知させる必要がある．このために必要な仕組みがデータ辞書である．

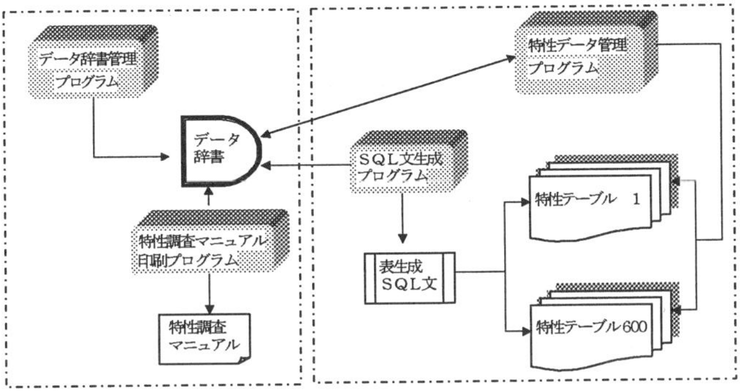

図 2.4　特性情報データ管理システムの構成（梅原，1994）

データ辞書（data dictionary）には，データ表の構造に関する全ての情報が収録されていて，データ管理プログラムが辞書として利用できるようになっている．このデータ辞書は遺伝資源特性調査マニュアルの作成作業をコンピュータ化することにより作り出される．データ辞書とその管理プログラム並びに特性データ管理プログラムを駆使した特性情報管理システムの構成を図 2.4 に示す．

3．国際遺伝資源計画

国際農業研究協議グループ（CGIAR）傘下には，16 の CG 研究センター（CG centers）がある（図 2.5）．これらの CG 研究センターの正式名称，本部所在地，設立年度，研究対象（作物），植物遺伝資源保存点数を表 2.2 に示した．それぞれの CG 研究センターは，当初の資金提供者と設立の経緯が異なるが，現在では多数の国々と世界銀行などの資金提供を受けて運営されている．わが国は最大の資金提供国の一つになっている．

これらの CG 研究センターごとに研究を行うための対象作物が決められている．たとえば，国際稲研究所（IRRI）はイネ，国際とうもろこし・小麦改良センター（CIMMYT）はトウモロコシ，コムギ，オオムギなど，国際ばれいしょセンター（CIP）はジャガイモやサツマイモなどである．各機関は委任作物の遺伝資源を収集・管理していて，試験研究や育種の目的に限り無償で配

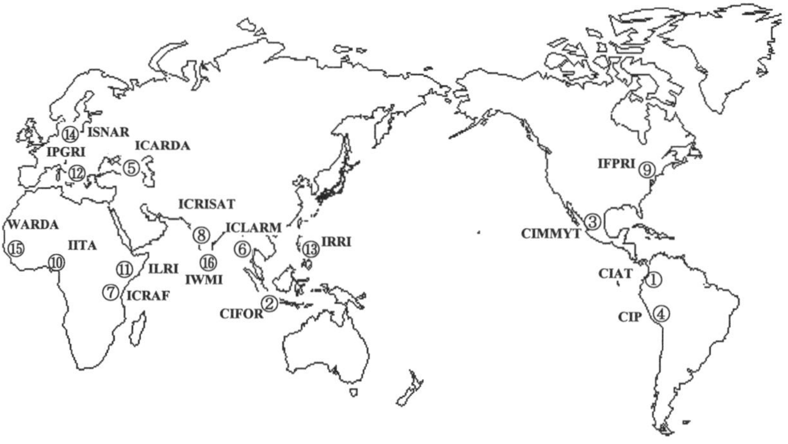

図 2.5　国際遺伝資源計画 SGRP センターの所在地

布している．これらの国際機関から配布された遺伝資源を有償で他者に譲渡したり，増殖して販売したりすることは固く禁じられている．また，新たに発効する FAO 条約により，CG 研究センターのジーンバンクに委任された遺伝資源に対しては，原産国の主権は及ばないことになる．

CG 研究センターに収集・保存されている遺伝資源を人類共有の財産として管理し，世界の誰もが等しく利用できるようにするために，国際遺伝資源計画（SGRP）が 1994 年に開始された．IPGRI が招集センターとなり運営される CGIAR の組織横断的遺伝資源計画である．この国際遺伝資源計画は，全ての CG 研究センターの遺伝資源活動を包括し，作物，家畜，森林，海洋の生物資源問題を取り扱う．

SGRP では 16 の CG 研究センターが分担する遺伝資源計画とその活動を統合し，遺伝資源に関する政策，公衆認知，情報，知見・技術，能力開発の五つの領域で協力関係を最大限に高めることをめざしている．

表 2.2　国際遺伝資源計画（SGRP）に参画する CG 研究センター

番号	CG 研究センター名	所在地	設立年	研究対象（植物資源保存点数，菊池，1997）
①	CIAT（国際熱帯農業ｾﾝﾀｰ） Centro Internacional de Agricultura Tropical	ｺﾛﾝﾋﾞｱ (Cali)	1967年	食用豆類，まめ科牧草，ｷｬｯｻﾊﾞ（70,940）
②	CIFOR（国際森林・林業研究ｾﾝﾀｰ） Center for International Forestry Research	ｲﾝﾄﾞﾈｼｱ (Jakarta)	1993年	林木類
③	CIMMYT（国際とうもろこし・小麦改良ｾﾝﾀｰ） Centro Internacional de Mejoramiento de Maizy Trigo	ﾒｷｼｺ (Mexico)	1966年	ﾄｳﾓﾛｺｼ，ｺﾑｷﾞ，ｵｵﾑｷﾞなど（136,637）
④	CIP（国際ばれいしょｾﾝﾀｰ） Centro Internacional de la Papa	ﾍﾟﾙｰ (Lima)	1971年	ｼﾞｬｶﾞｲﾓ，ｻﾂﾏｲﾓ（13,911）
⑤	ICARDA（国際乾燥地農業研究ｾﾝﾀｰ） Internat. Center for Agricultural Research in the Dry Areas	ｼﾘｱ (Aleppo)	1977年	ｵｵﾑｷﾞ，豆類，牧草・飼料作物（109,029）
⑥	ICLARM（国際水産資源管理ｾﾝﾀｰ） International Center for Living Aquatic Resources Management	ﾏﾚｲｼｱ (Penang)	1975年	水生生物
⑦	ICRAF（国際ｱｸﾞﾛﾌｫﾚｽﾄﾘｰ研究ｾﾝﾀｰ） International Centre for Research in Agroforestry	ｹﾆｱ (Nairobi)	1978年	ｱｸﾞﾛﾌｫﾚｽﾄﾘｰ
⑧	ICRISAT（国際半乾燥熱帯作物研究所） Internat. Crops Research Institute for the Semi-Arid Tropics	ｲﾝﾄﾞ (Hyderabad)	1972年	ﾓﾛｺｼ，ﾄｳｼﾞﾝﾋﾞｴ，ｼｺｸﾋﾞｴ，ｷﾏﾒ，ﾋﾖｺﾏﾒ，ﾗｯｶｾｲ，ｱﾜ，ｷﾋﾞ（110,478）
⑨	IFPRI（国際食糧政策研究所） International Food Policy Research Institute	ｱﾒﾘｶ合衆国 (Washington)	1975年	食料政策
⑩	IITA（国際熱帯農業研究所） International Institute of Tropical Agriculture	ﾅｲｼﾞｪﾘｱ (Ibadan)	1967年	ﾊﾞﾅﾅ，ｷｬｯｻﾊﾞ，ﾄｳﾓﾛｺｼ，ｲﾈ，ｻｻｹﾞ，ﾀﾞｲｽﾞ，ﾔﾑ，食用ﾊﾞﾅﾅ（39,765）
⑪	ILRI（国際畜産研究所） International Livestock Research Institute	ｹﾆｱ (Nairobi)	1995年	家畜生産，ｲﾈ科・ﾏﾒ科牧草（13,470）
⑫	IPGRI（国際植物遺伝資源研究所） International Plant Genetic Resources Institute（前身 IBPGR）	ｲﾀﾘｱ (Rome)	1991年 (1974年)	植物遺伝資源，SGRP，ﾊﾞﾅﾅ（1,051）
⑬	IRRI（国際稲研究所） International Rice Research Institute	ﾌｨﾘﾋﾟﾝ (Makati)	1960年	ｲﾈ（80,646）
⑭	ISNAR（各国農業研究国際ｻｰﾋﾞｽ） International Service for National Agricultural Research	ｵﾗﾝﾀﾞ (Hague)	1979年	ｸﾞﾛｰﾊﾞﾙ化，政策，新技術
⑮	WARDA（西ｱﾌﾘｶ稲開発協会） West Africa Rice Development Association	ｺｰﾄｼﾞﾎﾞｱｰﾙ (Bouak)	1971年	稲作ｼｽﾃﾑ，ｲﾈ（17,440）
⑯	IWMI（国際水管理研究所） International Water Management Institute	ｽﾘﾗﾝｶ (Colombo)	1984年	灌漑・水利ｼｽﾃﾑ

4. 生物遺伝資源をめぐる権利問題

天然資源の中で鉱工業資源の場合，アクセス権は埋蔵地域を領有する国に帰属する．しかし，生物資源，とくに農業と食料に関する植物遺伝資源は，国連食糧農業機関（FAO）の合意に基づき，「人類共有の資産として，無制限で利用できる」とされていた．ところが，生物資源へのアクセス権問題をめぐる情勢は，生物多様性条約（CBD）の採択により大きく変化した．

（1）生物多様性条約

1992年，生物多様性条約（CBD：Convention on Biological Diversity）採択のための政府間交渉（ナイロビ会議）の席で国際自然保護連合（IUCN）が配布したパンフレットには，「マダガスカルに自生するニチニチソウから小児白血病に効く医薬を生産し，1億ドル以上の利益をあげた米国の製薬会社は，マダガスカルに何らの利益も還元していない」ことが訴えられた．この事例に言及して，発展途上国の代表は，生物資源へのアクセスを規制する権限が原産国政府に与えられるべきであり，生物資源の利用により得られる商業的利益の一部は，原産国の人々にも還元されるべきであると主張した．熱帯地域（南）の多くの発展途上の国々は生物資源に恵まれ，冷温帯地域（北）の先進諸国は生物資源の開発・利用技術をもち，両者の間に生物資源をめぐる南北対立が顕在化した．

ナイロビ会議において満場一致で採択された生物多様性条約（CBD）には，生物多様性の保全，生物資源の利用，利益配分，資金，管理などに関する事項が規定されている．

生物資源の「原産国主権」が規定されている第15条第1項では，「各国は自国の天然資源に対して主権的権利を有する者と認められ，遺伝資源の取得の機会につき定める権限は，その遺伝資源が存在する国の政府に属し，その国の国内法令に従う」とされている．

また，遺伝資源の商業的利用による利益配分に関する第15条第7項では，「締約国は遺伝資源の研究および開発の成果並びに商業的利用その他の利用から生ずる利益を当該遺伝資源の提供国である締結国と公正かつ衡平に配分するため，他条の規定に従い，また，他条規定に基づいて設ける資金供与の制度を通じ，適宜，立法上，行政上又は政策上の措置をとる．その配分は相互に合意する条件で行う」と規定されている．

このほか遺伝資源を利用する技術を資源の提供国に移転すること（第16条第3項）や，途上国が提供した遺伝資源を基礎とする生物工学技術の成果と利益は，当該途上国に優先的に提供すること（第19条第1項）などが生物多様性条約には規定されている．

（2）食糧および農業に用いられる植物遺伝資源に関する国際条約

FAOの国際的申し合わせ（IU：International Understading on plant genetic resources）と生物多様性条約（CBD）の間では，生物資源に関する権利や利益配分に関する理念の齟齬が生じた．このため，両者を調和させる作業が7年以上にわたり続けられた．そして，2001年に開催された第34回FAO総会において，食糧および農業に用いられる植物遺伝資源に関する国際条約が採択された．

その内容は次のとおりである．

① 食糧･農業用生物資源のアクセスは，共通のルール（MLS）の下で行い，生物資源の移転の際には，当事者間で材料移転契約（MTA：Material Transfer Agreement）を締結する．

② 作物表に掲げられている作物（35作物と29属の飼料作物）を対象とし，食糧・農業のための研究，育種などに対象を限る．

③ 政府の管理監督下にある機関には義務づけ，民間の活動については義務ではなくMLSの対象とすることを奨励する．

④ MLSを通じて獲得した生物資源の利用から生じた利益の一部をFAO信託基金勘定に支払い，この基金から資源国へ利益還元が行われる．

⑤ MLSから取得した生物資源そのままの形態では，知的所有権その他の主張を行うことはできない．

(3) 資源の権利化と遺伝子特許

生物資源の存在は周知の事実であり，特許法または品種保護法上必要な「新規性」を満たさない．また，素材としての生物資源あるいは情報としての伝統的知識は，移転契約の締結により提供者の利益を保護できるが，契約を結ばない第三者の行為に対しては無力である．

しかし，農作物や家畜の地方品種は，長年にわたる農民の手による改良の所産である．しかし，地方品種の交配により作り出される改良品種や地方品種に遺伝子組換えを行って作出されるGM品種などに農民の権利を反映させる方策がない．地方品種のゲノムには，多数の有用遺伝子が集積されており，その中にほんの少数の新たな遺伝子を組み込んだ者が新品種の権利を独占することは許されることではないであろう．しかし，現実には，新品種保護法（日本では種苗法）や特許法では，新品種の権利は直接の育成者に帰属することになる．

さらに，遺伝子は自然物であるにもかかわらず，その機能と構造が解明できれば，遺伝子自体が特許の対象となる．すなわち，現行の法制度の下で遺伝子特許が成立する．

生物多様性条約により遺伝資源提供国の権利が認められる一方で，地方品種を活用して育成される新品種の権利が種苗法などで保護され，また，特定の地方品種から単離される遺伝子などが特許法で守られ，その権利が特定の者に独占される．このことが遺伝資源や遺伝子の権利をめぐる南北対立を深刻なものとしている．

第3章　植物形質の遺伝原理

ダーウィンの進化論が発表され，メンデルの遺伝の法則が発見されて1世紀余に過ぎないが，遺伝学は長足の進歩を遂げ，遺伝子の構造や発現機構が分子レベルで明らかにされた．その結果，生物進化の多くの謎が解き明かされたばかりでなく，科学的育種による動植物の改良もめざましく進んだ．遺伝変異の発生と適者生存の自然選択により生物は進化した．同様な原理に基づき，遺伝変異の誘発と有用変異の選抜により動植物の改良は行われる．植物育種の原理を学ぶには植物遺伝の原理を知ることがまず必要である．

1．植物の生活環

植物の生活環（life cycle）は種苗（種子や苗）の休眠が打破され，発芽することから始まる．生活環の長さや過程は，植物の種類ごとに異なる．一般的には，種子発芽により成長が開始され，体細胞分裂により栄養成長（vegetative growth）が進み茎葉根が繁茂する．栄養成長により植物体が大きくなり，多くの子孫を残すことができる．栄養成長から生殖成長への成長相転換は，気温や日長などの環境の変化が引き金となって起こる．

生殖成長（reproductive growth）では，花芽分化に続いて雌しべや雄しべなどの生殖器官が形成される．雌雄蕊の中では，減数分裂によりゲノムの染色体数が半減し，半数性の卵子と花粉などの配偶子が作られる．受粉と受精により，

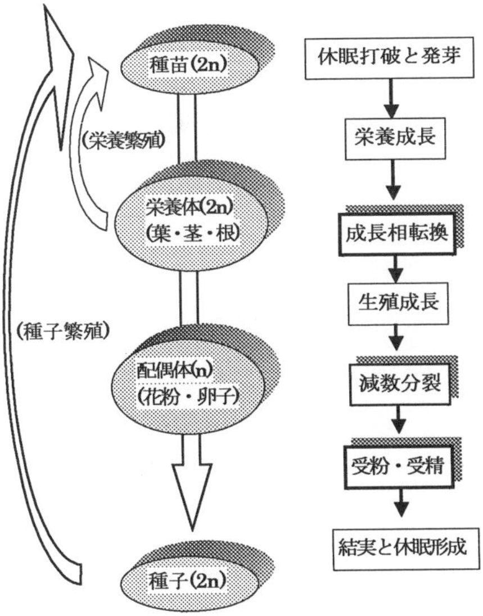

図 3.1　植物の生活環

雌雄配偶子が合体して接合子となり，種子が形成される．

種子繁殖植物では，種子から再び次の生活環が繰り返されるが，栄養繁殖植物では，茎葉根などの栄養体の一部が繁殖体となり生活環が繰り返される(図 3.1)．植物の生活環の中で植物育種との関連が深いのは，成長相転換，減数分裂ならびに受粉・受精である．

植物が有性生殖によりリスクの高い種子繁殖をあえて行うのは，環境適応に必要な遺伝変異を確保するためと考えることができる．他方，栄養繁殖植物はリスクを伴う有性生殖を行わない代わりに，進化・適応に必要な遺伝変異を確保することが困難となる．生殖様式は植物の適応戦略と深く係わっているばかりでなく，植物育種とも不可分の関係にある．

2．核相交代と細胞分裂

植物の生活環におけるゲノム構成の変化をみると，複相 (2 n) 世代と単相 (n) 世代とを交互に繰り返す核相交代が起こっている．核相交代の仕方により植物を類別すると，単相植物，複相植物，単複相植物の三つのタイプになる．アオミドロやシャジクモなどの単相植物では，生活環上で単相 (半数性) の配偶体だけが発達し，接合体のときだけ複相になり，すぐに減数分裂して単相に戻る．ヒバマタやホンダワラなどの複相植物では，生活環の大部分は複相の胞子体で過ごし，配偶子形成にあたり減数分裂し，配偶子の結合により再び複相に復帰する．

しだ植物などの単複相植物では，有性世代と無性世代とがあり，複相と単相の核相交代が行われる．しだ類の植物体は複相の胞子体であり，減数分裂により胞子を作る．胞子が発芽してできる単相の配偶体に卵子と精子が形成され，両者の合体により接合子が形成される．接合子にできる胚から胞子体が再生する．複相 (2 n) の胞子体が無性世代で，単相 (n) の配偶体が有性世代となる．

顕花植物も同じタイプの単複相植物に属するが，配偶体は小さいうえに胞子体 (栄養体) に寄生するような形になっているため，直接認知しにくい．高等植物では，茎葉根などの栄養体 (胞子体) は，複相 (2 n) 世代であり，体細胞の有糸分裂により栄養成長をする．減数分裂により形成される配偶体は，単相（n）世代であり，大胞子としての卵子と小胞子としての花粉が形成される．

体細胞分裂（mitosis）と減数分裂（meiosis）の間には，図 3.2 に示すような差異がある．この図では，体細胞の染色体数が 2 n＝4 の 2 対の相同染色体をもつ植物を想定している．まず，体細胞分裂では，4 本の染色体がそれぞれ分裂して 4 対の染色分体ができ，赤道面上に整列する．各対の染色分体が両極に分かれて，親細胞と同じ二倍性 2 n＝4 の染色体をもつ 2 個の娘細胞が作られる．

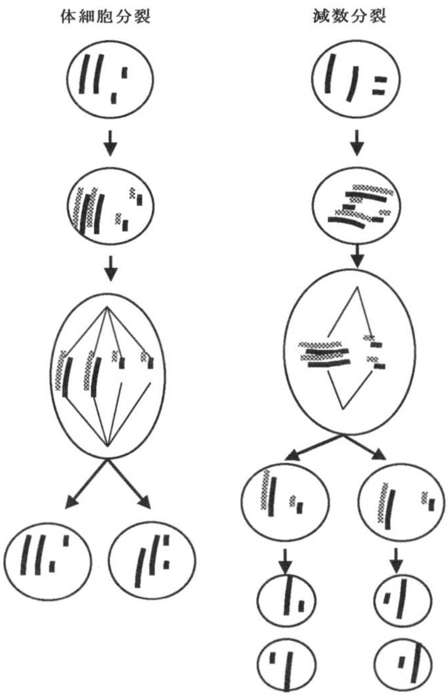

図 3.2　二種類の細胞分裂

他方，配偶子形成のための減数分裂では，2 段階の分裂により半数性の n＝2 の染色体をもつ 4 個の配偶子が作られる．第一段階の細胞分裂では，4 本の染色体が分裂して 4 組の染色分体を作った後，両親から伝えられた相同染色体同士が対合し，同一相同染色体の 4 染色分体の間で組換えを起こし，2 本の染色分体が両極に分かれ 2 個の半数性（n＝2）の細胞に分裂する．第二段階の分裂により 2 組の相同染色分体がそれぞれ 2 つの細胞に分かれて，2 つの相同染色体をもつ半数性の配偶子が 4 個形成される．

減数分裂では，両親から伝えられた相同染色体が対合し，相同染色体の間の遺伝的組換えにより両親の遺伝子の組合せによる配偶子が形成され，配偶子の自由な組合せにより多様な遺伝変異が作り出される．

3．メンデルの遺伝の法則

遺伝の法則の発見で知られているG. J. Mendelは，1822年に当時オーストリア・ボヘミア地方の農民の子として誕生した．ウィーンの大学で学んだ後，ブルノの女王僧院付属の実科中学で教鞭をとった．植物の遺伝実験は教師生活時代の1853～1871年の18年間におよんだ．エンドウを使った遺伝実験は，初期の8年間に行われ，1866年にブルノ博物学会報に「植物雑種の研究」として発表された．しかし，論文は人々の注目を集めることなく1884年に61歳で没した．彼は生前口癖のように，「私の時代がきっと来る」と言っていたといわれている．

やがて，20世紀の幕開けと共に偶然にも，同時にオランダのH. de Vriesがトウモロコシ，ドイツのC. Corrensとオーストラリアの E. Tschermakがエンドウを実験材料として独立に植物遺伝に関する優性，分離，独立の法則を再発見した．

Mendelが遺伝の法則の発見に成功した理由として次のことがあげられる．

① 遺伝的に固定した材料（自殖性エンドウの純系）を選んだ．

② 形や色などのはっきりと識別できる形質を扱った．

③ 特定の形質だけに着目して遺伝の仕方を追跡した．

④ 観察で得られたデータを巧みに整理して推理力を働かせた．

Mendelは種苗商から手に入れたエンドウ32品種の中から2年間の調査により形質の分離が見られない22点を選定して実験に用いた．これらの品種の間で差異のある7種の対立形質（alleromorph）を選んで遺伝様式を分析した．

種子の形・・・表面が滑らかで円いか皺があって角張っているかにより，「円種子」対「皺種子」

子葉の色・・・種皮を通して見える子葉の色により，「緑子葉」対「黄子葉」

種皮の色・・・種皮の色により，「褐色種皮」対「無色種皮」

莢の形・・・成熟種子の間のくびれの有無で，「軟莢」対「硬莢」

莢の色・・・未熟莢の色により，「緑莢」対「黄莢」

着花・・・着花が茎頂か葉腋かにより，「頂生」対「腋生」

草丈・・・2 m 以上に伸びるか 1 m 以下かで，「高性」対「矮性」

これらの 7 対の対立形質に差異のある品種を選んで交配し，雑種第 1 (F_1) 世代と，それらの自家受粉による雑種第 2 (F_2) 世代における形質の現れ方を調べた．その結果は表 3.1 のとおりになった．

異なる対立形質をもつ品種を交配すると，雑種第 1 (F_1) 世代の植物は，いずれか一方の対立形質を表すことがわかった．F_1 世代で現れる形質を優性 (dominant)，現れない形質を劣性 (recessive) という．遺伝学用語としての優性と劣性を形質本来の優劣性と混同してはならない．この種の混乱を避けるために，F_1 世代に現れる形質を顕性 (expressive)，現れない形質を潜性 (latent) とするのが適切であると主張もあった．

表 3.1　Mendel のエンドウの実験での対立形質の遺伝と分離

対立形質	(遺伝子記号)	F_1 世代		F_2 世代の分離		分離比
		優性形質	劣性形質	優性形質	劣性形質	優性：劣性
種子の形	(R, r)	円形	皺形	5474	1850	2.959 : 1
子葉の色	(I, i)	黄色	緑色	6022	2001	3.009 : 1
種皮の色	(A, a)	褐色	白色	705	224	3.147 : 1
莢の形	(V, v)	硬質	軟質	882	299	2.950 : 1
莢の色	(Gp, gp)	緑色	黄色	428	152	2.816 : 1
着花様式	(Fa, fa)	腋生	頂生	651	207	3.145 : 1
草丈	(Le, le)	高性	矮性	787	277	2.841 : 1

(1) 優性の法則

異なる対立形質をもつ両親の交配により生まれる F_1 植物に，一方（優性）の対立形質だけが現れる法則をいう．Mendel が調査した 7 種の対立形質では，種子の形に関しては，円形が皺形に対して，子葉の色は黄色が緑色に対して，種皮の色では褐色が無色に対し，莢の硬軟は硬質が軟質に対し，莢の色は緑色が黄色に対し，また，花の着き方については腋生が頂生に対して，さらに，草丈では高性 (1.5 m 以上) が矮性 (1 m 以下) に対して，それぞれ優性であることがわかった．

（2） 分離の法則

F_2 世代では，両親の対立形質が一定の割合で現れる．F_1 世代には現れなかった劣性形質が F_2 世代に再び一定の割合で現れる（分離する）法則をいう．Mendel が調査した 7 種の対立形質に関する F_2 世代の分離において，優性形質の植物体数を劣性形質の植物体数の倍数として表現すると，いずれの対立形質でもおよそ 3：1 の比率となることがわかる．

図 3.3 の模式図により優性と分離の法則を説明しよう．まず，種子を円くする遺伝子を *R* とし，皺をつくる遺伝子を *r* とすると，円形種子親の遺伝子型は ***RR***，皺形種子親は ***rr*** で，いずれもホモ接合性とする．両者の交配によりできる F_1 植物は，円形親と皺形親から対立遺伝子を 1 つずつ受け継いでヘテロ接合性 ***Rr*** となる．*r* 遺伝子に対して *R* 遺伝子が優性であるため，円形親（***RR***）と F_1 植物（***Rr***）は，表現上同一になる．

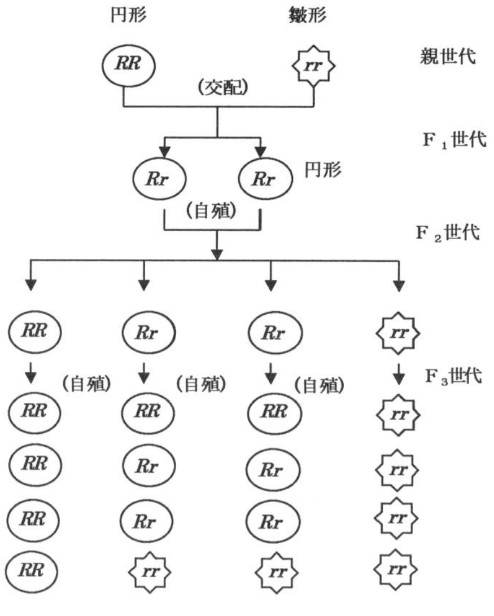

図 3.3　エンドウ種子の円形×皺形の遺伝のモデル

F_1 植物が配偶子（卵子や花粉）を作る際の減数分裂においては，*R* をもつ配偶子と *r* をもつ配偶子が 1：1 の割合で作られる．そして，*R* 卵子あるいは *r* 卵子が *R* 花粉あるいは *r* 花粉と自由に組み合わされる結果，***RR***，***Rr***，***rr*** の 3 種類の遺伝子型が 1：2：1 の比率で生ずる．優性の法則により，ホモ接合体（***RR***）とヘテロ接合体（***Rr***）とが同じ表現型となるため，円形（***RR*** または ***Rr***）と皺形（***rr***）の比率が 3：1 となる．

さらに，F_2 世代の植物を自

殖して F_3 世代の子孫を作ると，*RR* 型の F_2 植物からは *RR* のみ，*Rr* 型からは *RR*，*Rr*，*rr* 型の子孫が 1：2：1 の比率で生まれ，*rr* 型植物からは *rr* 型の子孫のみが生ずることになる．

（3） 独立の法則

2 種類の対立形質を同時に考えると，F_1 世代には両形質のうちの優性形質だけが現れ，劣性形質は現れない．そして，F_2 世代では 2 種の形質が互いに無関係に独立に分離する．たとえば，円形種子で黄色の子葉をもつ品種と皺形種子で緑色の子葉の品種を交配すると，F_1 世代の植物は全て円形種子で黄色の子葉となる．F_1 植物の自家受粉により作られる F_2 世代では，両親と同じ円形種子・黄色子葉の植物と皺形種子・緑色子葉の植物の他に，円形種子・緑色子葉および皺形種子・黄色子葉の 4 種のタイプが現れ，2 種の対立形質が互いに無関係に独立遺伝する場合，9：3：3：1 の分離比となる．

図 3.4 には，円形種子・黄色子葉（円黄）の親（*RRYY*）と皺形種子・緑色子葉（皺緑）の親（*rryy*）との交配による円形種子・黄色子葉の F_1 植物（*RrYy*）を自殖して得られる F_2 集団における分離を模式的に示した．

二重ヘテロ接合性 F_1 植物 *RrYy* の減数分裂では，雌雄ともに *RY*，*Ry*，*rY*，*ry* の 4 種類の配偶子が形成される．これらの 4 種類の雌雄配偶子が自由に組

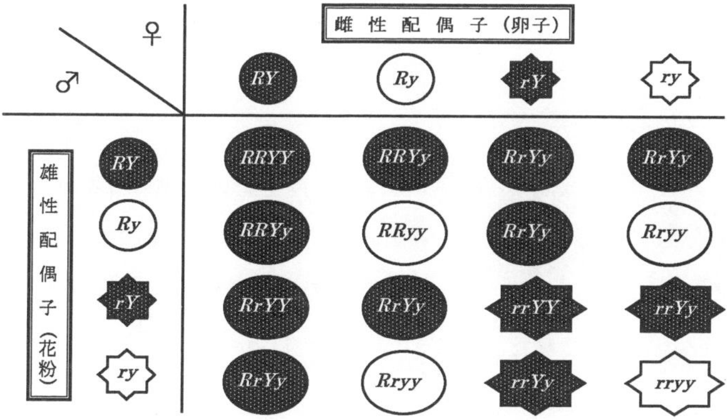

図 3.4　2 遺伝子性独立遺伝の模式図

み合わさると，4×4の組合せの遺伝子型が同一頻度で生ずる．これらを表現型により分類すると，円黄（*R*-*Y*-）が9/16，円緑（*R*-*yy*）が3/16，皺黄（*rrY*-）が3/16，皺緑（*rryy*）が1/16となり，それら比率は9：3：3：1となる．種子の形に関しては，円形：皺形＝3：1，子葉の色に関しては，黄色：緑色＝3：1となっており，（3*R*-＋1*rr*）（3*Y*-＋1*yy*）＝9*R*-*Y*-＋3*R*-*yy*＋3*rrY*-＋1*rryy*の二項展開により，2遺伝子性独立遺伝の分離比を求めることができる．

これらの優性，分離，独立の法則のうち，優性の法則に関しては，無優性や部分優性などの例外があることが後に明らかにされるが，Mendelが発見したような完全優性を表す形質は多数あり，普遍性の高い法則と言える．また，分離の法則は親から子への遺伝子の伝達様式を示す基本的なもので，全ての核遺伝子に当てはまる最も重要な遺伝の法則である．さらに，独立の法則は異なる相同染色体に座乗する遺伝子の間にだけ限定的に成り立つ．両親から1本ずつ伝達される同一の相同染色体上に連鎖する遺伝子の間では，独立の法則は成り立たない．数万の遺伝子のうち数百～数千の遺伝子が連鎖群となって染色体上に座乗していることを考えると，独立遺伝の法則はむしろ例外的ともいえる．

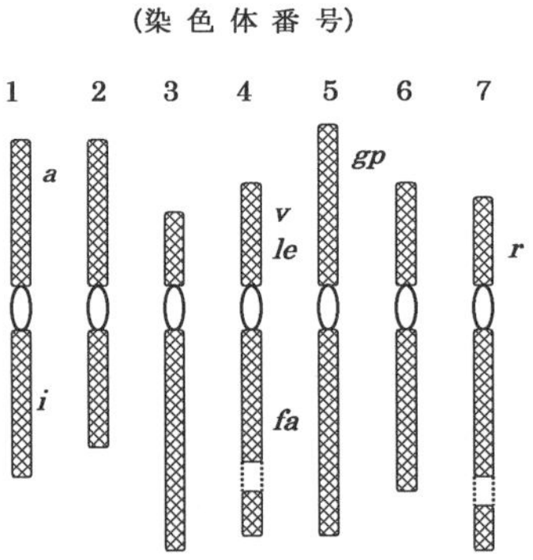

図3.5　Mendelが遺伝実験に使った7形質の遺伝子の連鎖関係（鵜飼ら，1984）

その後の研究によりMendelが扱った7形質を支配する遺伝子は，エンドウのゲノムを構成する7対の相同染色体上に散らばって座乗している訳ではなく，図3.5に示すとおり，莢の色の遺伝子（*Gp*，*gp*）は第5染色体，種子の形の遺伝子（*R*，*r*）は第7染色体上にあるが，種皮の色を支配する遺伝子（*A*，*a*）と子葉の色の遺伝子（*I*，*i*）とは第1染色体上に，また莢の形（*V*，*v*），草丈（*Le*，*le*），着花様式（*Fa*，*fa*）を支配する3種の対立遺伝子は，同じ第4番染色体上に連鎖していることが明らかにされた．

Mendelが観察した7種の対立遺伝子のうち，6種が独立遺伝に近い分離をしたと見られることは，きわめて幸運であったと言えよう.

4. 組換えと連鎖地図

(1) 遺伝子の連鎖

二十世紀の幕開けとともにMendelの遺伝の法則が再発見されて間もなく，BatsonとPunnett (1906) がスイトピーの花の色と花粉の形の遺伝研究において独立の法則が成り立たないことを発見した (表3.2). 紫色の花で長楕円形の花粉をもつ品種 (紫長と略称) と赤い花で円形の花粉をもつ品種 (赤円と略称) を交配すると，F_1植物は全て紫色の花で長楕円形の花粉となった. このことから，花の色に関しては紫色が赤色に対して優性であり，花粉の形に関しては長楕円形が円形に対して優性であることがわかった. F_1植物の自家受粉で得られるF_2集団やF_2世代の二重ヘテロ接合性の植物を自殖して得られるF_3集団では，1450の植物個体の中で，紫長 : 紫円 : 赤長 : 赤円の表現型の植物体数は，1038 : 50 : 65 : 297となり，花の色と花粉の形が独立に遺伝する場合の分離比 (9 : 3 : 3 : 1) から計算される期待数 (815.6 : 271.9 : 271.9 : 90.6) とは大きく異なることがわかった.

花の色と花粉の形が独立に遺伝するとして計算された理論値では，親 (紫長×赤円) とは異なる紫円と赤長の二つの新しい形質組換え型の割合は，(271.9 + 271.9) / 1450 = 0.375 (37.5 %) となる. しかし，観測値から計算される組換え型の割合は，(50 + 65) / 1450 = 0.079となり，8 %に達していない. すなわち，親とは異なる新しい形質組合せの組換え型が目立って少なく，親と同じ非組換え型が多く出現している.

BatsonとPunnettは次のように考えた. 独立遺伝の法則によれば，二重ヘテロ接合体 (*PpLl*) の減数分裂では，4種類の配偶子 (*PL*, *Pl*, *pL*, *pl*) は同じ割合で形成される. しかし，スイトピーの花色と花粉形状に関しては，交配親の優性遺伝子同士 (または劣性遺伝子同士) が相引連鎖していて，非組換え型配偶子 (*PL*と*pl*) が多く，組換え型配偶子 (*pL*と*Pl*) が少なくなり，独

表3.2　スイトピーの花の色と花粉の形の連関関係の分析
(Peters, 1959より抜粋, 再集計)

項目 (配偶子分離比)	紫・長 (*P*-*L*-)	紫・円 (*P*-*ll*)	赤・長 (*ppL*-)	赤・円 (*ppll*)
二重ﾍﾃﾛ個体由来 F_3 集団の観測値	1038	50	65	297
組換価rの時の理論頻度	$0.25(3-2r+r^2)$	$0.25r(2-r)$	$0.25r(2-r)$	$0.25(1-r)^2$
独立分離の期待値 (1：1：1：1)	815.6	271.9	271.9	90.6
弱連鎖の期待値 (7：1：1：7)	1002.5	85.0	85.0	277.5
強連鎖の期待値 (15：1：1：15)	1043.6	43.9	43.9	318.6

注) 紫：紫花, 赤：赤花, 長：長粒花粉, 円：円粒花粉

立遺伝とは異なる分離比となる.

そこで, 4種類の配偶子が7 (*PL*)：1 (*Pl*)：1 (*pL*)：7 (*pl*) の比率で形成されるとすると, 4種の表現型の分離比 (紫長：紫円：赤長：赤円) は観測値にかなり近づく. さらに, 4種の配偶子が15 (*PL*)：1 (*Pl*)：1 (*pL*)：15 (*pl*) の割合で形成されると仮定すると, 4種の表現型の分離比は観測値にきわめて近くなることが分かる. 後者では, 組換え価は $(1+1)/(15+1+1+15)=0.0625$ (6.25 %) となる.

親と同じ非組換え型が多く, 新しい組換え型が少なくなるのは, 花の色と花粉の形を支配する遺伝子座が同じ相同染色体上にあって, *P* と *L* ならびに *p* と *l* とが連鎖していると考えた.

一般に組換え価rで相引連鎖している場合, *PL*, *Pl*, *pL*, *pl* 型の配偶子は $(1-r):r:r:(1-r)$ の比率で作られる. このような割合で形成された配偶子 (卵子と花粉) が自由に組み合わされると, 4種の表現型, 紫・長 (*P*-*L*-), 紫・円 (*P*-*ll*), 赤・長 (*ppL*-), 赤・円 (*ppll*) の出現頻度の期待値は, それぞれ $0.25(3-2r+r^2)$, $0.25r(2-r)$, $0.25r(2-r)$, $0.25(1-r)^2$ となる (表3.2).

(2) 連鎖分析と連鎖地図

両親から伝えられる相同染色体に座乗する遺伝子は, 互いに連鎖していて相伴って遺伝する. そして, 染色体上の位置が近いほど組換えを起こす確率すなわち組換え価 (recombination value) は小さくなる. 表現形質の分離比か

ら形質の発現に関与する遺伝因子（遺伝子）を染色体上に位置づけて連鎖地図（linkage map）が作成される．その原理は次のとおりである．

3つの遺伝因子 *A*，*B*，*C* が同じ相同染色体上に相引連鎖しているとすると，母本（*AABBCC*）と父本（*aabbcc*）の交配による F_1 の遺伝子型は，*AaBaCc* となる．三重ヘテロ接合性（F_1）植物を母本として劣性親の父本（*aabbcc*）を検定交配すると，F_1 植物の作る配偶子（卵子）の遺伝子型が次世代の植物の表現型に直接的に反映され，組換え価の計算に有効に利用できる．

A-*B* の間の組換え価を p とし *B*-*C* の間の組換え価を r とすると，非組換え型の配偶子（*ABC*）が作られる確率は（1-p）（1-r）となり，一方の組換え型配偶子（*Abc*，*aBC*）は p（1-r），他方の組換え型（*ABc*，*abC*）は（1-p）r の確率で生ずる．さらに，二重組換え型配偶子（*AbC*，*aBc*）は rp の確率で生ずることが期待される．

そこで，2 種の一重組換え型の出現頻度を x および y とし，二重組換え型の割合を z とすると，x = p（1-r），y =（1-p）r，z = pr となる．これらの関係から p と r が求まる．

$$p = x + z$$

$$r = y + z$$

ところで，*A*-*C* との間の組換え価は p（1-r）+（1 − p）r = p + r − 2pr となり，*A*-*B* 間並びに *B*-*C* 間の組換え価の和（r + p）よりも，二重組換えの分（pr）だけ少なくなる．

3 対の遺伝子の位置関係を明らかにする 3 点試験では，*A*-*B* 間の組換え価を p とし，第三の遺伝子 *C* と *A*，*C* と *B* の間の組換え価をそれぞれ q および r とすると，

①　q が p および r より大きい（q > p，r）のとき，*A*-*B*-*C* の順

②　p が r および q より大きい（p > r，q）のとき，*A*-*C*-*B* の順

③　r が p および s より大きい（r > p，q）のとき，*C*-*A*-*B* の順に並んでいると判断できる（図 3.6 参照）．

DNA 多型分析などの結果から遺伝子連鎖地図を作るには，多数の遺伝子間の組換え価を使って，コンピュータソフトにより一気に計算することができ

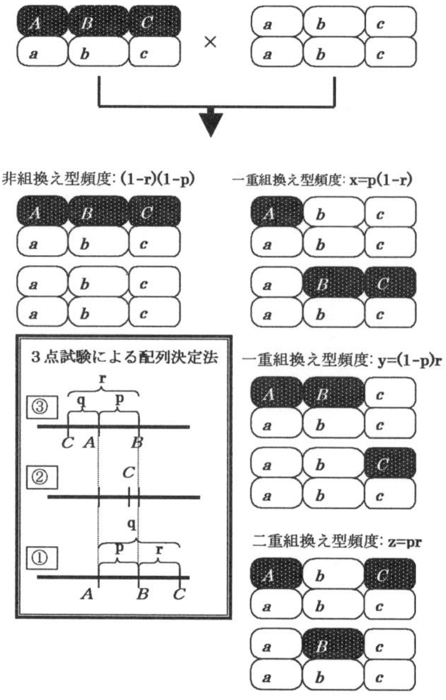

図 3.6　三重ヘテロ検定交配による組換え価の計算法

る．

各種の表現形質やDNA多型などの発現に関与する遺伝子の間の組換え価を計算して，各相同染色体上に書き込んだ図を連鎖地図（linkage map）と呼んでいる．表現形質の遺伝の仕方から遺伝因子組換え価を計算して作られるのを形質連鎖地図，または単に連鎖地図という．これに対して，分子遺伝学的手法により制限酵素断片長多型やcDNA多型などを使って作成されるのをDNA連鎖地図（DNA linkage map）とか，遺伝子連鎖地図（gene linkage map）などと呼んで区別する．

両者の間には，地図としての精密度にも大きな差異がある．イネでは，形質連鎖地図上にマップされた遺伝因子数は，何十年もかけて高々数百に過ぎないが

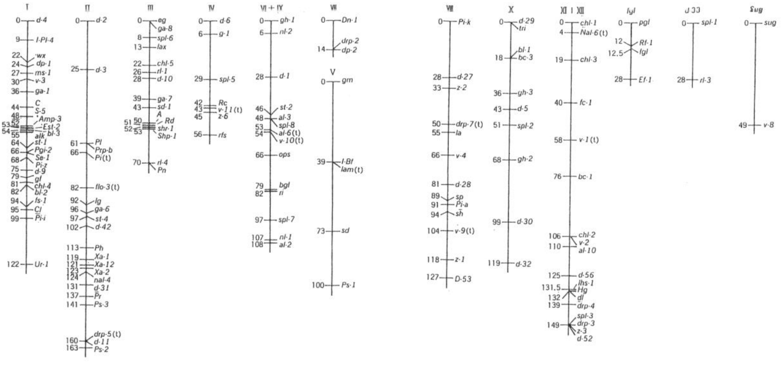

図 3.7　イネの形質連鎖地図（木下，1990）

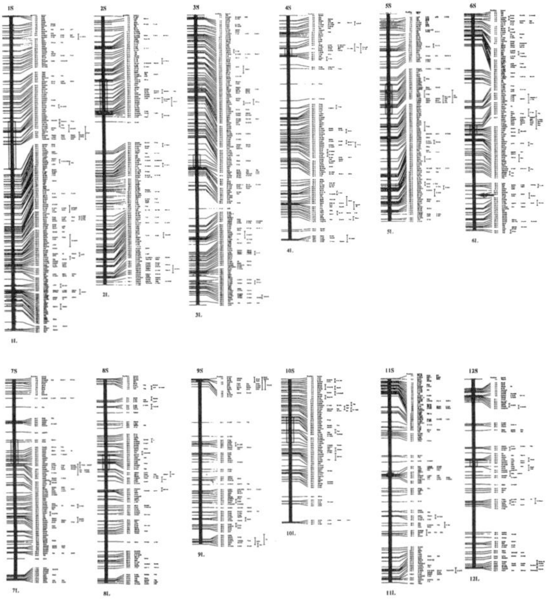

図 3.8　イネの高密度遺伝子連鎖地図（春島，矢野ら，1998）

(図 3.7)，わが国のイネゲノム研究チームが数年間で作成した DNA 連鎖地図には，2000 以上におよぶ遺伝子がマップされている (図 3.8).

5. 遺伝子間相互作用

遺伝子間相互作用 (genic interaction) には 2 種類ある．同一遺伝子座の対立遺伝子間の相互作用が優・劣性であり，異なる遺伝子座にある非対立遺伝子の間の相互作用を上・下位性 (epistasis) という．

(1) 優・劣性

Mendel が遺伝の法則で明らかにしたのは完全優性である．完全優性では，ヘテロ型 (*Aa*) が一方のホモ型 (*AA*) と表現型が一致する．これに対して，ヘテロ型 (*Aa*) が両親の中間の表現をとるとき無優性 (no dominance)，優性親 (*AA*) と中間親の間になるとき部分優性 (partial dominance)，ヘテロ型が両親の範囲を超えるとき超優性 (over dominance) と呼ぶ．

（2）上位性（epistasis）

一般には，特定遺伝子座の遺伝子の影響で他座の遺伝子の表現が変化する現象をいう．しかし，集団遺伝学や量的形質の遺伝学では，非対立遺伝子の非相加的効果（non-additive effect）の総称として用いられる．ここでは，二つの非対立遺伝子間相互作用を類型化し，それらの作用機構を想定してみよう．

（3）補足作用（complementary action）

2因子性ヘテロ接合体（*AaBb*）は，自殖次代において9対7の分離比を示す．その内容は9（*A*-*B*-）：7（*A*-*bb* + *aaB*- + *aabb*）であり，図3.9（1）に示すような原理が想定される．すなわち，二つの非対立遺伝子*A*と*B*が補足的に働いて，両方の遺伝子をもつ遺伝子型がいずれかの一方または双方を欠く遺伝子型と異なる表現型をとる．二つの遺伝子が同一反応経路上にあって，両方が揃わなければ反応が進まない機構が想定できる．

イネの穎花先端のアントシアン色素，すなわち，稃先色の発現には，色素原となる遺伝子*C*とその活性化遺伝子*A*とが関与し，両者の補足作用として色素が形成される．この場合，稃先色のない品種間交配（*CCaa* × *ccAA*）のF_1（*CcAa*）には稃先色があらわれ，F_1植物の自殖によるF_2世代では，稃先色のある植物とない植物が9対7の比率で分離する（Takahashi, 1957）．

野生イネの籾は成熟すると黒色になる．栽培イネの中にも成熟籾が黒変するものがある．これは成熟籾にポリフェノール物質が形成されるためと考えられている．この成熟籾のポリフェノール形成には，前駆物質の生成に関与する遺伝子*Bh*（厳密には，補足遺伝子的に働く二つの遺伝子Bh_1とBh_2）とそれを酸化しポリフェノールを形成する遺伝子*Ph*とが存在することが知られている（長尾・高橋，1954）．これらのうち，フェノールの酸化に関与するとみられる遺伝子*Ph*を持つ品種は，フェノール溶液に浸漬すると籾が黒変することにより確認することができる．この籾のフェノール反応により*Ph*遺伝子の地理的分布とその品種分化機構が研究された（栗山・工藤，1967）．

また，成熟籾黒変に関与する遺伝子の発現は，受精が引き金となるものとみられ，冷害などによる不稔籾は黒変しない．このことから成熟籾黒変に関するいずれかの構造遺伝子の上流域には，器官特異的なプロモータが存在する可能性がある．

（4） 重複作用（duplicating action）

2因子性ヘテロ接合体（*AaBb*）の自殖次代において，15対1の分離を示す．その内容は 15（*A*-*B*- + *A*-*bb* + *aaB*-）: 1（*aabb*）となり，図 3.9（2）に示す原理が考えられる．すなわち，*A* と *B* 両遺伝子は同様な作用をもち，どちらか一方あるいは両方が存在する場合に同じ表現型となる．二つの反応経路が重複して存在し，*A* あるいは *B* 遺伝子が別の経路を支配している．

ナズナの莢の形は普通うちわ形であるが，やり形の変異体がある．両者を交配すると，F_1 植物は全てうちわ形となる．自殖による F_2 世代では，うちわ形とやり形が 15対1に分離する（Shull, 1914）．これはナズナの莢の形を支配する遺伝子が2対あって，いずれの優性遺伝子が存在しても莢がうちわ形になり，二重劣性ホモ接合体でのみやり形となると考えられる．

（5） 抑制作用（inhibiting action）

この場合13対3の分離比となり，内容的には 13（*A*-*B*- + *aaB*- + *aabb*）: 3（*A*-*bb*）が想定される．この分離比は3対1との区別が困難となる．しかし，次世代の分離から遺伝子型を推定すれば，1因子遺伝との区別ができる．この分離比は図 3.9（3）に示すような発現機構が考えられる．優性遺伝子 *A* の発現を優性遺伝子の *B* が抑制するとすれば，*A* 遺伝子をもち *B* 遺伝子を持たない遺伝子型（*A*-*bb*）だけが他の遺伝子型とは異なる表現型となる．

タマネギの鱗茎色の発現には，着色遺伝子 *C* とその作用を抑制する遺伝子 *I* が関与しいて，13無色（*C*-*I*- + *ccI*- + *ccii*）: 3着色（*C*-*ii*）の分離が観察される（池橋，1996）．これが1遺伝子分離でないことは *C*-*I*-型の無色植物を自殖すると，再び13着色対3無色に分離することで確認できる．

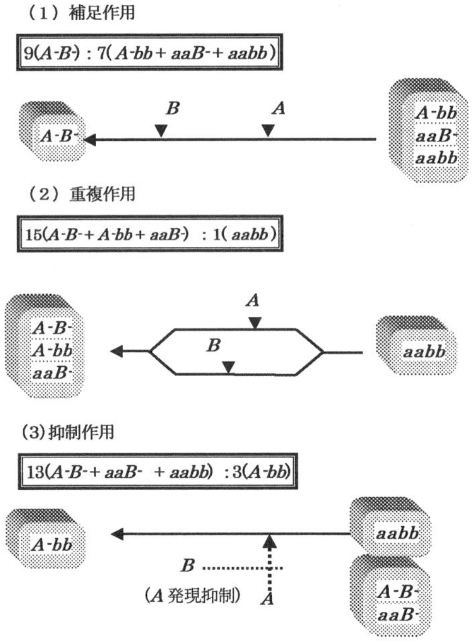

図 3.9　遺伝子間相互作用のメカニズム

(6) 上位作用

広義の上位性が非対立遺伝子間の相互作用，あるいは非相加的効果を表すのに対して，狭義の上位作用は2種類の非対立遺伝子の間で一方の遺伝子がもう一方の遺伝子の作用を抑制するモデルで説明することができる．図3.9（3）の抑制作用モデルでは，一方の優性遺伝子（*B*）が他方の遺伝子（*A*）の抑制因子として作用している．これに対して，狭義の上位作用は，一方の遺伝子がそれ自身の機能を持つと同時に，もう一方の遺伝子の作用を抑制すると考えると，相互作用をうまく説明できる．

6．細胞質遺伝（母性遺伝）

Mendel の遺伝法則の再発見者の一人である C. Correns（1909）は，オシロイバナの斑入りの遺伝を研究した．斑入りの植物を母本とし，斑入りでない緑色の植物を父本として交配すると，F_1 世代に斑入り植物が現れるが緑色植物を母本として斑入り植物を父本とする逆交配では，次世代の植物は全部緑になり，斑入り植物は出現しなかった．また，イネの葉に現れる白縞の遺伝についても縞イネを母本，緑イネを父本とする F_1 世代には縞イネが高頻度で現れるが，緑イネを母本とし縞イネを父本とする逆交配では，縞イネは1本も出現しないことが報告されている（竹崎，1925）．

オシロイバナの斑入りとイネの白縞のいずれ場合も，どちらを母本とするか交配方向により遺伝の仕方が異なる．このような遺伝様式は母性遺伝また

は傾母遺伝 (maternal inheritance) と呼ばれている.

母性遺伝の現象は, 形質の発現を支配する因子が核ゲノムではなく, 細胞質のミトコンドリアや葉緑体などの細胞質器官に存在するとみられることから, 細胞質遺伝 (cytoplasmic inheritance) とも名付けられている.

葉緑体 DNA は植物細胞の全 DNA の約 15 %程度を占め, 光合成に必要な遺伝子の一部を含んでいる. また, ミトコンドリア DNA は全 DNA のわずか 1 %程度に過ぎないが, 植物のエネルギー代謝に必要な遺伝子を含んでいる. このような細胞質遺伝子 (plasmagene) は, 卵子だけから子孫に伝達され, 父本の花粉からは子孫に遺伝されない. これが母性遺伝の原因となっている. 農業上最も重要な細胞質遺伝形質は雄性不稔性である (第 13 章参照).

7. 倍数性の進化と倍数体の作出

通常の高等植物の体細胞は, 母本から伝えられた 1 組 (n) と父本から遺伝されたもう 1 組 (n) との 2 組 (2 n) の染色体を持っている. 体細胞の染色体数を 2 n であらわし, 基本染色体数の 3 倍以上の整数倍になっているものを倍数体 (polyploid) という. たとえば, 野生ギクの仲間には 18, 36, 54, 72, 90 などの染色体数をもつ種類がある. これらの野生ギクの染色体数 (2 n) の最大公約数は 18 であり, その半数を基本染色体数 x とすると, 二倍体 (2 n = 2 x = 18), 四倍体 (2 n = 4 x = 36), 六倍体 (2 n = 6 x = 54), 八倍体 (2 n = 8 x = 72), 十倍体 (2 n = 10 x = 90) となっていることがわかる.

高等植物には倍数性 (polyploidy) が広く存在し, 被子植物の 35〜50 %の種が倍数性起原とみられている (Grant, 1971). 農作物として栽培されている植物種では, 倍数性の比率がさらに高く, 78 %以上の植物種が倍数性起原の可能性があると考えられている.

控えめにみて 2 n = 20 以上染色体数の植物が倍数性起原とみると, 表 3.3 にあげた作物の中で, 体細胞染色体数が 20 以下 (2 n ≦ 20) で倍数性起原ではないとみられる作物は, 約 26 %を占めるに過ぎない. 他の 74 %にもおよぶ作物種が倍数性とみられる. 4 分の 3 におよぶ作物種が倍数体起原であるとみられることから, 栽培植物の進化と改良には, 染色体の倍数化が少なからざる役割を果たしたと推察される.

ヤムイモの一種ダイジョ (*Dioscorea alata* L.) の種内には，二倍性 (2 n = 2 x = 20) から八倍性 (2 n = 8 x = 80) 染色体数変異が存在する (Simmons, 1976). ダイジョは雌雄異株植物であるが，開花・結実は稀にしか見られず，塊茎分割による繁殖が行われている. それにもかかわらず，種内に広範な倍数性変異がみられることから，何らかの倍数性誘発機構が内在する可能性が考えられる.

同じゲノムが重複してできる倍数体を同質倍数体 (autopolyploid) と呼ぶ. 同質三倍体 (autotriplod) では，減数分裂における染色体対合の異常が原因となり，種子が形成されない. 生食用バナナ (2 n = 3 x = 33, AAA) は，自然の同質三倍体であり種なしとなっている. また同質四倍体 (autotetraploid) と二倍体 (diploid) の交配により人為的に同質三倍体を作出して，種なしスイカ (2 n = 3 x = 33) が開発された (木原・西山, 1947).

一般に同質三倍体 (2 n = 3 x) は高い不稔性をあらわすが，茎葉根などの栄養器官の発育が旺盛になる傾向がある. バナナをはじめ，リンゴや西洋ナシなどの果樹類，ヒヤシンス，カンナ，チューリップ，シャガ，ヒガンバナなどの花卉類，テンサイ，クワなどに三倍体品種がある. アルファルファ，ジャガイモ，ラッカセイ，コーヒーなどでは，同質四倍体の実用品種がある.

ユリ科植物イヌサフラン (*Colchicum autumnale*) の種子や鱗茎に含まれるアルカロイドの1種コルヒチン (colchicine) には，植物染色体数を増加させる効果がある (Duskin, 1934). この効果は細胞分裂時の紡錘体形成阻害によることが明らかにされている (Ludford, 1936). コルヒチンは強毒性で変異原性の強いアルカロイドであり，0.01〜0.2 %の水溶液を細胞分裂の盛んな成長点に処理すると，人為的に同質倍数体を作り出すことができる. コルヒチンにより染色体を倍加すると，細胞容積の増大に伴い器官肥大が起こる場合が多い. そこで，器官肥大の活用をねらい種々の作物において倍数性育種が試みられたが，種子稔性の低下や不均衡な器官肥大などによる障害が多く，一部の花卉・果樹類に成功例は限られている.

アブラナ科野菜の仲間には，ハクサイ (2 n = 20), クロガラシ (2 n = 16),

表 3.3　主要な作物の染色体数，倍数性およびゲノム
(Hancock, 1992 ; Smartt & Simmonds, 1995等を参考に作成)

植物種名〈作物名〉	染色体数	基本数（x）	倍数性	ゲノム構成
Allium cepa（ﾀﾏﾈｷﾞ）	16	8	2x	
Allium fistulosum（ﾈｷﾞ）	16	8	2x	
Allium sativum（ﾆﾝﾆｸ）	16	8	2x	
Allium chinense（ﾗｯｷｮｳ）	32	8	4x	
Allium tuberosum（ﾆﾗ）	32	8	4x	
Avena sativa（ｴﾝﾊﾞｸ）	42	7	6x	AABBCC
Arachis hypogaea（ﾗｯｶｾｲ）	40	10	4x	
Artocarpus altilis（ﾊﾟﾝﾉｷ）	56, 84	14（?）	4x, 6x	
Beta vulgasis（ﾃﾝｻｲ）	18, 27	9	2x, 3x	
Brassica campestris（ﾊｸｻｲ，ｶﾌﾞなど）	20	10	2x	AA
Brassica nigra（ｸﾛｶﾞﾗｼ）	16	8	2x	BB
Brassica oleracea（ｷｬﾍﾞﾂ，ﾌﾞﾛｯｺﾘ，ｶﾘﾌﾗﾜｰ等）	18	9	2x	CC
Brassica juncea（ｶﾗｼﾅ，ﾀｶﾅ等）	36	8, 10	4x	AABB
Brassica napus（洋種ﾅﾀﾈ）	38	9, 10	4x	AACC
Brassica carinata（ｱﾋﾞｼﾆｱｶﾞﾗｼ）	34	8, 9	4x	BBCC
Camellia sinensis（ﾁｬ）	30	15	2x	
Capsicum annuum（ﾄｳｶﾞﾗｼ）	24	12	2x	
Citrullus lanatus（ｽｲｶ）	22	11	2x	
Cucumis sativus（ｷｭｳﾘ）	14	7	2x	
Cucumis melo（ﾒﾛﾝ）	24	12	2x	
Cucurbita maxima（ｾｲﾖｳｶﾎﾞﾁｬ）	20,40	10	2x,4x	
Cucubita moschata（ﾆﾎﾝｶﾎﾞﾁｬ）	40	10	4x	
Daucus carota（ﾆﾝｼﾞﾝ）	18	9	2x	
Dioscorea alata（ﾀﾞｲｼﾞｮ）	20,30,40,50, 60,70,80	10	2x～8x	
Dioscorea esculenta（ﾄｹﾞﾄﾞｺﾛ）	40	10	4x	
Dioscorea rotundata（ｷﾞﾆｱﾔﾑ）	40,80	10	4x,8x	
Dioscorea trifida（ｸｼｭｸｼｭﾔﾑ）	54,72,81	9	6x,8x,9x	
Dioscorea bulbifera（ｶｼｭｳｲﾓ）	30,40,50,60, 70,80,100	10	3x～10x	
Dioscorea opposita（ﾅｶﾞｲﾓ）	40	10	4x	
Dioscorea japonica（ﾔﾏﾉｲﾓ）	40	10	4x	
Fagopyrum esculentum（ｿﾊﾞ）	16	8	2x	
Ficas carica（ｲﾁｼﾞｸ）	26	13	2x	
Fragaria × ananassa（ｲﾁｺﾞ）	56	7	8x	
Glycine max（ﾀﾞｲｽﾞ）	40	20	2x	GG

表 3.3　続き 1

植物種名〈作物名〉	染色体数	基本数（x）	倍数性	ゲノム構成
Gossypium herbaceum（アジアワタ）	26	13	2x	A1A1
Gossypium arboreum（アジアワタ）	26	13	2x	A2A2
Gossypium hirsutum（リクチワタ）	52	13	4x	A1A1D1D1
Gossypium barbadense（カイトウワタ）	52	13	4x	A2A2D2D2
Helianthus annuus（ヒマワリ）	34	17	2x	
Hordeum vulgare（オオムギ）	14	7	2x	
Lacutuca sativa（レタス）	18	9	2x	
Ipomea batatas（サツマイモ）	60,90	15	4x,6x	
Lycopersicon esculentum（トマト）	24	12	2x	
Malus pumila（リンゴ）	34, 51	17	2x,3x	
Medicago sativa（アルファルファ）	32	8	4x	
Musa × *paradisiaca*（バナナ）	22,33,44	11	2x,3x,4x	AA,AAB,AABB
Nicotiana tabacum（タバコ）	48	12	4x	SSTT
Nicotiana rustica（ルスチカタバコ）	48	12	4x	PPUU
Oryza sativa（イネ, アジアイネ）	24	12	2x	AA
Oryza glaberrima（アフリカイネ）	24	12	2x	AA
Phaseolus vulgaris（インゲンマメ）	22	11	2x	
Phaseolus coccineus（ベニバナインゲン）	22	11	2x	
Pisum sativum（エンドウ）	14	7	2x	
Pyrus pyrifolia（ナシ）	34,51	17（？）	2x,3x	
Prunus armeniaca（アンズ）	16	8	2x	
Prunus persica（モモ）	16	8	2x	
Prunus avium（オウトウ）	16	8	2x	
Prunus amyglalus（アーモンド）	16	8	2x	
Raphanus saivus（ダイコン）	18	9	2x	
Saccharum officinarum（サトウキビ）	80	10	8x	
Saccharum spp.（サトウキビ,交雑種）	100～125			
Secale cereale（ライムギ）	14	7	2x	
Sesamum indicum（ゴマ）	26	13	2x	
Setaria italica（アワ）	18	9	2x	
Solanum melongena（ナス）	24	12	2x	
Solanum tuberosum（ジャガイモ）	24,36,48,60	12	2x～5x	
Trifolium pratense（アカクローバ）	14	7	2x	
Trifolium repens（シロクローバ）	32	8	4x	
Triticum monococcum（ヒトツブコムギ）	14	7	2x	AA
Triticum turgidum（マカロニコムギ）	28	7	4x	AABB
Triticum timopheevii（チモフェーヴィコムギ）	28	7	4x	AAGG
Triticum aestivum（パンコムギ）	42	7	6x	AABBDD

表 3.3　続き 2

植物種名〈作物名〉	染色体数	基本数 (x)	倍数性	ゲノム構成
Vaccinium corymbosum（ブルーベリー,Highbush 種）	48	12	4x	
Vaccinium ashei（ブルーベリー,Rabbiteye 種）	72	12	6x	
Vicia faba（ソラマメ）	12	6	2x	
Vigna ungiuculata（ササゲ）	22	11	2x	
Vigna radiata（リョクトウ）	22	11	2x	
Vitis vinifera（ブドウ）	40	20	2x	
Zea may（トウモロコシ）	20	10	2x	

注）（？）は推測数.

キャベツ (2 n = 18) などの二倍体種と，タカナ (2 n = 36)，洋種ナタネ (2 n = 38)，アビシニアガラシ (2 n = 34) などの四倍体種がある．二倍体種のゲノムをそれぞれ AA，BB，CC とすると，四倍体種は AABB，AACC，BBCC であることがゲノム分析 (後述) の結果明らかにされている．このような異なるゲノムからなる倍数体 (AABB，BBCC など) を異質倍数体 (allo-polyploid) という．異質倍数性作物としてアブラナ科野菜の他，エンバク，コムギ，ワタ，タバコなどがよく知られている (表 3.3 参照).

異質倍数体は異なるゲノムをもつ親植物を交配して F_1 植物を作り，コルヒチン処理して染色体を倍加して作り出すことができる．たとえば，二倍性のハクサイ (AA) にキャベツ (CC) を交配して，F_1 植物 (AC) を作り，コルヒチン処理により染色体倍加を行うと，洋種ナタネと同様のゲノムをもつ新しい異質四倍体植物 (AACC) を作出できる．しかし，実際には F_1 植物の胚は自然の状態では育たないため，胚を摘出して人工培地上で無菌的に培養する必要がある．この胚救済の方法によりハクランと名付けられた新野菜が開発された (西ら，1959).

8．ゲノムとゲノム分析

ゲノム (genome) とは，生物の生存に不可欠な 1 組の染色体として，当初定義された．しかし，分子生物学や生物工学技術の進展に伴い，ゲノムの概念はいささか変化した．わが国が世界をリードしているイネゲノム計画などで使われているゲノムとは，「生物の生存に不可欠な全遺伝情報」と解釈するのが妥当である．

本来の意味のゲノムは一組の染色体であり，高等植物の場合，二倍体の体細胞は2ゲノム（2n），半数体の配偶子は1ゲノム（n）をもつ．そして単一ゲノムの中には，相同染色体は原則的に存在しない．ゲノムを構成する1染色体，あるいは，その一部の断片が失われても生物の生存が危うくなる．

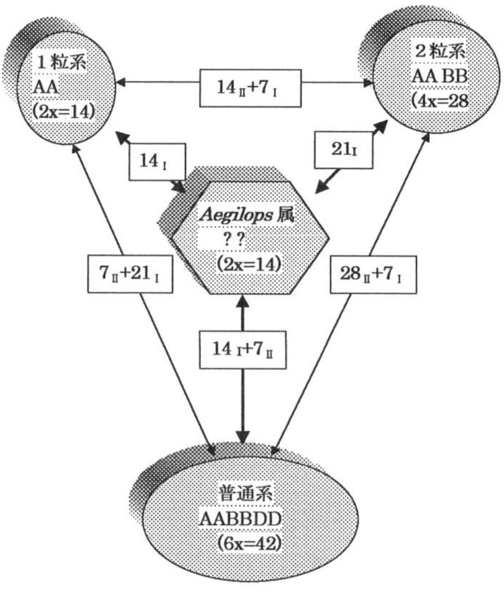

図 3.10　種間交配によるゲノム分析の原理

ゲノム分析（genome analysis）では，ゲノムの相同性に基づき，雑種植物の減数分裂時の染色体対合状況から両親のゲノムの類似性を判断する．コムギのDゲノム探すためのゲノム分析の原理を図3.10に模式的に示した．

木原（1973）はパンコムギなどの六倍性（2 n = 6 x = 42）普通系コムギの3種類のゲノムのうち，2種類はマカロニコムギなどの四倍性（2 n = 4 x = 28）の二粒系コムギのもつゲノム（AABB）と同じであることをゲノム分析により確認した．すなわち，普通系コムギ（AABBXX）と二粒系コムギ（AABB）を交配し，その雑種（F_1）植物（AABBX）の減数分裂において，14対の二価染色体（bivalent）と7個の一価染色体（univalent）を観察した．

その後，普通系コムギのもつ第三のゲノムがいずれの植物種に由来するのかを明らかにする研究を行った．まず，第三の未知のゲノム（XX）がコムギ（*Triticum*）属には存在しないことを確かめた．そこで，コムギ属に近縁な野生植物 *Aegilops* 属（2 n = 2 x = 14）植物に白羽の矢を立てた．*Aegilops* 属植物ならびにコムギ（*Triticum*）属植物の穂軸の折れ方には，ヤリホコムギ（*Ae. caudate*）のかさ型，タルホコムギ（*Ae. squarrosa*）のたる型，クサビコムギ

(*Ae.speltoides*) のくさび型の3種類があり，*Aegilops* 属植物間の交配実験の結果，たる型がかさ型やくさび型に対して優性であることを確認した．

次に，普通系コムギの第三のゲノムを有する *Aegilops* 属植物をXとすると，次の方程式が成立することになる．

X種（？）×二粒系コムギ（くさび型）＝普通系コムギ（たる型）

この関係からX種はたる型と推察した．

Aegilops 属植物の中では，タルホコムギ (*Ae. squarrosa*) がたる型であった．そこで，普通系コムギにタルホコムギを交配して作った F_1 植物の減数分裂の染色体対合を調べたところ，7対の二価染色体と14個の一価染色体が観察された．このことから，普通系コムギの第三のゲノムDは，タルホコムギに由来すると判断した．さらに，A，Bゲノムをもつ2粒系コムギ ($2n = 4x = 28$) とDゲノムをもつタルホコムギ ($2n = 2x = 14$) の交配による F_1 植物 ($2n = 3x = 21$，ABD) の染色体倍加を行い，複二倍体植物 ($2n = 6x = 42$，AABBDD) を造った．この複二倍体植物が普通系コムギにきわめて類似することから，人工合成コムギとも呼ばれた．

コムギ以外にも，*Brassica* 属野菜，タバコ，ワタ，バナナなどの作物でもゲノム分析により類縁関係が解明された (表3.3参照)．

第4章　組織・細胞培養と遺伝子機能の発現

組織培養（tissue culture）とは，多細胞生物の組織片・細胞群を摘出して，人工培地上で無菌的に生かし続ける技術をいう．広義には組織片培養と細胞培養を包含するが，組織片培養を狭義の組織培養として細胞培養と区別するのがよい．

組織培養は動物で先行したが，アメリカの植物生理学者 F.C. Steward ら（1958）は，植物の組織培養法を研究し，ニンジンの胚軸から分離した単細胞を糖類や無機栄養素に微量要素，ビタミン類，植物ホルモンなどを添加した人工培地で無菌的に培養し，植物体を再生させることに成功した．ニンジンの根に分化した細胞から完全な植物体を再分化させて，植物細胞が分化全能性を持つことを明らかにした．

ところで，Mendel が遺伝の法則を発見した6年後には，Miesher（1871）が膿細胞の分析により DNA を発見した．しかし，DNA が遺伝子の本体であることが明らかになるまでには，いくつかの大きな発見が必要であった．

まず，Sutton（1903）は遺伝因子が細胞核の染色体に存在すると考えた．その後，Morgan（1910）はショウジョウバエを用いて，遺伝子の存在を確かめると共に，遺伝子が突然変異により変化することを明らかにした．また，表現型形質の遺伝分析により連鎖地図を作成した．

これらの研究により，遺伝子が細胞核の染色体上にあることが明らかにされた．しかし，遺伝子の本体がいかなる物質であるかは，必ずしも定かではなかった．その後，肺炎双球菌による形質転換現象の発見（Griffith，1928）やアカパンカビを用いた1遺伝子1酵素説の提唱（Beadle & Tadum，1941）など遺伝子の本質にせまる研究が進んだ．

1. 器官・組織・細胞などの培養

動物細胞と異なり植物細胞は，細胞壁と葉緑体などの色素体を持つほかに分化全能性を持つ．分化全能性（totipotency）とは，組織や細胞が完全な個体を再生する能力である．この全能性により，植物の器官や組織に分化した細胞は，人工培地の上で無菌的に培養することにより，完全な植物体に再分化（redifferentiation）させることができる．

植物の器官，組織，細胞などの培養には，表 4.1 に示すような基本培地が用

表 4.1　植物組織培養の基本培地　(単位 mg/ l)

培地の種類		成分組成	MS	LS	B5	N6
無機栄養素	主要要素	NH_4NO_3	1,650	1,650	0	0
		KNO_3	1,900	1,900	2,500	2,830
		$(NH_4)_2SO_4$	0	0	134	460
		$CaCl_2 \cdot 2H_2O$	440	440	150	166
		$MgSO_4 \cdot 7H_2O$	370	370	250	185
		KH_2PO_4	170	170	0	400
		$NaH_2PO_4 \cdot 2H_2O$	0	0	150*	0
	微量要素	$FeSO_4 \cdot 7H_2O$	27.8	27.8	27.8	27.8
		Na_2-EDTA	37.3	37.3	37.3	37.3
		$MnSO_4 \cdot 4H_2O$	22.3	22.3	10.0**	4.4
		$ZnSO_4 \cdot 7H_2O$	8.6	8.6	2	1.5
		$CuSO_4 \cdot 5H_2O$	0.025	0.025	0.025	0
		$Na_2MoO_4 \cdot 2H_2O$	0.25	0.25	0.25	0
		$CoCl_2 \cdot 6H_2O$	0.025	0.025	0.025	0
		KI	0.83	0.83	0.75	0.8
		H_3BO_3	6.2	6.2	3.0	1.6
有機栄養素		ニコチン酸	0.5	0	1.0	0.5
		チアミン塩酸	0.1	0.4	10.0	1.0
		ピリドキシン塩酸	0.5	0	1.0	0.5
		グリシン	2	0	0	2
		ミオイノシトール	100	100	100	0
		ショ糖	30,000	30,000	20,000	50,000
		pH 調整	5.7－5.8	5.7－5.8	5.5	5.8

注）MS：Murashige & Skoog (1962), LS：Linsmaier & Skoog (1965), B5：Gamborg ら (1968), N6：Chu ら (1975)
*：$NaH_2PO_4 \cdot H_2O$, **：$MnSO_4 \cdot H_2O$

いられる．これらの人工培地の成分としては，植物の生育に必要な窒素（N），燐（P），カリ（K）などの三要素をはじめ，鉄（Fe），ナトリウム（Na），マンガン（Mn），亜鉛（Zn），銅（Cu），モリブデン（Mo），コバルト（Co），ヨウ素（I），硼素（B）などの微量無機要素，ニコチン酸，チアミン塩酸，ピリドキシン塩酸などのビタミン類，さらに，エネルギー源としてミオイノシトールやショ糖などの糖・アルコール類が加えられている．これらの基本培地上で植物細胞は，分裂し組織が分化・成長する．

増殖した細胞や組織から葉や根などの器官を分化させ，完全な植物個体を再生させるには，植物成長調節物質の働きが鍵となる．植物成長調節物質には，次のような種類と機能がある．

①　オーキシン（auxin）･･･オランダの Went（1928）によりエンバクの子葉鞘先端成長促進物質として発見されたインドール酢酸（IAA）．屈性，頂芽優勢，細胞伸長，不定芽誘導などの効果を持つ．IAA と類似の機能を持つ物質として，ナフタレン酢酸（NAA），2，4－D など成長調節物質が発見されている．

②　サイトカイニン（cytokinin）･･･アメリカ合衆国の Skook（1948）により，タバコの組織培養中にアデニン誘導体のカイネチンとして発見された．細胞分裂，不定芽誘導，腋芽形成，老化抑制などの働きを持つ．類似の機能を持つ物質としてベンジルアデニン（BA）やゼアチンなどが知られている．

③　ジベレリン（gibberellin）･･･日本の黒澤（1926）により発見され，藪田・住木（1938）により結晶化されたイネのバカ苗病菌（*Gibberella fujikuroi*）が生成する毒素．細胞分裂，伸長促進，発芽促進，長日植物開花促進，光発芽促進，種子休眠打破，単為結果などに効果がある．類似の作用をもつ多種の誘導体が発見されている．

④　アブシジン酸（abscisic aid）･･･大熊ら（1965）がワタの幼果から発見・単離したセスキテルペンの1種．離層形成，胚形成などの働きが知られている．

⑤　エチレン（ethylene）･･･ガス漏れがチャンスとなって発見され，植物体内でも自然生成されていることが分かった．果実追熟促進，茎葉根の成長

抑制，不定根形成，器官老化・離脱や種子発芽促進などの効果が知られている．

このほかの植物成長調節物質としてステロイドの1種で，細胞の分裂や伸長を誘導するブラシノライド (brassinolide)，種子発芽，貯蔵タンパク質蓄積，成長阻害などを引き起こすジャスモン酸 (jasmonic acid) などが知られている．

これらの植物成長調節物質の中で，植物の組織・細胞培養における器官分化に重要な働きをするのは，オーキシンとサイトカイニンである．これら2種の植物ホルモンのバランスによって器官の分化を制御することができる．植物の組織培養では，2種の植物ホルモンの濃度が高いと，未分化の細胞塊としてのカルスが形成され，脱分化状態のまま細胞が増殖し，器官の分化が起こりにくい．オーキシンは根の分化を促し，サイトカイニンは茎葉の分化を促すと考えられ，両ホルモンのバランスのとれたところで茎葉と根が同時に再生するものと考えられる (図 17.2 参照)．植物体の再分化を促す植物ホルモンの濃度とバランスは，植物の種類や作物の品種により異なる．

植物の細胞，プロトプラスト，組織などの人工培養技術は，外来遺伝子導入に必要な再分化系の開発や細胞融合などに不可欠である．また，植物の器官培養は，植物育種における役割や活用法が培養器官の種類によりさまざまに異なる．

(1) 茎頂培養 (shoot apex culture)

植物の茎頂 (shoot apex) は，成長点と分化したばかりの数枚の葉原基から成り立っている．植物育種との関連では，茎頂培養には2つの重要な目的がある．その一つは種苗のクローン増殖であり，もう一つはウイルスフリー種苗の生産である．

フランスの Morel (1960) は，シンビジウムの茎頂培養過程で発生する繁殖体から多数の植物体を再生することに成功した．茎頂の分裂組織から生ずる栄養繁殖体ということで，メリクロン (mericlone) と名付けた．Murashige ら (1974) は植物組織培養の培地改良の過程で，多数の成長点をもつ多芽体

(multiple shoot) の誘導に成功した．これがアスパラガスなどの大量増殖のきっかけとなった．Tanaka ら (1983) は最も染色体数の少ない植物のハプロパプス ($2n=4$) の茎頂を液体培地で毎秒2回の回転培養することにより，金平糖状の緑色集塊から多数の植物が再生する苗条原基 (shoot primordium) を誘導した．このほか，Skoog ら (1957) はタバコの髄組織の培養において，オーキシンとサイトカイニンのバランスにより不定芽，不定根，カルスなどが誘導されること，Steward ら (1958) はニンジンの胚軸に由来する遊離細胞から不定胚が形成され，植物体が再分化することを明らかにした．

このように植物の器官や組織の培養により，メリクロン，多芽体，苗条原基，不定芽，不定胚などから植物体を再生させる場合，カルスを経由すると遺伝変異が多発して増殖には不都合である．茎頂培養による増殖が実用化しているのは，主としてらん類であり，シンビジウム，デントロビウム，カトレア，エビネ，シュンランなどの増殖に活用されている．

植物の茎頂では，体細胞分裂が盛んに行われており，維管束組織の発達していない茎頂には，ウイルスが到達しにくい上に，ウイルスの感染速度より植物細胞の分裂速度の方が早いために，感染が起こらないとする説が有力である．

そこで，植物の茎頂を摘出し無菌培養して，植物体を再生させることにより，ウイルスフリー植物を育てることができる．ウイルスフリー化により病原ウイルスを除去できるばかりでなく，病徴を表さないで植物体内に潜む生産阻害ウイルスを除いて収量や品質を高めることができる．イチゴやサツマイモでは，実用的なウイルスフリー種苗の生産が行われている．

(2) 胚培養 (embryo culture)

植物の種属間などの遠縁交配では，雑種胚の発育不全により雑種植物ができないことがある．このような場合，幼胚を摘出して人工培養することにより，雑種植物を作り出すことが可能となる．この方法は胚救出 (embryo rescue) とも呼ばれている．

西ら (1959) はハクサイとキャベツの交配後，幼胚を取り出して胚培養することにより，ハクサイとカンラン（キャベツの別称）雑種植物「ハクラン」を育成することに成功した．ハクランはハクサイとキャベツの中間の性質を現し，漬ものや煮ものの他，サラダにも向く便利な作物となることが期待された．

胚救出による雑種の作出は，多くの作物で成功している．実用的に有望視されているのは，千宝菜（コマツナ×キャベツ）や清見オレンジ（温州ミカン×オレンジ）などである．また，ユリなどでもめずらしい種間雑種が胚救出により育成されている．

（3）葯・花粉培養（anther, pollen culture）

インドのGuhaとMaheshwari（1964）は，チョウセンアサガオの花粉発育の研究過程で，偶然にも葯内の花粉から半数体植物が発生することを発見した．その後，タバコ（中田ら，1968），イネ（Niizekiら，1968），トマト（Gresshoffら，1972），コムギ（欧ら，1973），ジャガイモ（Dunwellら，1973）などの作物で，葯培養により半数体植物が育成された（写真4）．葯・花粉培養では，不定胚を形成して植物体が直接再分化する場合（タバコ，ナス，ジャガイモ，コムギ，トウモロコシ，アブラナ，ハクサイなど）と，カルスを経由して不定芽から再分化する場合（トマ

写真4　一段階方式によるイネの葯培養
葯を人工培地に置床し，花粉からのカルス形成とカルスからの植物体再分化を起すことができる．葯培養により花粉から半数体（n＝x＝12）植物が再分化する．再分化植物の染色体倍加により短期間で純系がえられ，遺伝的固定に必要な年数を大幅に節減できる．

ト，オオムギ，イネ，コムギ，トウモロコシ，キャベツなど）が報告されている．

人為的に半数体植物を作り出し，コルヒチン処理による染色体倍加や自然倍加をすれば，純系を一気に作成できる．このことから，タバコやイネなどの自殖性作物の育種では，葯培養による半数体育種で実用品種が育成されている．

（4）プロトプラスト培養（protoplast culture）

植物細胞はセルロースやペクチンからなる細胞壁を持つため，組織や器官の細胞を単細胞として培養するには，細胞を遊離させ細胞壁を取り除いてプロトプラストを作らなければならない．

建部（1968）はタバコの葉の表皮をはぎ，細胞を接着しているペクチンを溶かすペクチナーゼと，細胞壁を構成しているセルロースを分解するセルラーゼの2種類の酵素を2段階に働かせることにより，細胞壁のない裸の細胞としてのプロトプラストを大量に作り出すことに成功した．さらに，長田と建部（1971）はタバコのプロトプラストを培養して分裂させカルスを誘導し，カルスから植物体を再分化さることに成功した．

その後，さまざまな植物において，プロトプラストの培養が可能となり，プロトプラストから完全な植物体を再分化させることができるようになった．多くの場合，無菌条件で育てた植物の胚軸，子葉，葉肉細胞，あるいは，種子などの培養細胞からプロトプラストは誘導される．

植物細胞のプロトプラストの作出にはじまり，培養，増殖，カルス誘導，再分化，植物体再生にいたる一連の技術は，細胞融合（cell fusion）や組換えDNA（recombinant DNA）を行う時に必要である．

2．細胞融合

プロトプラストから完全な植物体を再分化させたことは，植物細胞の全能性を明らかにした点で大きな意義があった．一方，プロトプラスト培養の過程では，もう一つの大きな発見がなされた．J.B. Power ら（1970）は隣接するプロトプラスト同士が合体して分裂増殖することを発見した．このような融合現象は，動物細胞では以前から知られていた．植物細胞でも細胞壁を除去したプロトプラストの間で動物細胞と同様な融合が起こることが明にされた．さらに，Kao ら (1974) は，表面活性剤の 1 種であるポリエチレングリコール (PEG) によりプロトプラストの融合が促進され，いかなる植物種のプロトプラストの間でも融合が起こることを明らかにした．

あらゆる植物種のプロトプラストは融合可能なことから，交配のできない遠縁な植物種間や栄養繁殖性の植物種間などでも雑種植物を作出することが可能となった．Melchers (1978) はジャガイモとトマトのプロトプラストを PEG により融合させ，融合細胞から雑種植物を育成することに成功した．こうして作り出された新しい雑種植物ポマト (pomato) は，地上に果実，地下に塊茎が着くことを期待して作られたというより，ジャガイモの耐寒性あるいはトマトの耐暑性など，一方の作物の有用特性を他方の作物に導入することをねらったと考えるのが妥当である．

ポマトの開発を契機に交配のできない植物種の間で，多くの細胞融合実験が行われるようになった．大澤 (1994) によると，わが国で雑種植物の育成に成功したのは，ジャガイモと野生トマト (キリンビール，1978)，トマトとペピーノ (タキイ種苗，1989)，メロンとカボチャ (サカタのタネ，1989) などがある．

3．遺伝子とDNA

遺伝子の本体が DNA であることを決定づけたのは，Griffith (1928) が発見した肺炎双球菌の形質転換現象を引き起こす因子が DNA であることを明らかにした Avery ら (1944) の研究であった．この研究により，遺伝物質の本体がタンパク質ではなく，DNA であることがほぼ実証された．一方，Hershey と Chase (1952) は，ファージがバクテリアに感染するときには，外被タンパク質は外に残され DNA だけが細菌内に注入されることから，遺伝物質の本体が DNA であることを確認した．

DNA が遺伝物質であるとすると，その物理的構造，多様性，形質の発現，複製，変異性，遺伝などのメカニズムをうまく説明できる分子構造の解明が必要であった．

Chargaff (1950) はDNAを構成する4種の塩基のうち，アデニン (A) とチミン (T) の比率，あるいは，グアニン (G) とシトシン (C) の比率がいずれの生物種でも等しいこと，すなわち，全生物種のDNAにおいて，AとTあるいはGとCの数が同数であると推定した．また，WilkinsとFranklin (1950) のX線構造解析により，DNAの構造の規則性が明らかにされた．

WatsonとCrick (1953) は，WilkinsとFranklinによるX線解析の結果から，DNA分子が二重らせん構造をしており，Chargaff (1950) の塩基比率一定の法則からプリン塩基Aとピリミジン塩基T，またプリン塩基Gとピリミジン塩基Cとがそれぞれ対をなす構造と考え，分子構造モデルを構築した．

WatsonとCrickの提案したDNA分子モデルは，二重らせん構造になっている．それは5単糖であるデオキシリボースと燐酸とが交互にホスホジエステル結合した長鎖からなる2本の柱とプリン塩基とピリミジン塩基の水素結

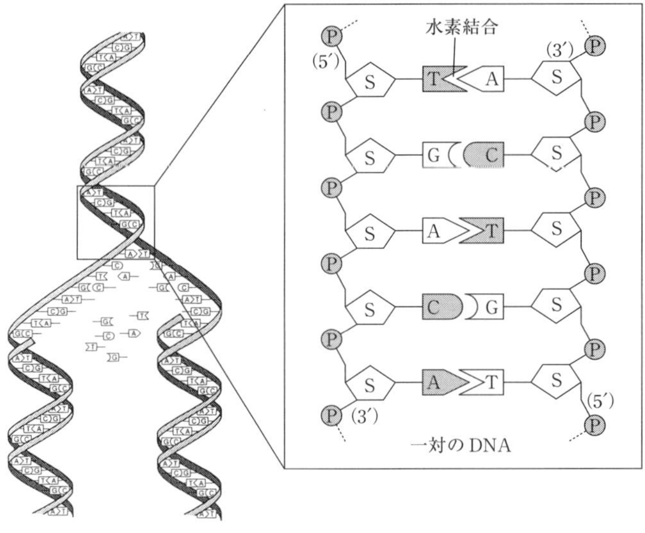

図4.1　DNAの二重らせん構造と複製モデル
注）P：リン酸，S：糖，A：アデニン，T：チミン，G：グアニン，C：シトシン

合によるステップ部分とからなる梯子がらせん状に捩られた構造である（図4.1）.

DNA を構成する 4 種の塩基のうち，アデニン（A）とグアニン（G）は，二つの窒素原子をもつ二つの環状構造をもつプリン塩基であり，シトシン（C）とチミン（T）は，二つの窒素原子を含む一つの環状構造からなるピリミジン塩基である．そして，二重らせん梯子構造のステップ部分は，プリン塩基 A とピリミジン塩基 T あるいはプリン塩基 G とピリミジン塩基 C とが水素結合している．この分子モデルによれば，DNA の X 線解析像やプリン塩基対ピリミジン塩基の定率原理ばかりでなく，DNA 複製のメカニズムもうまく説明することができる.

4. DNA の複製

生物の成長に必要な体細胞分裂では，ゲノムに含まれる DNA が正確に複製される．DNA の複製にあたっては，らせん状の 2 本の DNA 鎖がまず解離し，それぞれの 1 本鎖 DNA が鋳型となり，DNA ポリメラーゼの働きにより，DNA 鎖上に配列されている塩基ごとにアデニン（(A) に対してはチミン（T)，T に対して A，グアニン（G）に対してはシトシン（C)，C に対しては G が結合し，デオキシリボースと燐酸の鎖が形成されて，二重らせん構造をもつ 2 本の DNA 鎖が複製される.

DNA の複製に誤りがあると，塩基配列に変化が生じる．正常な細胞では，複製に伴う塩基配列の変化をある程度修復できるが，修復能力を超えた塩基配列の変化が起こると，タンパク質の合成に関わる構造遺伝子やその発現調節領域の突然変異として現れる.

塩基配列の変化には，欠失，挿入，置換の 3 種類が考えられる．これらのうち欠失と挿入は大きな変化を伴う．たとえば，構造遺伝子の機能部位の 1 塩基が欠失したり，または1塩基が挿入されたりすると，遺伝暗号単位としてのコドンがタンパク質のアミノ酸配列として読みとられるとき読み枠に次々にずれを生じ，いわゆるフレームシフト突然変異となり，タンパク質の機能が完全に失われることが多い.

塩基置換の影響は，軽微にとどまることもある．あるコドンの塩基が置換した場合，それに対応するアミノ酸だけが変化する．一つのアミノ酸の変化がタンパク質の機能に致命的な影響を及ぼすこともあるが，タンパク質の機能や活性にあまり大きな影響を及ぼさないことも考えられる．

5．遺伝子発現のセントラルドグマ

生物が生存し続けるには，発育と生殖が必要であり，いずれにも遺伝子が関わっている．遺伝子は親から子に形質を伝達するのに必要な物質であるばかりでなく，生物の個体発生において形質を発現するのにも必要な物質である．生物は正常に発育しなければ生殖が困難になり，生殖に失敗すれば絶滅する．ゲノム中の多数の遺伝子が秩序正しく発現しなければ，生物は順調に発育し首尾よく生殖することができず，遺伝子を子孫に伝達することが困難になる．

遺伝子発現のセントラルドクマとは，生物の形質発現過程において遺伝子に蓄えられている遺伝情報がDNAからメッセンジャーRNA（mRNA）に転写され，mRNAからタンパク質へと翻訳される一般原理をいう（図4.2）．

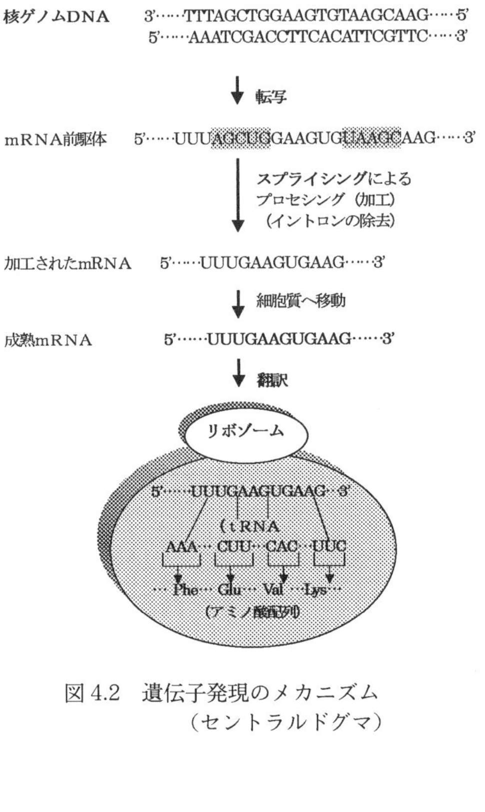

図4.2　遺伝子発現のメカニズム
（セントラルドグマ）

（1）転　写

高等植物などの真核細胞生物は，核膜で仕切られた細胞核中のゲノム遺伝子の情報がまずメッセンジャーRNA（mRNA）に伝えられる．この過程を転写（transcription）という．

2本鎖DNAが解離した状態になった部分の4種の塩基に対応する4種の塩基（Aに対してU，Tに対してA，Gに対してC，Cに対してG）がRNAポリメラーゼの働きで結合してmRNAの前駆体が作られる．

（2） スプライシング

真核細胞生物ゲノム上の遺伝子DNAの構造は，複雑である．タンパク質の合成に直接的に必要ないくつかのエクソン（exon）と名付けられたDNA断片がタンパク質合成に関係しないイントロン（intron）と呼ばれる介在配列によって分断されている．このため，mRNAの前駆体から，実際の機能をもつmRNAが作り出されるには，プロセッシング（processing）が必要となる．この過程では，介在配列を除去するスプライシング（splicing）により，タンパク質の合成に必要なDNA部分であるエクソンだけが繋ぎ合わされて成熟したmRNAが完成する．

こうして完成したmRNAは，タンパク質合成に必要な遺伝情報を携えて細胞核外に出て，細胞質器官のリボゾームに移動する．リボゾームでは，mRNAの遺伝情報を基にタンパク質の合成が行われる．

（3） 翻　訳

mRNAの運んできた情報を解読してタンパク質を合成する過程を翻訳（translation）という．タンパク質は20種のアミノ酸から構成されている．それぞれのアミノ酸には，3つの塩基の組が対応している（表4.2）．

タンパク質のアミノ酸配列は，mRNAの塩基配列により決定される．mRNA上の塩基配列は，3塩基組がコドン（codon）となり，20種のアミノ酸（表4.3）に対応している．

mRNAが連結したリボゾーム上では，mRNAのコドンと相補的な3つの塩基組アンチコドンをもつトランスファーRNA（tRNA）がmRNA上の対応するコドンと結合する．それぞれのtRNAは，ユニークなアンチコドンに対応するアミノ酸結合基を持っている．mRNA上に整列したtRNAに結合した

表4.2　アミノ酸のmRNAコドン

1番目＼2番目	U（ウラシル）	C（シトシン）	A（アデニン）	G（グアニン）	3番目の塩基
U（ウラシル）	UUU フェニルアラニン	UCU セリン	UAU チロシン	UGU システイン	U（ウラシル）
	UUC フェニルアラニン	UCC セリン	UAC チロシン	UGC システイン	C（シトシン）
	UUA ロイシン	UCA セリン	UAA 終止コドン	UGA 終止コドン	A（アデニン）
	UUG ロイシン	UCG セリン	UAG 終止コドン	UGG トリプトファン	G（グアニン）
C（シトシン）	CUU ロイシン	CCU プロリン	CAU ヒスチジン	CGU アルギニン	U（ウラシル）
	CUC ロイシン	CCC プロリン	CAC ヒスチジン	CGC アルギニン	C（シトシン）
	CUA ロイシン	CCA プロリン	CAA グルタミン	CGA アルギニン	A（アデニン）
	CUG ロイシン	CCG プロリン	CAG グルタミン	CGG アルギニン	G（グアニン）
A（アデニン）	AUU イソロイシン	ACU スレオニン	AAU アスパラギン	AGU セリン	U（ウラシル）
	AUC イソロイシン	ACC スレオニン	AAC アスパラギン	AGC セリン	C（シトシン）
	AUA イソロイシン	ACA スレオニン	AAA リジン	AGA アルギニン	A（アデニン）
	AUG メチオニン	ACG スレオニン	AAG リジン	AGG アルギニン	G（グアニン）
G（グアニン）	GUU バリン	GCU アラニン	GAU アスパラギン酸	GGU グリシン	U（ウラシル）
	GUC バリン	GCC アラニン	GAC アスパラギン酸	GGC グリシン	C（シトシン）
	GUA バリン	GCA アラニン	GAA グルタミン酸	GGA グリシン	A（アデニン）
	GUG バリン	GCG アラニン	GAG グルタミン酸	GGG グリシン	G（グアニン）

注）DNAコドンでは，ウラシル（U）がチミン（T）に代わる．

表4.3　タンパク質を構成する20種のアミノ酸

アミノ酸名	3文字略号	1字略号	分子式
アラニン	Ala	A	$CH_3CH(NH_2)COOH$
アルギニン	Arg	R	$NH_2C(NH)_2(CH_2)_3CH(NH_2)COOH$
アスパラギン	Asn	N	$NH_2COCH_2CH(NH_2)COOH$
アスパラギン酸	Asp	D	$COOHCH_2CH(NH_2)COOH$
システイン	Cys	C	$HSCH_2CH(NH_2)COOH$
グルタミン	Gln	Q	$NH_2CO(CH_2)_2CH(NH_2)COOH$
グルタミン酸	Glu	E	$COOH(CH_2)_2CH(NH_2)COOH$
グリシン	Gly	G	NH_2CH_2COOH
ヒスチジン	His	H	$(NHCHNCHC)CH_2CH(NH_2)COOH$
イソロイシン	Ile	I	$CH_3CH_2CH(CH_3)CH(NH_2)COOH$
ロイシン	Leu	L	$(CH_3)_2CHCH_2CH(NH_2)COOH$
リジン	Lys	K	$NH_2(CH_2)_4CH(NH_2)COOH$
メチオニン	Met	M	$CH_3S(CH_2)_2CH(NH_2)COOH$
フェニルアラニン	Phe	F	$(CH)_5CCH_2CH(NH_2)COOH$
プロリン	Pro	P	$(CH2)_3NHCHCOOH$
セリン	Ser	S	$OHCH_2CH(NH_2)COOH$
トレオニン	Thr	T	$CH3_2CHOHCH(NH_2)COOH$
トリプトファン	Trp	W	$(CH)_4(C_2NHCHC)CH_2CH(NH_2)COOH$
チロシン	Tyr	Y	$OHC(CH)_4CCH_2CH(NH_2)COOH$
バリン	Val	V	$(CH_3)_2CHCH(NH_2)COOH$

アミノ酸が整列されることにより，mRNA の塩基配列情報に従ってタンパク質が合成される.

6. 遺伝子の発現調節

高等植物のゲノムには，数万におよぶ遺伝子があり，同じ個体を構成する細胞の全てが同じ遺伝子を持っている．これらの多数の遺伝子が整然と秩序正しく発現することにより，植物が正常に発育できる．この秩序が乱れ，いずれかの遺伝子が適時適所で発現しなければ，植物の発育は異常をきたすことになる．全ての遺伝子が秩序正しく発現するのに必要なのが遺伝子の発現調節機構である.

全ての遺伝子の発現には，タンパク質の合成に直接関係する構造遺伝子とその発現をつかさどる調節領域とが関わっている．遺伝子のもつ情報が mRNA に転写されるには，特別の DNA 結合タンパク質が遺伝子の発現調節領域に作用する．この DNA 結合タンパク質には，植物ホルモンや環境ストレスに反応して生成されるもの，あるいは特定の組織だけで特異的に生成されるものなどがある．構造遺伝子の上流域の発現調節領域には，プロモータ (promoter) と呼ばれる DNA 配列があり，この部分に RNA ポリメラーゼが結合すると，mRNA による転写が開始される．プロモータには，全身で常時働くもの，特定の器官でだけで働くもの，あるいは特定の発育段階で発現するものなどが知られている．プロモータは構造遺伝子のいわばスイッチのような役割を果たしている.

真核細胞生物では，遺伝子の発現調節機構が原核細胞生物とは非常に異なると考えられており，その実態はあまり分かっていない．一方バクテリアなどの原核細胞生物のオペロン説は，単純な遺伝子発現調節モデルの一つとしてよく知られている．大腸菌のラクトースオペロンは，リプレッサー，プロモータ，オペレータならびにラクトースの分解に必要な構造遺伝子を含んでいる (図 4.3)．細胞内のラクトース濃度が低いと，オペレータにリプレッサーが結合していて，プロモータに RNA ポリメラーゼが結合できず転写が開始できない．このため，ラクトースの分解は行われない．しかし，細胞内に

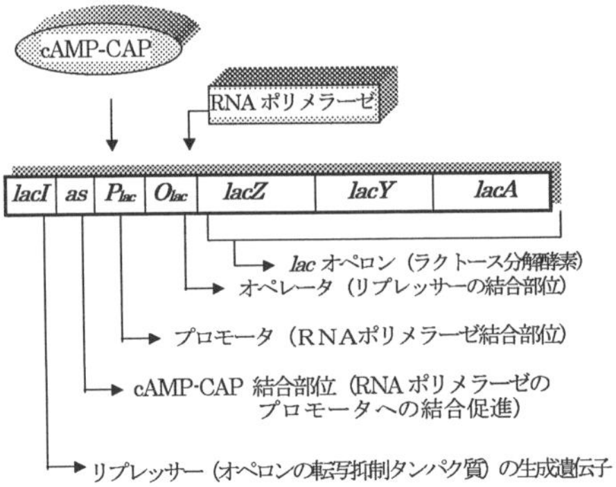

図 4.3　ラクトース・オペロンの構造と作用機構

注）ラクトースがないと，オペレータ（*Olac*）にレプレッサーが結合しており，RNA ポリメラーゼのプロモータ（*Plac*）への結合が妨げられ，*lac* オペロンの転写を抑制．一方，ラクトースがあると，それがレプレッサーに結合し，レプレッサーは不活性化してオペレータ（*Olac*）から離脱し転写抑制解除．as 部位に cAMP - CAP が結合し，RNA ポリメラーゼのプロモータ（*Plac*）への結合が促進され，*lac* オペロンが転写され，ラクトース分解酵素の生産開始．

ラクトースが蓄積されると，リプレッサーはラクトースと結合して不活性化されてオペレータから切り離される．こうなると，プロモータに RNA ポリメラーゼが結合しやすくなり，mRNA が作られて構造遺伝子が働き分解酵素が合成され，ラクトースの分解が進むようになる．

7．遺伝子の単離とクローニング

遺伝子を単離し増殖するには，DNA を切る鋏としての制限酵素と，切った DNA 断片をバクテリアの細胞内に送り込む運搬者としてのベクターが必要である．

（1）制限酵素

制限酵素（restriction enzyme）とは，特定の塩基配列を認識して，DNA を切断する酵素の総称である．元来バクテリアが外来 DNA の侵入を防ぐために進化させたと考えられる．制限酵素が切断できる DNA 領域は，回文配列になっており，DNA の相補的 2 重鎖を同じ方向（5' または 3' 方向）から辿ったとき同一の塩基配列をもつ構造になっている．たとえば，GAATTC/CTTAAG という塩基対の配列では，左側の文字を左から読むと GAATTC となり，右側の文字を右から読んでも GAATTC となる．この回文配列は当初大腸菌などから分離され，切断認識配列としてよく知られるようになった．

さまざまなバクテリアから数百にも及ぶ制限酵素が発見されている．遺伝子の単離やクローニングに利用されるのは，II 型と呼ばれる制限酵素である．このII 型制限酵素は，最初 Smith (1970) により *Haemophilus influenzae* から分離され，特異的に結合する部位を直接切断することが明らかにされた．

制限酵素は分離されたバクテリアの名前に基づいて命名されている．たとえば *Eco*R I は大腸菌 (*Escherichia coli*) の R 株から最初に分離された制限酵素である．比較的よく用いられる制限酵素とそれらの切断認識部位の塩基配列は，表 4.4 に示すとおりである．

制限酵素により切断される DNA 末端は 2 種類ある．回文配列の異なる位置の塩基配列で切断されると粘着末端となり，1 本鎖の DNA 末端が表われる．回文配列の同じ位置で塩基配列が切断されると平滑末端となり，末端は 1 本鎖とはならない．たとえば，好熱性バクテリアの 1 種である *Thermus aquaticus* から分離された制限酵素 *Taq* I は，2 本鎖 DNA 5'...TCGA...3' / 3'... AGCT...5' の TC あるいは CT の間で切断するため，切断後の 2 本鎖 DNA 末端は，それぞれ 5'...T/3'...AGC ならびに CGA...3' / T...5' となり，GC あるいは CG が 1 本鎖として露出する粘着末端となる．これに対して，*Arthro-*

表 4.4　主な II 型制限酵素の回文配列と切断部位 (小関ら，1996 一部追加)

酵素名	分離バクテリア	切断末端	回文配列
Alu I	*Arthrobacter luteus*	平滑	AG ↓ CT/ TC ↑ GA
Bam H I	*Bacillus amyloliquefaciens* H	粘着	G ↓ GATCC/ CCTAG ↑ G
Bgl II	*Bacillus globigii*	粘着	A ↓ GATCT/ TCTAG ↑ A
Eco R I	*Escherichia coli* RY13	粘着	G ↓ AATTC/ CTTAA ↑ G
Eco R II	*Escherichia coli* R245	粘着	↓ CC (A, T) GG/ GG (T, A) CC ↑
Fnu D I	*Fusobacterium nucleatum* D	平滑	GG ↓ CC/ CC ↑ GG
Hae II	*Haemophilus aegyptius*	粘着	PuGCGC ↓ Py/ Py ↑ CGCGPu
Hae III	*Haemophilus aegyptius*	平滑	GG ↓ CC/ CC ↑ GG
Hind III	*Haemophilus influenzae* Rd	粘着	A ↓ AGCTT/ TTCGA ↑ A
Hpa II	*Haemophilus parainfluenzae*	粘着	C ↓ CGG/ GGC ↑ C
Pst I	*Providencia stuartii* 164	粘着	CTGCA ↓ G/ G ↑ ACGTC
Sal I	*Streptomyces albus* G	粘着	G ↓ TCGAC/ CAGCT ↑ G
Sma I	*Serratia marcescens* Sb	平滑	CCC ↓ GGG/ GGG ↑ CCC
Taq I	*Thermus aquaticus*	粘着	T ↓ CGA/ AGC ↑ T
Xho I	*Xanthomonas holcicola*	粘着	C ↓ TCGAG/ GAGCT ↑ C
Xma I	*Xanthomonas malvacearum*	粘着	C ↓ CCGGG/ GGGCC ↑ C

bacter luteus から得られた制限酵素 *Alu* I は，5'...AGCT...3' / 3'...TCGA...5' という回文配列を認識して，GC および CG の間で DNA を切断する．このため，切断される2本鎖 DNA は，それぞれ 5'...AG / 3'...TC ならびに CT...3' / GA...5' という平滑末端をもつことになる．

（2） ベクター（vector）

バクテリアの細胞の中には，小型の環状の DNA（プラスミド）が寄生している場合がある．ある種のバクテリアに特異的なプラスミドもあれば，色々な種類のバクテリアに伝達される寄生範囲の広いプラスミドもある．プラスミドはバクテリアのゲノムと独立に複製される．バクテリアに寄生しているプラスミドは，さまざまな機能を持っている．たとえば，バクテリアが接合する時に DNA の伝達を促す F プラスミド，バクテリアに抗生物質の耐性を付与する R プラスミド，特殊な化学物質を分解するプラスミドなどが知られている．

プラスミド以外にも，バクテリアに寄生するウイルスであるバクテリオファージ，ファージ DNA とバクテリア・プラスミドから合成されたハイブリッドベクターであるコスミド，酵母人工染色体（YAC）などが遺伝子クローニングのベクターとして利用される．これらのうち，前2者はあまり大きな DNA 断片のベクターとはできないが，YAC は酵母中で安定的に複製される人工染色体で，数百キロ塩基対もの巨大 DNA 断片をクローニングできる．

遺伝子（DNA 断片）のクローニングは，次のようなステップで行われる．

① 植物細胞などから DNA を分離し採取する

② DNA を制限酵素で切断する

③ 切断 DNA をサイズ別に分離する

④ 必要なサイズの DNA 断片を集める

⑤ 植物 DNA を切断した制限酵素でプラスミドを切断する

⑥ 植物 DNA とプラスミド DNA を DNA リガーゼで結合する

⑦ 組換えプラスミドをバクテリアに入れる

⑧ バクテリアを増殖して，DNA 断片をクローニングする

次に，クローニングされたDNA断片を単離するには，ハイブリダイゼーションにより，相補的な塩基配列を検出する探査子としてのプローブが必要である．プローブとしては，次のようなものが活用できる．

① 既知配列塩基・・・目的遺伝子の塩基配列が部分的に分かっている場合，その部分の塩基配列をもつDNA断片を合成して，プローブとすることができる．

② アミノ酸配列から推定した塩基配列・・・目的遺伝子が作るタンパク質が分かっている場合，タンパク質のアミノ酸配列を解明し，アミノ酸に対応する塩基コードから塩基配列を推定する．この塩基配列を部分的に再現してオリゴヌクレオチドを合成しプローブとする．

③ cDNA断片・・・遺伝子の発現に伴い作られるmRNAを鋳型として，逆転写配列をもつcDNAを合成しプローブとする．

このようにしてクローニングしたDNA断片を標識してプローブとして用い，組換えられた遺伝子をもつバクテリアのコロニーを捜し当てる．こうして単離される遺伝子をさらにバクテリアを使ってクローニングする（図4.4）．

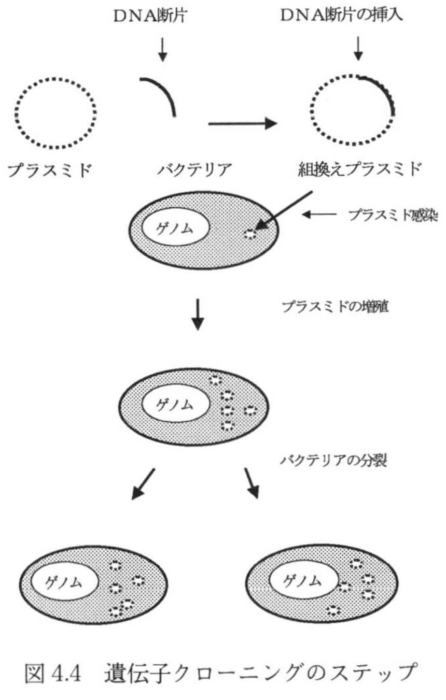

図4.4　遺伝子クローニングのステップ

第5章　組換えDNAとGM作物の開発

植物育種のための組換えDNA (recombinant DNA) は，組織培養による植物体再分化，遺伝子の単離ならびに形質転換などの技術の連結により実現した．植物の再分化系は，植物細胞の分化全能性を前提として確立された．また，遺伝子の単離は，遺伝子の分子構造，制限酵素，電気泳動，塩基配列分析，ポリメラーゼ連鎖反応 (PCR) などの幾多の分子生物学的発見や分析技術により可能となった．さらに，形質転換を行うには，プラスミド・ベクター，エレクトロポレーション，パーティクルガンなどの生物・物理的方法により，単離した遺伝子を植物ゲノムに導入する．

通常の生殖様式における遺伝的組換えは，両親から伝達される相同染色体間で行われるが，組換えDNAでは，ほかの生物種の遺伝子を物理的に単離して植物ゲノムに直接組み込むことができる．したがって，組換えDNAによる生物種の壁を越えた遺伝子の移行により，あらゆる生物種を遺伝資源として活用できるようになったと言える．

組換えDNA技術により，ウイルスの外被タンパク質遺伝子やバクテリアの除草剤耐性や鱗翅目害虫抵抗性の遺伝子を導入して，GM作物 (genetically modified crop) が開発され，アメリカ合衆国などで大規模に実用栽培されている．

1．組換えDNAの原理

分子生物学の進展により遺伝子の本体がDNAであることともに，分子的構造が明らかにされた．単細胞のバクテリアから数億以上もの多細胞からなる高等動植物にいたるまで，同じ4種の塩基からなる遺伝コードと同一のメカニズムにより生成されるタンパク質を共有していることが明らかにされてきた．地球上のあらゆる生物種が共通の遺伝物質とメカニズムを共有して生命を維持しているがゆえに，生物種の壁を越えた遺伝子の移行が可能なのである．

植物の組換えDNAには，プロトプラストあるいは組織・細胞の人工培養技術，完全な植物個体を再生させる再分化系，単離された遺伝子，DNAを切断する制限酵素，切断DNAを接着するDNAリガーゼ，遺伝子を植物ゲノムに組み込むベクターなどが必要である．

高等植物における組換えDNAは，Zambryskiら（1983）が*Agrobacterium tumefaciens*というバクテリアに寄生するTiプラスミドをベクターとして利用する形質転換によりタバコで最初に成功した．

植物ゲノムに対して組換えDNAを行うには，アグロバクテリウムに寄生するプラスミドを使ってDNA断片や遺伝子を植物ゲノムに組み込むプラスミド感染，プロトプラストに物理的な処理をしてDNA断片や遺伝子を直接送り込むエレクトロポレーション，DNA断片や遺伝子を微小な金属球にまぶして培養細胞や組織に打ち込むパーティクルガンなどによる方法がある．

（1） プラスミド感染（plasmid infection）

野菜や果樹などに感染してクラウンゴールと呼ばれる腫瘍組織を茎根部に作り根頭癌腫病を起こすバクテリア（*Agrobacterium tumefaciens*）には，Tiプラスミドと呼ばれる環状DNAが寄生している．このTiプラスミドは200 kb以上と大きく，次のような遺伝子やDNA領域を持っている．

① *Ti*遺伝子・・・腫瘍形成に必要な植物ホルモンを合成する酵素をコードする遺伝子

② T-DNA領域・・・25塩基対からなる左境界配列（LB）と25塩基対の右境界配列（RB）に挟まれた領域で，*Ti*遺伝子などを含んでおり植物細胞のゲノムに組み込まれるDNA領域

③ *vir*領域・・・T-DNA領域を切り出して植物ゲノムに組み込むのに必要な一連の遺伝子をコードしているDNA領域

TiプラスミドのT-DNA領域に組み込まれたDNA断片や遺伝子は，プラスミドをもつバクテリアを感染させることにより，植物細胞ゲノムに組み込まれる．

そこで，TiプラスミドのT-DNA領域の腫瘍形成遺伝子を切除して，そこ

に外来遺伝子とその発現に必要なプロモータを接続したキメラDNAを組み込んだプラスミドをバクテリアに寄生させ増殖し，無菌培養されている組織，カルス，プロトプラストなどに感染させる．バクテリアに感染した植物細胞の中では，Tiプラスミドのもつ遺伝子の働きにより，外来遺伝子を組み入れたT-DNA領域が切り出され，寄主植物のゲノムに組み込まれる．プラスミド感染による組換えDNAは，当初一部の双子葉植物だけに有効な方法であったが技術の進歩により，現在では多くの双子葉ならびに単子葉植物でも可能となった．

（2）エレクトロポレーション（electropolation）

プラスミド感染による組換えDNAのやりにくい植物種に外来遺伝子を直接導入するために，開発された物理的方法の一つである．植物ゲノムに導入しようとするDNA断片，または遺伝子を浮遊させた溶液に増殖したプロトプラストを入れる．この懸濁液に瞬間的に電気パルスを与えて，プロトプラストの細胞膜に微孔をあけ，DNAの植物細胞内への侵入を促す．細胞内に取り込ませたDNAは偶発的に植物ゲノムに組み込まれる．

（3）パーティクルガン（particle gun）

タングステンや金などの微粒子にDNA断片をまぶして，微小な散弾を発射できる空気銃のようなパーティクルガンにより培養組織や細胞に打ち込む．DNA断片をまとった微粒は，組織を貫通して細胞内に侵入し偶発的に外来DNAが植物ゲノムに組み込まれる．この場合，組換えを起こしていない細胞と組換え細胞が入り混じってキメラとなることが少なくない．

（4）ポリエチレングリコール（polyethylene glycol）

ポリエチレングリコールを使う化学的方法である．この表面活性剤は細胞融合の促進にも用いられるが，プロトプラストとDNA断片の混合懸濁液にポリエチレングリコールを加えることにより，DNA断片が細胞内のゲノムに偶発的に取り込まれる．

Tiプラスミドをベクターとする高等植物の遺伝子組換えは，図5.1に示すような手順で行われる．

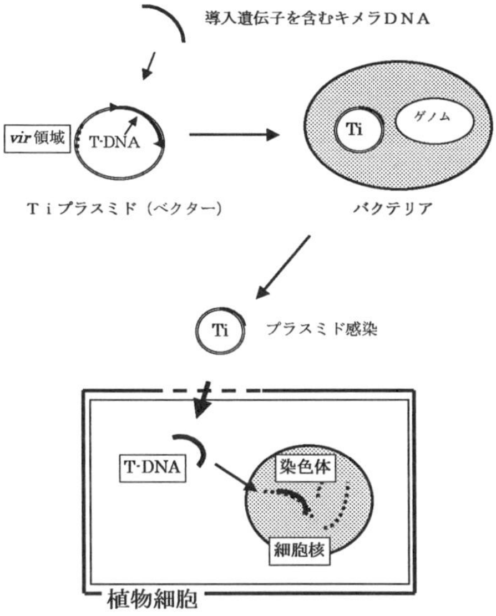

図5.1　プラスミド感染による組換えDNAの原理

①　キメラDNAの組立て･･･単離されている有用な構造遺伝子を植物ゲノムに導入して本来の機能を発揮させるには，形質発現に必要なプロモータと外来遺伝子とを接続してキメラDNAを合成する．プロモータには，植物体の全身で常時発現するもの，植物の特定の生育ステージでのみ発現する時期特異的なもの，あるいは特定の器官や組織でのみ発現する器官特異的なものなどがある．

②　プラスミドの組換えと感染･･･TiプラスミドのT-DNA領域にある腫瘍遺伝子を切除し，人工合成したキメラDNAを組み込む．この場合T-DNA領域内で，腫瘍遺伝子の外側にある特異的な塩基配列を認識する制限酵素を用いて，腫瘍遺伝子の切除とキメラDNAの組み込みを行う．同時に組換え細胞の選抜に必要な標識として，カナマイシン耐性などの遺伝子をプラスミドに組み込んでおく必要がある．キメラDNAと標識遺伝子をもつ組換えプラスミドを*Agrobacterium tumefaciens*に寄生させ増殖し，バクテリアを植物細胞や組織に感染させる．このことにより，プラスミドの*vir*領域の働きにより，T-DNA領域が切り出されて感染植物細胞のゲノムに組み込まれ，組換え細胞ができる．

③　組換え細胞の選抜･･･プラスミド感染などによる生物的方法でも，またエレクトロポレーションやパーティクルガンなど物理的方法でも，キメラ

DNAの組換えは偶発的にしか起こらない．したがって，培養細胞の一部だけが組換え細胞となるに過ぎない．このため，培養細胞の中から組換え細胞だけを選抜する必要がある．組換え細胞の選抜には，抗生物質耐性遺伝子などが活用される．抗生物質を含む培地に培養細胞を植えると，抗生物質に耐性を持たない非組換え細胞は増殖できず，キメラDNAと共に抗生物質耐性遺伝子をもつ組換え細胞だけが生き残る．この原理を利用して組換え細胞を選り分けることができる．

④　組換え細胞の増殖と再分化・・・組換え細胞が分裂を繰り返し再分化する過程では，植物種の違いや植物ホルモンのバランスにより細胞塊からカルスを経て，あるいは直接不定胚や不定芽を形成して植物体を再生する．カルス経由の再分化系では，突然変異が発生しやすい．2，4-DまたはNAAなどのオーキシンを含む培地でカルスを形成して増殖したのち，ホルモンフリー培地あるいは低濃度のサイトカイニンを含む培地に移植して，植物体を再分化させることが多い．カルスの増殖率ならびにカルスからの植物体の再分化までに要する期間や再分化効率は，植物の種類により異なる．

⑤　組換え植物の養成・・・組換え細胞から再分化し再生する植物体には，外来遺伝子の効果のほかに培養に伴う遺伝的変異，とくに，カルス経由の再分化系で多発する突然変異の影響により親植物とは異なるさまざまな変異が組換え植物には現れる．このため，組換え植物は，親植物とは異なる特性を表すとみなければならない．

⑥　外来遺伝子の存在と発現の確認・・・現在の組換えDNA技術では，組換え植物のゲノムのどこに何コピーの外来遺伝子が組み込まれるかを予測することはできない．そこで，組換え体細胞内の外来遺伝子の存否と共に，外来遺伝子が正常に発現して本来の機能を発揮していることを確認する必要がある．外来遺伝子の存否はサザンブロット法や*in situ*接合などの方法で確かめることができる．また，外来遺伝子の発現とその強度は，遺伝子が生成するタンパク質の存否と生成量により確認する．

⑦　外来遺伝子の安定性と遺伝様式の確認・・・全ての外来遺伝子が植物ゲノムの中に定着して，安定的に発現し遺伝するとはかぎらない．組換えDNA

により導入される外来遺伝子は，組み込まれ方や組み込まれる位置によりサイレントになって発現しなかったり，ゲノムから消失したりすることがある．そこで，組換えDNAにより導入された外来遺伝子が安定して子孫に伝達され，どのような遺伝様式をとるかを確かめる必要がある．それには，組換え体と親植物を交配して優性効果の表われ方や分離の様子を調べる必要がある．

なお，エレクトロポレーションやパーティクルガンなどの物理的な方法では，外来遺伝子の植物細胞への導入法が異なるが，キメラDNAの合成，組換え細胞の選抜，外来遺伝子の安定性と遺伝様式の確認などの手順は同様である．

2. 抗菌性タンパク質遺伝子導入による耐病性イネの開発

現在実用化されているGM作物の開発には，病原ウイルスの外被タンパク質遺伝子，バクテリアの除草剤抵抗性遺伝子ならびに鱗翅目害虫抵抗性遺伝子など，ウイルスやバクテリアの遺伝子が使われている．さらに，組換え体の選抜に必要な標識として，抗生物質耐性の遺伝子が使われており，GM作物やGM食品に対する公衆認知（PA）を高める上での不利な要因となっている．

最近の組換えDNA技術の改善方向として，抗生物質耐性遺伝子以外の標識遺伝子の開発やMAT（Multi-Auto Transformation）ベクターを使って標識遺伝子を組換え体から自動的に除去する新しい技術の開発などが進んでいる（海老沼，2002）．

微生物などの遺伝子ではなく，農作物自体がもつ生体防御関連遺伝子の作用を強化するための遺伝子組み換えが専門家の注目を集めている．ここでは，アブラナ科植物のもつ抗菌タンパク質遺伝子とエンバクの細胞膜結合タンパク質遺伝子を導入して開発された耐病性GMイネの開発の例を紹介しよう．

(1) アブラナ科野菜由来の抗菌タンパク質デフェンシン遺伝子の導入によるいもち病抵抗性GMイネの開発

高等植物はかび，バクテリア，ウイルスなどの病原微生物に対するさまざまな防御システムを備えている．その一つが抗菌タンパク質である．抗菌タンパク質は病原菌の細胞膜に働き，イオンチャネルの活性に影響を与えると考えられている．抗菌タンパク質の1種である植物デフェンシンは，四つのジスルフィド（SS）結合をもち45～55のアミノ酸からなり，含硫アミノ酸システインに富む小型の塩基性タンパク質である．

私たちが日常食べている野菜は，各種の抗菌タンパク質遺伝子をもち，さまざまな病原菌に対する増殖抑制効果を発揮している．たとえば，ダイコンのデフェンシンは，種子の表層などで発現し，大腸菌をはじめとする各種のバクテリアやかび類に対する抑制効果をもっている．これらは遺伝子群（***Rs-AFP1***，*2*，*3*，*4*）として存在し，29のアミノ酸からなるシグナル領域と51のアミノ酸からなる抗菌活性領域とからなる．構造遺伝子のわずかなアミノ酸構造の差異により抗菌活性の強度や効果が異なる．

アブラナ科植物のデフェンシン遺伝子群の塩基配列の差異に基づく系統分類によると，ワサビダイコン，ダイコン，ナタネなどが異なる大きなクラスターとなり，それらとは別にキャベツ，ノザワナ，ハクサイ，カラシナ，カブ，コマツナなどが一つのクラスターを形成している（川田ら，2003）．

Kawataら（2002）を中心とする中央農業総合研究センター・北陸研究センター（旧農林水産省北陸農業試験場）の研究グループは，独自にキャベツおよびコマツナから単離したデフェンシン遺伝子と，それぞれの抗菌活性領域のアミノ酸置換を行った改変遺伝子の4種の構造遺伝子をプラスミド感染による形質転換により水稲品種「どんとこい」（第11章参照）に導入した．それぞれの組換え遺伝子ごとに約300個体の組換え体を作出した．

組換え体の抵抗性検定は，いもち病菌系007の胞子懸濁液を葉面に噴霧接種し，発病指数により抵抗性程度を判定した．一方，白葉枯病菌系T7133は剪葉切除法により接種し，病徴進展距離により抵抗性を評価した．これらの

写真5　いもち病に抵抗性を示すGMイネ（川田元滋氏：提供）
アブラナ科野菜の抗菌タンパク質デフェンシン遺伝子を組換えDNA技術によりイネのゲノムに組み込んで開発されたGMイネは，いもち病に抵抗性を示した．異なる植物種の遺伝子の導入により，糸状菌病に耐える抵抗性機構が新たに開発されたといえる．

病害抵抗性検定の結果，いもち病あるいは白葉枯病に抵抗性を示す組換え体のほか，両病害に複合抵抗性をあらわす組換え体も得られた．改変遺伝子を導入した組換え体の中には，アブラナ科野菜から直接単離した遺伝子を組み込んだ組換え体よりも一層強力な複合病害抵抗性を示すものがあった．選抜された約60個体の組換え体の自殖により得られた次世代の抵抗性検定により，組換え体の病害抵抗性が安定的に遺伝することが確かめられた．

アブラナ科野菜などの他種植物から単離したデフェンシン遺伝子，あるいはそれらの塩基配列を改変した人工遺伝子がイネのゲノムの中で抗菌機能を発揮し，イネの最も重要な病害であるいもち病と白葉枯病に対して高度の抵抗性を示した（写真5）．

この研究により糸状菌にもバクテリアにも効果のある病害抵抗性機構を新たに創出できた点は画期的といえよう．さらに，遺伝資源に乏しい難防除病害としての紋枯病などに対する抵抗性が確認できれば，飛躍的な病害抵抗性育種への展望が開かれる．

(2) エンバク由来抗菌性タンパク質チオニン遺伝子の導入による苗立枯細菌病抵抗性GMイネの開発

チオニンは酵母の増殖を阻害する物質として小麦粉から抽出された抗菌性タンパク質の一種で，多くの種類の植物に存在する．たとえば，オオムギには8個の含硫アミノ酸システインを含む46アミノ酸からなるチオニンが葉や種子に存在し，精製チオニンはバクテリアや糸状菌に対して抗菌性を示すことが知られている．また，うどんこ病に感染したオオムギの葉の細胞壁には，チオニンが集積することが明らかにされている．チオニンは病原バクテリアの細胞膜に侵入し，透過性を変化させて抗菌性を発揮すると考えられる．

T. Iwaiら (2002) は農林水産省のイネゲノム計画で作成されたESTの検索により，イネゲノム中のチオニンと相同な遺伝子を100個以上拾い出した．これらのイネチオニンは鞘葉で発現するが，オオムギなどの葉に特異的に存在するチオニンとは異なる構造であった．イネの内在性チオニンが十分な抗菌性を発揮していないことから，他の植物種のチオニンを導入し過剰発現させて抗菌性を高めることができると考えられた．

そこで，エンバク品種「前進」からチオニン遺伝子の単離を行った．暗黒条件で育てたエンバクの黄化幼苗からmRNAをとり，cDNAライブラリーを作成し，多くのチオニン遺伝子を単離した．単離されたチオニン遺伝子には，アミノ酸配列の異なる5種類が含まれ，その中にオオムギの葉特異的チオニンと類似する構造のチオニンをコードする遺伝子が3種類含まれていた．これらの中から，強い抗菌性を表し高い塩基性等電点をもつチオニン遺伝子を選定した．この遺伝子はエンバクの鞘葉で常時多量に発現していることがわかった．

農業生物資源研究所のMitsuharaら (1996) が独自に開発した強力発現プロモータと単離したチオニンcDNAならびにハイグロマイシン耐性遺伝子を連結したキメラDNAをプラスミド感染によりイネ品種「チヨホナミ」に導入した．エンバク・チオニンに対する特異抗体を用いて組換え体のチオニン含有量を測定した結果，全ての組換え体から多量のエンバク・チオニンが検出された.

これらの組換え体を自家受粉して10自殖系統を養成した. これらのうち6系統では, エンバク・チオニンの発現が認められず, ジーンサイレンシングが起こっているとみられた. あとの4自殖系統は少なくとも4世代にわたりチオニン遺伝子の伝達・発現が確認できた.

エンバク・チオニン遺伝子の過剰発現に成功した「チヨホナミ」のGM系統に苗立枯細菌病菌 (*Burkholderia plantarii*) を接種したところ, 非組換え体は激しい萎れ症状を現し成長せずに枯死したが, 組換え体は病徴を現さず, 初期成長がやや遅れる程度で, ほぼ順調に生育した. また, エンバク・チオニンを過剰発現させたGMチヨホナミは, もう一つの種子伝染性病害であるもみ枯細菌病 (*Burkholderia glumae*) に対しても抵抗性を示した.

隔離圃場における生育調査では, 原品種チヨホナミに比較してGMチヨホナミは出穂期が2日程度早く, 稈長がやや短く, 成熟期に葉先が少し褐変し, 穂揃いがやや乱れ, 収量は10％程度低下した. これらの差異は高発現プロモータによりエンバク・チオニン遺伝子を過剰発現させた副次的効果である可能性が考えられる.

3. GM作物の栽培・普及の現状と問題点

組換えDNA技術により作出されたGM作物は, 1995年頃からアメリカ合衆国において実際に栽培されるようになった. 当初は植物病原ウイルスの外被タンパク質の遺伝子を作物ゲノムに組み込んで, ウイルス抵抗性の作物が作り出された. アメリカ合衆国ワシントン大学のR. Beachyら (1986) は, TMV (Tobacco Mosaic Virus) の外被タンパク質をコードしている遺伝子をジャガイモのゲノムに組み込み, ウイルス抵抗性のGMジャガイモの作出に成功した. その後, オランダのMorgan International社が同様な方法で, XウイルスにPT抵抗性のGMジャガイモを開発した. 病原ウイルスの接種試験の結果, GMジャガイモでは, 病原ウイルスの増殖が非GMジャガイモの百分の一以下に抑制されることが明らかにされた. しかし, Xウイルスの外被タンパク質遺伝子を導入したGMジャガイモはやや低収であり, 塊茎が変形して生産者や消費者にあまり歓迎されなかった．

現在実用化しているGM作物の栽培面積は，図5.2に示すとおり1996年以降急速に増加し，1999年には約4千万haにおよぶ畑でGM作物が栽培されるようになった．その後，GM作物から生産されるGM食品に対する消費者の不信と不安が高まり，ヨーロッパや日本などではGM食品を敬遠する傾向が強まっている．その結果，アメリカ合衆国などでは，GM作物の栽培面積の伸びが鈍り減少傾向すらあらわれた．

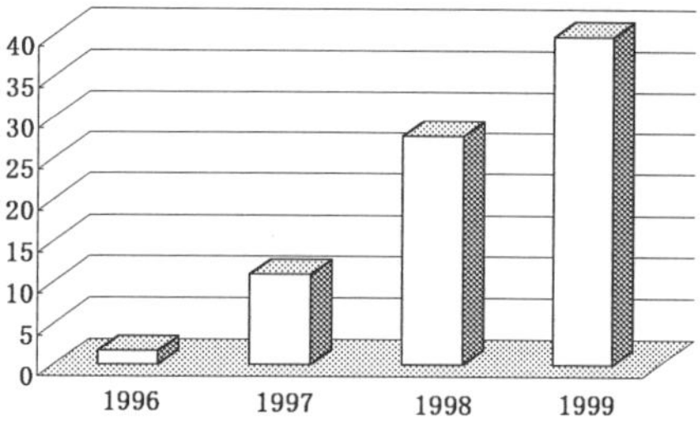

図5.2　世界のGM作物栽培面積の年次的増加化
(単位：百万ha)(STAFF, 2002)

世界で実用的に生産されている主なGM作物の種類，改良形質，栽培地域を表5.1，5.2，5.3に示した．最も栽培面積の多いのはGMダイ

表5.1　世界の組換え(GM)作物の栽培面積　(STAFF, 2002)

組換え作物の種類	1998年 栽培面積(百万ha)	1998年 作付割合(%)	1999年 栽培面積(百万ha)	1999年 作付割合(%)	増加率(%)
ダイズ	14.5	52.0	21.6	54.0	0.5
トウモロコシ	8.3	30.0	11.1	28.0	0.3
ワタ	2.5	9.0	3.7	9.0	0.5
ナタネ	2.4	9.0	3.4	9.0	0.4
合計	27.7	100.0	39.8	100.0	(平均) 0.425

表5.2　世界のGM作物の組換え形質別栽培面積　(STAFF, 2002)

組換え形質の種類	1998年 栽培面積(百万ha)	1998年 作付割合(%)	1999年 栽培面積(百万ha)	1999年 作付割合(%)	増加率(%)
除草剤抵抗性	19.8	71.0	28.1	71.0	0.4
害虫抵抗性	7.7	28.0	8.9	22.0	0.2
除草剤・害虫抵抗性	0.3	1.0	2.9	7.0	8.7
合計	27.8	100.0	39.9	100.0	(平均) 3.1

表5.3　世界国別GM作物栽培面積（STAFF, 2002）

栽培国名	1998年		1999年		
	栽培面積（百万ha）	作付割合（%）	栽培面積（百万ha）	作付割合（%）	増加率（%）
アメリカ合衆国	20.5	74.0	28.7	72.0	0.4
アルゼンチン	4.3	15.0	6.7	17.0	0.6
カナダ	2.8	10.0	4.0	10.0	0.4
中国	< 0.1	< 1.0	0.3	1.0	3.0
合計	27.6	100.0	39.7	100.0	（平均）1.1

ズであり，1999年には2,160万haに作付され，全GM作物の54%を占めた．次いでGMトウモロコシが1,110万haで28%を占め，ワタとナタネがそれぞれ37,000haならびに34,000ha栽培され，それぞれ約9%を占めた．

組換えDNA技術により改変された第一の形質は，アメリカ合衆国の巨大製薬企業モンサント社が開発したグリホサートなどを有効成分とする非選択性除草剤ラウンドアップに抵抗性を示すGMダイズである．ラウンドアップの有効成分であるグリホサートは，植物の葉緑体の形成に関わりの深い芳香族アミノ酸の合成に必要なシキミ酸合成経路のEPSP合成酵素を阻害する．このため，芳香族アミノ酸が合成されず，タンパク質合成がうまく進まず植物が枯死する．そこで，モンサント社では，グリホサートの阻害を受けないESPS合成酵素をもつ微生物を広範に探索し，グリホサートの阻害を受けないESPS合成酵素をもつバクテリアが土壌中にいることを発見した．このESPS合成酵素をダイズのゲノムに組み込んで，ラウンドアップ抵抗性のGMダイズの開発に成功した（山根，1999）．こうして開発された除草剤抵抗性GMダイズは，1999年には2,810万haに作付され，GM作物の全栽培面積の71%に達している．

もう一つの重要なGM作物は，害虫抵抗性トウモロコシである．このBtトウモロコシは1999年には750万haに作付けされ，GM作物の全栽培面積の19%を占めている．いくつかの種類のバクテリアは摂取昆虫の幼虫に対して致死量の毒素を生産する．殺虫性に関して最も良く研究されてきたのが*Ba-*

cillus thuringiensis（Bt）である．このバクテリアは細胞質中に結晶状のタンパク質で，Btプロトキシンと名付けられた前駆物質を大量に作る．このバクテリアが鱗翅目昆虫の消化管に入ると，アルカリ性の消化液によりプロトキシンが分解して活性のある毒素となり，昆虫の消化管壁に穴をあけ消化管の機能を失わせ殺虫作用をあらわす．ところが，哺乳類の胃液は強度の酸性でプロトキシンが分解されない．このため，Btプロトキシンは人畜には無害とされている．アメリカ合衆国ノースカロライナ州にあるCIBA研究所の研究者がBtトキシン遺伝子をトウモロコシのゲノムに組み込み，鱗翅目害虫アワメイガに抵抗性のGMトウモロコシ（Bt corn）を開発した．

1999年の時点では，GM作物を最も多く栽培しているのは，アメリカ合衆国で2,870万haにも達し，全世界のGM作物栽培面積の72％を占めている．それに続いてアルゼンチン，カナダ，中国において，それぞれ6,700 ha（17％），40,000 ha（10％），3000 ha（1％）でGM作物が栽培されている．

GM作物の生産やGM食品の販売の行方は必ずしも楽観できない．その理由はGM作物栽培の生態系への影響ならびにGM食品の安全性に対する十分な公衆認知（PA）を高めることが難しいからである．今後，従来の植物育種技術では達成が困難で，かつ実需者に直接メリットのある場合に限り，生物工学技術を活かした育種を進めることが肝要と考えられる．

新たな世紀に人類に課せられた地球規模問題である食料不足，環境劣化，資源枯渇などに生物工学技術が有効に活かされるべきであろう．

4．植物育種における生物工学技術の活用

生物工学技術の進展により，従来からの植物育種技術では不可能とみられていたことが数多く実現している．たとえば，ランのメリクロンやジャガイモのマイクロチューバによるクローン増殖，成長点培養によるウイルスフリー種苗の開発，葯培養による効率的純系作出，組換えDNAによるウイルス抵抗性バレイショ，除草剤抵抗性ダイズや害虫抵抗性トウモロコシなどのように，ウイルスやバクテリアの遺伝子を作物ゲノムに組み込んで，新しい病害虫抵抗性機作を開発することができるようになった．また，DNA多型の

表 5.4　植物育種における生物工学技術の活用

育種操作	植物育種技術	生物工学技術
1）遺伝資源の保全と管理		
遺伝資源の保存	種子，栄養体，生態系	細胞・組織，遺伝子，DNA情報
遺伝資源利用（遺伝子移行）範囲	交配可能な品種・種属	全生物種
2）遺伝変異の誘発と遺伝的組換え		
遺伝変異の誘発	人工交配，人為突然変異	培養変異，組換えDNA
遺伝子発現調節	遺伝子相互作用の活用	発現調節領域の改変
3）染色体操作		
ゲノム合成	種属間交配による複二倍体化	細胞融合，胚救済
染色体倍加	コルヒチン処理	細胞融合
染色体減数	?	葯培養，染色体削除と胚救済
染色体構造変化	放射線処理	?
4）人為選抜		
遺伝変異の固定	世代促進	葯培養などによる半数体倍数化
選抜単位	個体，系統，集団	細胞，遺伝子
不利連鎖の打破	戻し交配，無作為交配	DNA標識選抜
5）種苗の増殖と特性管理		
種苗増殖	種子，栄養系による自然繁殖	クローン増殖，人工種子
品種同定・系統分化の解明	形態・生理・生態特性の解析	同位酵素・DNA多型分析

分析により，種の同定や品種の鑑定が可能となっている．さらに，今後，あらゆる生物種の有用遺伝子を活用して，画期的な新規特性を備えた新品種あるいは新作物の誕生が期待される．

こうした意味で生物工学技術は，画期的な技術といえる．しかし，この新技術だけでは有効な成果は期待できない．生物工学技術は植物育種の部分技術として位置づけ活用することにより，大きな成果が期待できるようになる．そこで，植物改良のステップごとに従来の育種技術と新たな生物工学技術とを比較すると表 5.4 のようになる．

まず，遺伝資源の保全と管理に関しては，従来は種子，植物体，生態系などが保存対象とされてきたが，最近では，培養細胞・組織や遺伝子などが保存対象となり，さらに，遺伝情報としての DNA の塩基配列自体が重要な保存対象とされるようになっている．また，遺伝資源として利用できる範囲は，交配可能な種属の範囲から全生物種におよんでいる．

次に，遺伝変異の誘発と遺伝的組換えに関しては，従来の育種では人工交配や人為突然変異を誘発し，通常の生殖過程を通した遺伝的組換えを利用してきたが，生物工学技術の発達により組織培養の過程，とくに，カルス形成過程で頻発する遺伝変異の活用とともに，交配による雑種作出が不可能であったほかの生物種の有用遺伝子を単離・増殖して植物ゲノムに直接組み込む組換えDNAが可能となっている．

遺伝子発現調節については，従来の育種技術では，非対立遺伝子間相互作用を活用して，ごく限られた範囲でしか行えなかったが，生物工学技術では，プロモータなどの発現調節因子を直接操作して，遺伝子の発現強度を変えたり，全身あるいは特定の器官や生育時期にだけ発現させたりすることができるようになっている．

従来の育種技術では，コルヒチン処理や自然の非還元分裂により，染色体倍加を行うことができる．また，異なるゲノムをもつ植物種の交配からできるF_1植物の染色体倍加により，複二倍体植物を作出することもできる．一方，生物工学技術としての細胞融合では，いずれの真核細胞生物種間でも原則としてゲノム融合またはゲノム染色体の一部導入が可能である．

染色体数の半減による半数体の作出は，従来の遺伝・育種技術では困難であった．ところが，生物工学技術の発展により染色体数の半減が二つの異なる方法で可能となった．その一つは葯（花粉）培養であり，タバコやイネの改良に用いられ，育種年限の短縮に役立てられている．もう一つは遠縁交雑に伴う染色体削除と雑種胚の人工培養との組合せにより可能となり，オオムギやコムギの改良に活かされている．

人為選抜との関連では，純系選抜に先立つ遺伝変異の固定は，従来技術では世代促進により行われてきたが，近年，葯培養などによる倍加半数体の作出が可能となり，純系の育成が効率的にできるようになっている．また，選抜単位が個体，系統，集団から，細胞や遺伝子にまで拡大されている．

農業上有用な形質を支配する遺伝子と不利遺伝子が密接に連鎖していると育種の大きな障害となる．このような不利な連鎖を打破するためには，従来の育種では，戻し交配や無作為交配と人為選抜を組合せる方法がとられてきた．最近，わが国を中心としてイネのゲノム解析の研究が急速に進展し，2,500 以上の DNA 標識を位置づけた精緻な遺伝子連鎖地図が作成され，多数の DNA 標識が利用できるようになっている．このような DNA 標識を利用した選抜により，不利な連鎖の打破が効率よくできるようになっている．

種苗の増殖と特性管理に関連して，従来有性・無性を問わず，植物本来の生殖様式に基づいて種苗の増殖が行われてきた．これからは遺伝的に安定な細胞・組織培養が可能となれば，親と同じ遺伝子型のクローンを直接増殖できるようになる．そうなれば，現行の生殖様式に依存する育種体系ではなく，優良遺伝子型を直接的にクローン増殖して，新品種とすることができるようになるであろう．

これまでは形態・生理・生態的特性など表現型に基づく特性解析により，品種の分類や同定，品種・系統分化の機構解明，種苗の特性管理などが行われてきた．近年の生化学や分子生物学の進歩に伴い開発された同位酵素分析や DNA 多型分析などにより，分子レベルで品種の鑑定や品種・系統分化機構の解明などができるようになっている．

第 6 章　植物の生殖様式と集団構造

植物育種において改良の対象となるのは，植物個体ではなく，多数の植物の個体群としての集団である．また，植物育種では，植物個体の特性を物理・化学的に変化させるのではなく，植物集団の遺伝的構成を改変する．集団中の望ましい遺伝子の頻度を高めることにより，集団構造の改良が行われる．植物集団の遺伝子頻度の変化は，集団の生殖様式によって変わる．有性生殖あるいは無性生殖か，有性生殖であれば他殖か自殖かにより集団内の遺伝子頻度の変化も選抜の効果も違ってくる．したがって，植物育種の方法や効果には，植物集団の生殖様式が大きく関わる．

イネ，コムギ，ダイズなどの自殖性作物の育種は，もっぱら純系の改良となり，トウモロコシや他家受粉性の野菜・花卉類などの他殖性作物の育種は，一代雑種 (F_1) 品種の開発や集団改良が主力となる．さらに，塊根茎作物，球根花卉類，あるいは果樹などの栄養繁殖性作物では，もっぱら栄養系の選抜と改良が行われる．

1．植物の生殖様式

多くの栽培植物は種子，塊茎，塊根，球根，挿木，接木などにより増殖される．種子は雌性配偶子としての卵子と雄性配偶子としての花粉との受精により形成される．種子の形成には，雌雄の性を必要とすることから有性生殖 (sexual reproduction) といわれている．これに対して，塊根茎・球根や挿・接木などのように植物の栄養体の一部による生殖は，雌雄の性に無関係なことから無性生殖 (asexual reproduction) といわれる．

植物の生殖様式は，農作物の生産，育種，遺伝資源の保存・増殖などと深い関わりがある．イネ，コムギ，ダイズ，トウモロコシなどの主要な農作物では，農業生産の収穫対象とされるのが子実であり，育種や増殖も種子によって行われる．ジャガイモ，サツマイモ，キャッサバ，テンサイ，ダイコンなどでは，収穫対象は塊茎根などの栄養体であり，増殖は塊茎根，挿木，種子など作物の種類によって異なるが，育種には有性種子が使われる．また，チューリップやダリアなどの球根花卉類では，生産の対象が有性生殖器官としての花であり，増殖は球根により無性的に行われ，育種はもっぱら種子を介して行われる．

植物の花は有性生殖に必要な器官である．花の基本的構造は図 6.1 に示す通りである．有性生殖に不可欠の器官は，雌しべと雄しべである．雌しべは柱頭，花柱，子房の三つの部分からなる．柱頭は花粉が付着しやすいように粘液を分泌したり，羽毛状に細かく分岐したりしている．雌しべ基部は丸く肥大して子房となっている．子房の中には胚珠があり，その中に卵子がおさまっている．雄しべは葯と花糸とからなり，葯の中に花粉が入っている．雄しべの数は植物種に固有な場合が多く，花弁数と共に環境の影響により比較的変化しにくいため，植物種の分類や同定の指標として利用される．

雌しべ，雄しべ，花弁，萼の 4 種類の揃った花を完全花 (perfect flower)，いずれかを欠く花を不完全花 (imperfect flower) という．ジャガイモ，タバコ，ナスなどのナス科作物，ナタネやダイコンなどのアブラナ科作物，ダイズ，エンドウ，インゲンマメなどのマメ科作物，ワタやアマなど多くの種類の作物が完全花を着ける．一方，イネ，コムギ，オオムギ，トウモロコシ，サトウキビなどのイネ科作物の花には，花弁や萼がなく，包または小包の変形した内頴と外頴が雌雄蘂を包む不完全花である．ソバやテンサイの花にも花弁がなく不完全花である．

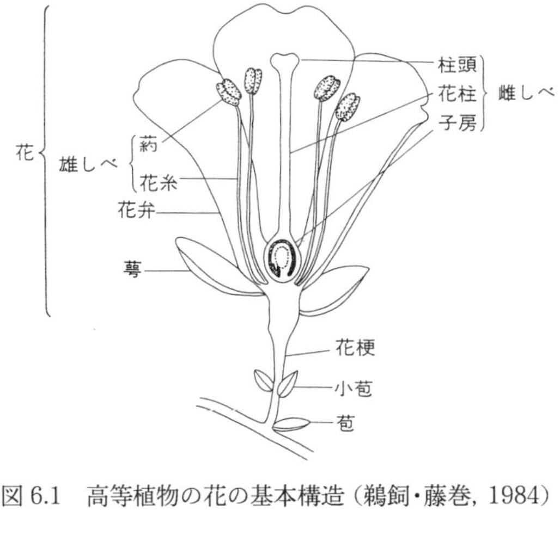

図 6.1　高等植物の花の基本構造 (鵜飼・藤巻, 1984)

雌しべと雄しべが同じ花の中に共存する花を両性花 (hermaphrodite)，雌しべだけをもつ雌花と雄しべだけをもつ雄花を単性花 (unisexual flower）という．形態学的あるいは発生学的に調べると，雌花には雄しべの痕跡があり，雄花には雌しべの痕跡が認められることが多い．これらのことから，高等植物の性の進化については，当初，雌性配偶体と雄性配偶体とが同一植物体に共生して両性花植物が出現し，その後，雌しべあるいは雄しべが退化して，単性花植物が進化したと推測される．

植物の生殖様式は花の構造と密接に関連している．両性花は自家受粉しやすいし，単性花は他家受粉を余儀なくされる．両性花でありながら他家受粉しやすい植物では，自家不和合性などの機構を発達させている場合が多い．

主として自家受粉により生殖する植物を自殖性植物（self-fertilizing plant）といい，他家受粉を主とする植物を他殖性植物（cross-fertilizing plant）という．両者の中間のものを部分他殖植物（partially cross-fertilizing plant）と呼ぶ．実際には，完全な自殖性植物や他殖性植物は少なく，大部分の植物は部分他殖性と考えるのが妥当である．

イネやコムギなどの自殖性イネ科作物の花は，雌雄蕊が外頴と内頴に包まれていて開頴寸前に花粉が飛散して受粉するため，自家受粉率がきわめて高い．しかし，通常数%程度の他家受粉が起こっているとみられる．冷害などにより花粉が不稔となったりすると，高率の他家受粉が起こることが知られている．一方，ダイズやエンドウなどのマメ科作物では，雌雄蕊が複雑な形状の花弁に包まれていて，雄しべが伸長して花弁にあたり花粉を飛散することで高率の自家受粉が行われる．自殖性作物には，イネ科，ナス科，マメ科などの作物が多く含まれる（表6.1）．

他殖性植物は自家受粉を避け，他家受粉を促すさまざまな機構を発達させ

表6.1　主な自殖性作物

植物科名	作物名
イネ科	イネ，コムギ，オオムギ，エンバク，ソルガム，アワ，ヒエ
ナス科	トマト，ナス，タバコ，トウガラシ，ジャガイモ
マメ科	ダイズ，エンドウ，ラッカセイ，レンズマメ，ライマメ，インゲンマメ，ソラマメ，ルーピン，ベッチ，クローバ

注）このほか，ワタ，ゴマ，セロリなども含まれる．

ている．雌株と雄株の分化している雌雄異株性（dioecism），雌花と雄花が同一株に着く雌雄同株性（monoecism），雌しべが先に熟する雌蘂先熟性（protogyny），雄しべが先に熟する雄蘂先熟性（protandry），特定の遺伝子型の花粉との和合性を欠く不和合性（incompatibility）などの機構により，他家受

表 6.2　主な他殖性作物と受粉媒体（鵜飼・藤巻，1984 を改変作成）

植物科名	作物名	他家受粉促進要因	受粉媒体
クワ科	ホップ	雌雄異株	風
	アサ	雌雄異株	風
アカザ科	ホウレンソウ	雌雄異株	風
ユリ科	アスパラガス	雌雄異株	昆虫
ヤマノイモ科	ヤムイモ	雌雄異株	不明
パパイヤ科	パパイヤ	雌雄異株	風，昆虫
ウリ科	キュウリ	雌雄同株	蜂
	スイカ	雌雄同株	蜂
	メロン	雌雄同株	蜂
	カボチャ	雌雄同株	蜂
トウダイグサ科	ゴム	雌雄同株	昆虫
	キャッサバ	雌雄同株	昆虫
イネ科	トウモロコシ	雌雄同株	風
ヤシ科	アブラヤシ	雌雄同株	不明
バラ科	イチゴ	雌しべ先熟	蜂
タデ科	テンサイ	雄しべ先熟	風
キク科	ヒマワリ	雄しべ先熟	蜂
ユリ科	タマネギ	雄しべ先熟	蜂
セリ科	ニンジン	雄しべ先熟	蜂
パイナップル科	パイナップル	不和合性	鳥
キク科	キク	不和合性	昆虫
	ダリア	不和合性	昆虫
ナタネ科	キャベツ	不和合性	蜂
	ハクサイ	不和合性	蜂
	カブ	不和合性	蜂
	ダイコン	不和合性	蜂
イネ科	ライムギ	不和合性	風
	ライグラス	不和合性	風
	チモシー	不和合性	風
マメ科	アルファルファ	不和合性	蜂
	アカクローバ	不和合性	蜂
	シロクローバ	不和合性	蜂
ユリ科	ユリ	不和合性	蜂
	チューリップ	不和合性	蜂
バラ科	リンゴ	不和合性	蜂
	ナシ	不和合性	蜂
	バラ	不和合性	蜂
ツバキ科	チャ	不和合性	昆虫

粉が促進される．また，受粉媒体としては，風，昆虫類，鳥類などがあげられる（表 6.2）．一般に，風媒花は目立ちにくく，虫媒花は媒介昆虫などを誘引するために，目立ちやすい色や形状を持っている．

種子による有性生殖に対して，塊根茎・球根や挿・接木などのように植物の栄養体の一部による栄養生殖や，受精を伴わないで生ずる無性種子による無配偶生殖などは，無性生殖と呼ばれる．無配偶生殖（apomixes）はケンタッキーブルーグラス，ダリグラス，ウィーピングラヴグラスなどのイネ科の牧草類や雑草のヒメジオンやハルジオンなど一部の植物種に限定されている．しかし，最近では，遺伝子のクローニングと組換え DNA 技術を活用して，無配偶生殖遺伝子を他の作物に導入して無性的に増殖する試みが行われている．

無性生殖の中で農業上とくに重要なのが栄養繁殖である．いも類，果樹類，球根花卉類などは，塊茎根，挿木・接木，球根など植物体の一部を分割して無性的に増殖される．このような栄養繁殖では，親と同一の遺伝子型のクローンをいくらでも増殖できる．

最近では，組織培養技術の進歩により，成長点培養ができるようになった．ラン類のメリクロン増殖やイチゴ，カーネーション，サツマイモなどのウイルスフリー苗やジャガイモのマイクロチューバなどによる新しい無性繁殖技術が急速に進展している．さらに，成長点の回転培養により形成される苗条原基などから遺伝的に安定した効率的なクローン増殖が可能となれば，生殖様式に拘束されない画期的な育種体系の確立が見込めるようになる．

栽培植物の進化には，生殖様式の変化が深く関わっている．野生植物が多様な環境に適応し進化していくためには，遺伝的多様性が不可欠である．植物進化に必要な遺伝的多様性は，他家受粉に伴う遺伝的組換えにより確保される．したがって，野生植物には他家受粉するものが圧倒的に多い．

一方，人為的に管理され均一な生育環境で栽培される農作物には，遺伝的多様性よりはむしろ遺伝的均質性が必要である．人為的に管理された栽培圃場では，最大の遺伝的ポテンシャルをもつ遺伝子型だけからなる均質な植物集団でなければ，最高の収量と品質の農作物を生産することはできない．このため，元来他殖性の野生植物は，栽培化される過程で自殖性や栄養繁殖性に変化したものと推察される．実際に農作物の中には，自殖性あるいは栄養繁殖性のものが多い．また，農耕地に侵入した雑草の中にも自殖や無性生殖をするものが少なくない．

2．植物集団の構造

植物育種では，個体の形質を物理・化学的に改変するのではなく，個体群としての集団中の望ましい遺伝子の頻度を高めることにより，集団の遺伝的構造を改変する．この場合の集団（population）とは，単なる植物個体の集まりではなく，一定の生殖様式により遺伝子の交換が行われている個体の集合体である．メンデルの遺伝法則が成り立つ有性生殖集団をメンデル集団（Mendelian population）と呼ぶことがある．また，栄養繁殖性集団では，個体間での遺伝子の交換は原則として行われないが，まれに起こる有性生殖，体細胞突然変異，あるいは染色体異常などにより，集団遺伝的構成は変化する．

ここでは，有性生殖集団の構造について論ずる．まず，特定の常染色体上の一対の遺伝子座について考えてみよう．ある遺伝子座に座乗する対立遺伝子が２種類（A_1 と A_2）の場合，二倍性遺伝子型は A_1A_1，A_1A_2，A_2A_2 の３種類となる．

N 個体からなる植物集団に，３種類の遺伝子型（A_1A_1，A_1A_2，A_2A_2,）の植物体がそれぞれ n_{11}，n_{12}，n_{22} 個体づつ存在する場合，それぞれの遺伝子型頻度は次のとおり計算できる．

A_1A_1 の頻度：$P = n_{11} / N$（ただし，$N = n_{11} + n_{12} + n_{22}$）

A_1A_2 の頻度：$R = n_{12} / N$

A_2A_2 の頻度：$Q = n_{22} / N$ ‥‥‥‥‥‥‥‥‥‥‥　(6 − 1)

これらの遺伝子型頻度から2種類の対立遺伝子（A_1 と A_2）の頻度は，次式で求めることができる．

A_1 の頻度：$p = P + 0.5R$

A_2 の頻度：$q = Q + 0.5R$ ‥‥‥‥‥‥‥‥‥‥‥　(6 − 2)

ある遺伝子座に２種類の対立遺伝子が存在する場合，３種類の遺伝子型（A_1A_1，A_1A_2，A_2A_2）の頻度（P，R，Q）ならびに２種類の遺伝子（A_1，A_2）

の頻度 (p, q) に基づいて，集団構造を記述し特徴づけることができる．

このようにして特徴付けられる集団の構造を変化させる要因としては，集団の大きさ，稔性や生存率の差異，選択，突然変異，移住，交配様式が考えられる．

（1）集団の大きさ

ある世代から次の世代に伝達される遺伝子は，親世代の遺伝子プールから抽出される標本 (sample) とみなすことができる．したがって，遺伝子頻度は世代と世代の間では標本変動を伴う．すなわち，親集団から取り出される標本集団が少ないほど，機会的浮動による変動が大きくなる．したがって，集団の遺伝子頻度の変化を理論的に論ずる際には，標本変動の影響をなくするために無限に大きな集団を想定する．

（2）種子稔性や生存率の差異

集団構成員の間に種子稔性や生存率に違いがあると，遺伝子型頻度に直接的に影響し，遺伝子頻度が変化する．異なる遺伝子型親の稔性に差異があると，配偶子形成において異なる影響を及ぼすことになる．その結果，遺伝子伝達の過程で遺伝子頻度が変化する可能性が大きい．また，新たに形成される接合体遺伝子型の間で生存率に差異があると，遺伝子頻度に変化を及ぼす．

（3）自然選択と人為選抜

自然の植物集団の中で生育環境によく適応する個体は，旺盛に生育し多くの子孫を残せるが，適応できない個体は，貧弱な生育により少数の子孫しか残せない．集団内の異なる遺伝子型の構成員は，異なる適応度 (fitness) をもち，適応度の高い遺伝子型の個体は，有利な自然選択を受け増加するが，適応度の低い遺伝子型の個体は不利な選択により減少する．

農作物の育種では，自然選択の代わりに意識的に特定の遺伝子型を人為選抜して，集団内の有利な遺伝子の頻度を高め，植物集団の構造を改良する．

(4) 突然変異

自然界では，自然放射線や紫外線（UV）などの影響により，遺伝子座あたり十万分の1（10^{-5}）程度の自然突然変異が常時発生している．たとえば，5万個の遺伝子を持つ植物は，2世代に平均1個の遺伝子座に突然変異が生ずる計算になる．

ところで，最近オゾン層の破壊による紫外線や焼却炉などから排出されるダイオキシンなどが自然突然変異の発生率を高めている可能性が考えられ，地球上のあらゆる生物種に少なからざる影響を及ぼしている恐れがある．自然の突然変異率がほんのわずかでも高まれば，生物集団が受ける遺伝的負荷が高まり，長い年月の間には生物進化に重大な影響を与えかねない．

(5) 移　住

ある植物集団に遺伝的構成（遺伝子頻度）の異なるほかの集団から植物が移住すると，移住を受けた植物集団の遺伝子型ならびに遺伝子の頻度が変化する．

最近，生物工学技術の進展により，バクテリアなどの微生物の除草剤抵抗性や害虫抵抗性の遺伝子が組換えDNA技術によりダイズやトウモロコシのゲノムに組み込まれ，微生物の遺伝子をもつGM作物が作出され，アメリカ合衆国やカナダで大規模に栽培されている．これらのGM作物が近縁野生種の生育する地域に持ち込まれると，GM作物に組み込まれた外来遺伝子が自然生態系に流失する可能性が考えられる．このような遺伝子流出による野生植物集団の非可逆的構造変化が懸念される．

(6) 交配様式

植物集団の遺伝子型は，親集団が形成する雌雄配偶子の接合によって決まり，配偶子の接合の仕方は，親植物の交配様式によって決定づけられる．植物集団の交配様式のうち，理論的研究が最も進んでいるのは無作為交配と完全自殖である．無作為交配（random mating）とは，植物集団内のいずれの遺伝子型も全ての遺伝子型と等しい確率で交配の機会をもつ状態をいう．完璧な無作為交配集団が実在する可能性は少なく，むしろ，仮想上の理想集団と考えるべきである．現実には，開花期のずれ，花粉媒介や受粉の仕方，媒介者の存否・多少などさまざまな要因により無作為交配が妨げられ，多少とも近親交配が生じる．

他方，完全自殖とは，両性花植物の同一花内で自家受粉し，他家受粉が全く起こらない場合をいう．自然界には完全自殖をする植物集団は存在せず，多くの自殖性作物では，多少の他家受粉は起こると考えられる．理論的完全自殖集団では，突然変異などにより偶発的に発生するヘテロ接合体は，世代ごとに半減して急速にホモ接合体となる．

3．Hardy − Weinbergの法則

選択，突然変異，移住がなく，全ての遺伝子型の稔性と生存率が等しく二倍性分離をする無限に大きな無作為交配集団では，遺伝子頻度と遺伝子型頻度が不変であることをG.H. Hardy（1908）とW. Weinberg（1908）が明らかにした（Falconer，1980）．

Hardy-Weinbergの法則の原理は，次のとおりである．ある遺伝子座の二つの対立遺伝子A_1とA_2により構成される3種の遺伝子型A_1A_1，A_1A_2，A_2A_2の頻度をP，R，Qとすると，この遺伝子座における二つの対立遺伝子の頻度が$p = P + 0.5R$，$q - Q + 0.5R$となることは先述のとおりである．

無作為交配集団の構造変化を遺伝子型について調べてみる．3種類の遺伝子型*AA*，*Aa*，*aa*の相対頻度をそれぞれP，R，Qとすると，遺伝子型の組合せとそれらの相対頻度は表6.3，無作為交配組合せとそれらの子孫の遺伝子型頻度は表6.4のようにして求めることができる．

表6.3　無作為交配集団における遺伝子型組合せと相対頻度

父本の遺伝子型（相対頻度）	母本の遺伝子型（相対頻度） *AA*（P）	*Aa*（R）	*aa*（Q）
AA（P）	PP	PR	PQ
Aa（R）	PR	RR	RQ
aa（Q）	PQ	RQ	QQ

これらの結果から無作為交配集団では，遺伝子頻度と遺伝子型頻度とも一定不変となる．この現象は1908年にG. H. HardyとW. Weinbergの2人の学者により同時に発見されたことに因んで，Hardy-Weinbergの

法則あるいはH-W平衡と呼ばれている．この法則（平衡）は無作為交配をただ1回行うと直ちに成立する．無作為交配集団における遺伝子頻度と遺伝子型頻度の間には，図6.2に示すとおりの関係がある．ホモ接合体（*AA*や*aa*）の相対頻度は，遺伝子頻度が0から1に増加するのに伴い二次曲線的に増加する．その一方で，ヘテロ接合体（*Aa*）の頻度は，遺伝子頻度が0.5で最大となり，どちらの対立遺伝子が増減しても二次曲線的に減少することがわかる．

表6.4　無作為交配集団における交配組合せの頻度と子孫の遺伝子型頻度

親組合せの種類	相対頻度	子孫の遺伝子型と相対頻度		
		AA	*Aa*	*aa*
AA × *AA*	P^2	P^2		
AA × *Aa*	2PR	PR	PR	
AA × *aa*	2PQ		2PQ	
Aa × *Aa*	R^2	$0.25R^2$	$0.5R^2$	$0.25R^2$
Aa × *aa*	2RQ		RQ	RQ
aa × *aa*	Q^2			Q^2
子孫遺伝子型頻度の合計		$(P + 0.5R)^2 = p^2$	$2(P + 0.5R)(Q + 0.5R) = 2pq$	$(Q + 0.5R)^2 = q^2$

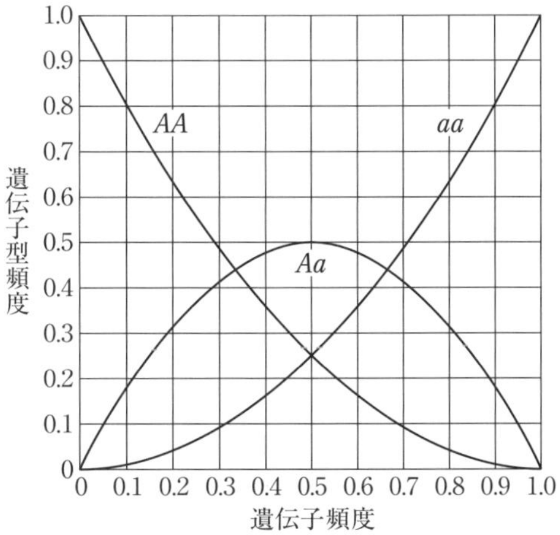

図6.2　Hardy-Weinberg平衡の成り立つ無作為交配集団における遺伝子頻度と遺伝子型頻度の関係（Falconer, 1981）

理論的には，完全な無作為交配を想定することができるが，実際的には，いくらかの近親交配（近交）を伴うと考えるべきである．近交の起こる確率をfとすると，三つの遺伝子型*AA*，*Aa*，*aa*の相対頻度は，$p^2 + pqf$，$2pq(1 - f)$，$q^2 + pqf$となる．近交によりヘテロ接合体*Aa*は2pqfだけ減少し，その分ホモ接合体*AA*および*aa*の相対頻度がpqfずつ増加する．これらの式から自家受粉による完全自殖（f＝1）を繰り返すと，最終的にはヘテロ接合体*Aa*は0，2種類のホモ接合体*AA*と*aa*がそれぞれpおよびqの割合で混在する純系集団となる．

4. 自殖集団と他殖集団の構造比較

有性生殖には，完全自殖と完全他殖との両極端の間にさまざまな段階がある．自殖は原則的に自家受粉により，また，他殖は他家受粉によって行われる．現実には，完全に近い自殖や他殖を行う植物は稀で，自殖性植物でも数%の他家受粉をするものが多く，他殖性植物でもかなりの自家受粉が行われているものとみられる．

ここでは，完全自殖と完全他殖の植物集団を想定して，世代の経過に伴う遺伝子型頻度の変化を調べてみよう．両者の違いを際だたせるために，2種類のホモ接合体の交配（*AA* × *aa*）に由来する F_2 世代の集団（遺伝子頻度：p = q = 0.5）を基にして，完全自殖あるいは完全他殖（無作為交配）に伴う遺伝子型頻度の変化を計算すると，図6.3ならびに図6.4のとおりになる．

まず，完全自殖集団（図6.3）では，ホモ接合体の *AA* あるいは *aa* からは，親と同じ遺伝子型の *AA* あるいは *aa* のみが生まれる．ヘテロ接合体 *Aa* からは *AA*，*Aa* および *aa* がそれぞれ 1/4，1/2，1/4 の確率で生じる．その結果，F_3 世代の集団では *AA*，*Aa*，*aa* の遺伝子型の相対頻度は，それぞれ 3/8，1/4，3/8 となる．同様に完全自殖を n-1 回繰り返した F_n 世代では，ヘテロ接合体 *Aa* の相対頻度は $1/2^{n-1}$ となり，ホモ接合体 *AA* ならびに *aa* の相対頻度は (1/2) $(1-1/2^{n-1})$ となる．要するに，自殖を繰り返すごとにヘテロ接合体が半減し，その分ホモ接合体が増加する．自殖を無限に繰り返した F_∞ 世代の集団では，ヘテロ接合体は皆無となり，2種

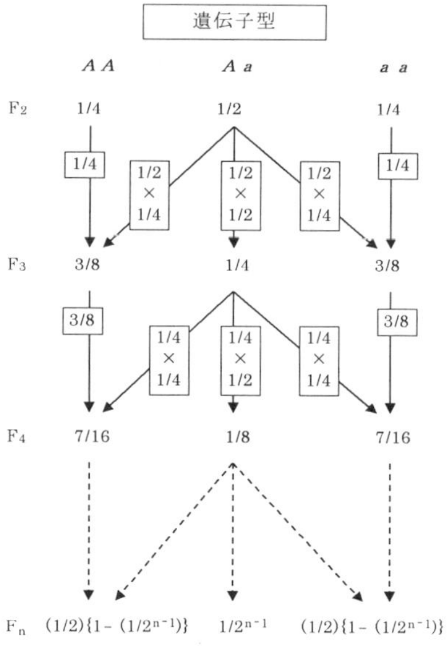

図6.3　自殖性集団の遺伝子型頻度の変化

類のホモ接合体が1/2ずつ存在することになる．n→∞では，(1/2) (1-1/2^{n-1}) →1/2となるからである．

次に，完全他殖（無作為交配）集団（図6.4）では，優性ホモ接合体*AA*からは*AA*と*Aa*とが1/2ずつ，また，劣性ホモ接合体*aa*からは*Aa*と*aa*とが1/2ずつ生まれる．さらに，ヘテロ接合体*Aa*からは，*AA*，*Aa*，*aa*とがそれぞれ1/4，1/2，1/4の割合で生ずる．その結果，次世代の3種の遺伝子型*AA*，*Aa*，*aa*の相対頻度は，それぞれ1/4，1/2，1/4となり，親世代と同じになる．先述のHardy-Weinbergの法則により何世代完全他殖（無作為交配）を繰り返しても遺伝子型頻度は一定不変である．

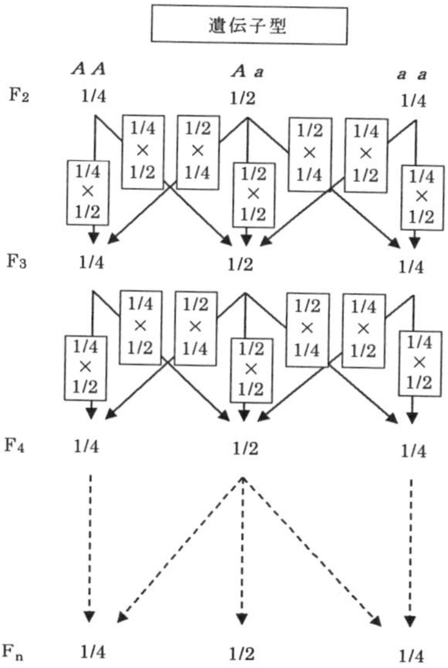

図6.4　他殖性集団の遺伝子型頻度の変化

5．連鎖平衡と連鎖打破

無作為交配集団では，1遺伝子性分離において，二つの対立遺伝子（*A*と*a*）の頻度をpおよびqとすると，3種類の遺伝子型（*AA*，*Aa*，*aa*）の頻度はp^2，2pq，q^2となり，遺伝子頻度も遺伝子型頻度とも一定不変となる．

次に，2遺伝子性分離の場合，一方の遺伝子（*A*，*a*）の頻度をp_Aおよびq_Aとし，もう一方の遺伝子（*B*，*b*）の頻度をp_Bおよびq_Bとすると，2遺伝子性ヘテロ接合体*AB*/*ab*が形成する配偶子は，*AB*，*Ab*，*aB*，*ab*の4種類となり，それらの頻度の実測値をそれぞれr，s，t，uとする．そこで，二つの遺伝子が非相同染色体上に座乗していて互いに独立に遺伝し自由に組み合わされた場合，4種類の配偶子型頻度の理論値はp_Ap_B，p_Aq_B，q_Ap_B，q_Aq_Bとなる（表6.5）．

4種類の配偶子型頻度の実測値と独立分離の理論値の差（たとえば*AB*型配

表6.5　2遺伝子分離における配偶子型頻度と連鎖平衡

遺伝子	*A*	*a*	*B*	*b*
遺伝子頻度	p_A	q_A	p_B	q_B
配偶子型	***AB***	***Ab***	***aB***	***ab***
連鎖平衡頻度	$p_A p_B$	$p_A q_B$	$q_A p_B$	$q_A q_B$
配偶子型頻度	r	s	t	u
平衡からのずれ	$r - p_A p_B$	$-(s - p_A q_B)$	$-(t - q_A p_B)$	$u - q_A q_B$
	D	$-$D	$-$D	D

注）接合体遺伝子型の連鎖不平衡：D = ru − st

偶子では，$r - p_A p_B$）は，二つの遺伝子間の連鎖による歪み，すなわち連鎖不平衡の程度をあらわす．連鎖不平衡（linkage disequilibrium）は，相引 ***AB*/*ab*** と相反 ***Ab*/*aB*** の二重ヘテロ接合体頻度の差 2（ru − st）に関連している．したがって，連鎖不平衡値 D は次の式で表現できる．

$$D = ru - st \quad \cdots\cdots\cdots\cdots \qquad (6-3)$$

連鎖不平衡の集団内で無作為交配が繰り返されると，連鎖不平衡値が世代の進行と共に徐々に減少する．子供世代の連鎖不平衡値 D_1 の絶対値は，いずれの配偶子型についても等しく，相引型（***AB*** または ***ab***）と相反型（***aB*** または ***Ab***）で符号が異なるだけである．したがって，いずれかの配偶子型の頻度から求めることができる．たとえば，***AB*** 型の配偶子に関しては，非組換え型 ***AB*/--** から ***AB*** 配偶子が発生する確率は，親世代の ***AB*** 配偶子頻度を r_0，組換え価を c とすると，$r_0(1-c)$ となり，一方，***A-*/*-B*** からは $p_A p_B c$ の確率で生ずる．したがって，子供世代における ***AB*** 型配偶子の頻度は $r_1 = r_0(1-c) + p_A p_B c$ となり，連鎖不平衡値は $D_1 = r_1 - p_A p_B$ となる．この式に上式を代入して変形すると，

$$D_1 = r_1 - p_A p_B = r_0(1-c) - p_A p_B(1-c)$$
$$= (r_0 - p_A p_B)(1-c) = D_0(1-c)$$

同様に無作為交配を n 回繰り返すと，n 世代における連鎖不平衡値 D_n は，

$$D_n = D_0(1-c)^n \quad \cdots\cdots\cdots\cdots \qquad (6-4)$$

無作為交配世代数 n の増加に伴う連鎖不平衡値 D_n の変化を図 6.5 に示した．

この図からわかるとおり，連鎖平衡に達するのに必要な無作為交配の回数

nは，組換え価が50％（c＝0.5），すなわち，互いに独立の時は7程度であるが，組換え価が20％（c＝0.2）になると12以上にもなる.

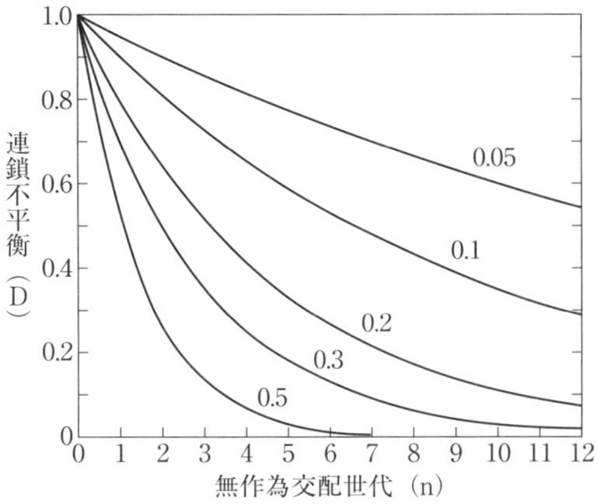

図6.5　異なる組換え価における連鎖不平衡の変化（Falconer, 1981）

次に，二つの遺伝子が連鎖している時，その連鎖を打破するのに有効な遺伝的組換えは，多くの遺伝子座をヘテロ接合性に保持できる生殖様式ほど高率で起こさせることができる．たとえば，特定遺伝子座の対立遺伝子の頻度が等しい（p＝q＝0.5）集団の遺伝子型頻度は，生殖様式により異なる．また，新しい遺伝子型を生ずる可能性のある有効な組換えの生ずる確率も，生殖様式と密接に関連している.

二つの遺伝子が相引連鎖している場合，2遺伝子性ヘテロ接合体（*AB*/*ab*）は，減数分裂時の組換えにより新しい遺伝子型の配偶子*Ab*や*aB*を形成する．しかし，1遺伝子性ヘテロ接合体（*AB*/*Ab*，*AB*/*aB*，*ab*/*aB*，*ab*/*Ab*など）は，組換えを起こしても，実質的に新しい遺伝子型の配偶子は生じない．さらに，2遺伝子性ホモ接合体（*AB*/*AB*，*Ab*/*Ab*，*aB*/*aB*，*ab*/*ab*など）は，組換えにより新しい遺伝子型の配偶子を生ずることはない（図6.6）.

このように有効な遺伝的組換えにより実質的に新しい遺伝子型の配偶子が形成されるためには，多くの遺伝子座がヘテロ接合性になっていることが必要である．したがって，自殖などの極端な近親交配を繰り返すと，各遺伝子座のホモ接合化が急速に進み，有効な組換えの起こる確率が著しく低下する．また，自由な交配による他殖，すなわち無作為交配では，特定遺伝子座におけるヘテロ接合体の相対頻度は，対立遺伝子頻度が等しい（p＝q＝0.5）とき50％で最大となる（図6.2参照）．したがって，純系由来の十分に大きな雑種

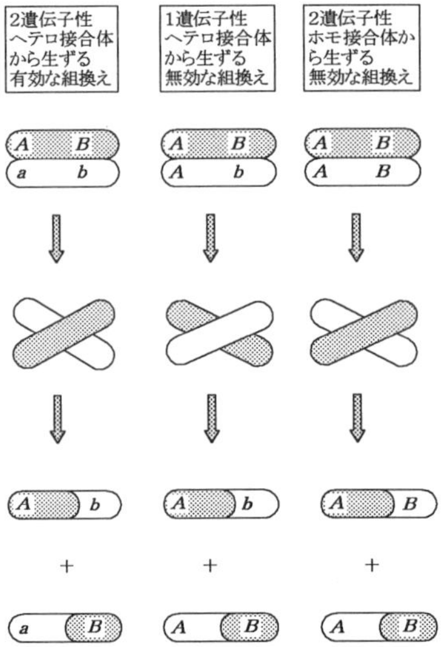

図 6.6　有効な組換えを生ずる遺伝子型と生じない遺伝子型

集団内で無作為交配を繰り返すことにより，有効な組換えの生ずる確率を最大にすることができる．

異なる交配様式の下で，有効な遺伝的組換えにより親の遺伝子配列をもつ連鎖ブロック長の期待値がどう変化するかについて，W. D. Hanson (1959) の理論的研究がある．Hanson の理論では，染色体の長さを特別な方法で定義している．ある染色体に1回の減数分裂により発生する組換え数 x の期待値 E (x) を染色体長 s としている．

$$s = E(x)$$

染色体あたりに発生する組換え数 x はポアソン分布する確率変数と考える．

$$f(x) = e^{-\mu} \mu^{x} / x!$$

Hanson の理論の中で使われているもう一つの重要な概念は，等価染色体長 s' である．この考えでは，一定の交配様式により維持される雑種集団において，全世代を通して特定の染色体上に発生する有効な遺伝的組換えが1回の減数分裂により生じたものとみなして染色体長を定義している．

これらの概念を使って特定の交配様式の下で，当初の親と同じ遺伝子配列を持つ連鎖ブロック長 c の期待値は，次式で求めることができる．

$$E(c) = (s/s')\ 1 - e^{-s'} \cdots\cdots \qquad (6-5)$$

この式から，2純系間交配に由来する雑種集団を完全自殖と完全他殖（無作為交配）により維持した場合，各世代の集団における連鎖ブロック長の期待値は次の式で求められる．

自殖 F_2 集団：$E(c) = 1 - e^{-s} \cdots\cdots \qquad (6-6)$

自殖 F_∞ 集団：$E(c) = (1/2)(1 - e^{-2s}) \cdots\cdots \qquad (6-7)$

他殖 F_t 集団　：$E(c) = (1/t)(1 - e^{-ts}) \cdots\cdots \qquad (6-8)$

これらの式から自殖性集団では，自殖を無限に繰り返した時に期待される親と同じ遺伝子配列の連鎖ブロック長の期待値は，無作為交配を 2 回行った場合に相当する．そして，ごくおおまかに見ると，連鎖ブロックの全短縮効果のほぼ半分がヘテロ接合性の高い F_2 世代で生じ，あとの半分が F_3 世代以降に生ずることがわかる．

これらのことから，葯培養などによる倍加半数体から純系を作ると，遺伝的組換えの機会がほぼ半減してしまうことになる．また，(6 − 8) 式から t 回無作為交配を行うと，親の連鎖ブロックはおよそ t 分の 1 に短縮されることがわかる．

第７章　量的形質の遺伝解析

Mendel以前の18世紀後半には，ドイツのJ.G. Koelreuterが*Nicotiana*属や*Dianthus*属の植物を用いて交配実験を行い，植物体の大きさなどの遺伝を調べた．また，イギリスのF. Golton (1877) もスイトピーの種子重の遺伝を研究し，F_2世代の分離では，中央にピークがあり左右に裾野がある単頂の連続分布をすることを確かめた．植物の大きさや種子の重さなどは，複雑な様式で分離するため，遺伝の法則の発見には至らなかった．20世紀の幕開けとともに，Mendelの遺伝の法則が再発見され，遺伝学が急速に進展した．しかし，植物の草丈，果実の目方，種子の数，開花時期などように連続的に変異する形質の遺伝様式の解明は遅れた．

植物の形状や色など明瞭に区分でき不連続的に変化する形質を質的形質 (qualitative character) というのに対して，数量で計測され連続的に変化する形質を量的形質 (quantitative character) という．農作物の重要特性の中では，質的形質よりは量的形質の方がはるかに多い．

イギリスの統計学者R.A. Fisherは，量的形質の連続的な変異もMendelの遺伝の法則で十分説明できると考えた．Fisher (1918) のエジンバラ王立協会会報に掲載された論文「メンデル遺伝の仮説に基づく類縁者間相関」によって，量的形質の統計学的解析への道が開かれた．彼は量的形質の変異が遺伝変異と非遺伝 (環境) 変異に分けられることを明らかにし，遺伝変異を相加効果，優性効果，上位効果に分割する方法を示した．その後，量的形質の遺伝学は急速に発展し，K. Mather (1949) による「生物測定遺伝学」やD.S. Falconer (1961) による「量的遺伝学入門」などの名著が出版された．

実際の農作物の育種では，個々の量的形質ではなく多数の量的形質を総合的に評価して選抜を行う必要があることや，量的形質の遺伝解析には多くの手間が必要となることなどから，量的形質の遺伝解析が農作物の実際の育種に十分に活かされてきたとは必ずしも言えない．

1. Johannsenの純系説

デンマークのW. Johannsen (1903) は，自殖性植物集団の遺伝的特徴を最初に明らかにした．Mendelの法則の再発見から間もない前世紀の初頭に，自殖性作物であるインゲンマメの子実重の遺伝を詳しく調べた．彼は市販のインゲンマメの1品種を購入して，子実重で大きい豆と小さい豆に分けて，大きい豆の系統と小さい豆の系統を作った．さらに，それぞれ系統から軽い豆と重い豆を選り分けて自家受粉により子孫を養成して，豆の重さがどうなるかを丹念に調べた．6世代にわたって選抜実験を繰り返した結果を表7.1に示した．大きい豆の系統と小さい豆の系統の間では，豆重の差がはっきりとみられたが，それぞれの系統内で選んだ軽い豆と重い豆の子孫の平均重には差異がみられなかった．

こうした選抜実験の結果から当初の市販のインゲンマメ品種は，遺伝的に純粋な系統 (純系) の集合体になっていて，純系の間にみられた子実重の変異は，遺伝的なもので子孫に伝わるが，純系内の変異は遺伝的なものではなく子孫には伝わらないと考えた．この考え方は，イギリスのR.A. Fisherが量的形質の変異を遺伝変異と環境変異に分ける統計的解析の基礎となった．

Johannsenの純系説によれば，自家受粉性作物の地方品種は，純系の集合体になっていると考えることができる．長い間にわたる栽培や品種保存の過程

表7.1　インゲンマメの子実重の選抜実験 (Johannsen, 1903)

選抜世代	大きい豆の系統				小さい豆の系統			
	選んだ親の子実重		子孫の平均子実重		選んだ親の子実重		子孫の平均子実重	
	軽い豆	重い豆	軽い豆の子孫	重い豆の子孫	軽い豆	重い豆	軽い豆の子孫	重い豆の子孫
1	60	70	63	65	30	40	36	35
2	55	80	75	71	25	42	40	41
3	50	87	55	57	31	43	31	33
4	43	73	64	64	27	39	38	39
5	46	84	74	73	30	46	38	40
6	56	81	69	68	24	47	37	37

で起こる突然変異や自然交雑により生ずる遺伝変異が自家受粉により純系として固定され，品種内に蓄積するためである．

2．ポリジーン

植物の草丈，子実重，種子数，早晩性など，長さ，重さ，個数，時間など数量で計測される量的形質は連続的変異を示す上に，F_1 植物が両親の中間となり，また，F_2 分離集団では変異が連続分布をする場合が多い．このため，質的形質とは一見異なる遺伝様式を示す量的形質に関しては，メンデル遺伝をするのか否かについて長い間論争が続いた．

スウェーデンの H. Nílsson-Ehle (1909) は，コムギの粒色が典型的なメンデル遺伝をしないことを発見した．コムギの赤粒品種と白粒品種を交配すると，F_1 世代のコムギは全部赤粒となり，赤が白に対して優性とみられた．しかし，F_1 の赤は薄く両親の中間であった．F_1 植物の自殖による F_2 世代では，78 個体の全てが赤色粒で，白色粒の個体はあらわれなかった．これらの着色粒の赤色には，濃淡の差異がみられた．そこで，78 個体のコムギを自殖して，次世代における分離を調べた．その結果，50 個体が赤粒固定，5 個体では赤色粒対白色粒が 63 : 1 に分離，15 個体が 15 : 1，8 個体が 3 : 1 に分離し，白色粒の子孫ばかりを生む個体はなかった．

この実験結果は，次のように説明された．コムギの粒色に関係する遺伝子が 3 対あり，赤色は白色に対して優性である．赤色粒の色の濃淡は，関係する対立遺伝子の数によって決まり，どの遺伝子も同様の作用をもつ．このように複数の同様な作用をもつ遺伝子を同義遺伝子 (multiple gene) という．ちなみに，2 対の同義遺伝子 (A，a と B，b) が関与し，いずれも優性効果をもたない場合，たとえば，大文字の遺伝子の数により表現型が変化すると仮定すると，大文字の遺伝子を 0，1，2，3，4 個もつ 5 種類の遺伝子型が 1 対 4 対 6 対 4 対 1 の比率で現れ，図 7.1 のような中央にピークがあり左右対称の分布となる．さらに，量的形質の発現に関与する同義遺伝子の数を 6 対まで増やすと，正規分布に非常に近似するようになる (表 7.2)．

量的形質の発現には，微小な効果をもつ多数の同義遺伝子が作用していると考えられる．しかも個々の遺伝子の効果は，環境の影響により変動する．このような量的形質の発現に関与する遺伝子をポリジーン（polygene）と名付けている．ポリジーンは環境の影響により発現が微妙に変動するばかりでなく，同じ形質の発現に関与するポリジーン間の連鎖や相互作用などにより複雑な発現様式をとる．

ポリジーンの実態や染色体上の位置づけなどに関しては，さまざまな研究が行われた．コムギの粒色を支配する3対の同義遺伝子については，21対42本の染色体（2 n＝6 x＝42）のうち，いずれか1本の染色体を欠く植物（一染色体植物）を使った分析により，3番目の同祖染色体3 A，3 B，3 Dに座乗することが明らかにされた（鵜飼，2002）．

ポリジーンの所在に関しては，J.M. Thoday（1961）が質的形質支配の主働遺伝子を標識として，ショウジョウバエの剛毛の発生

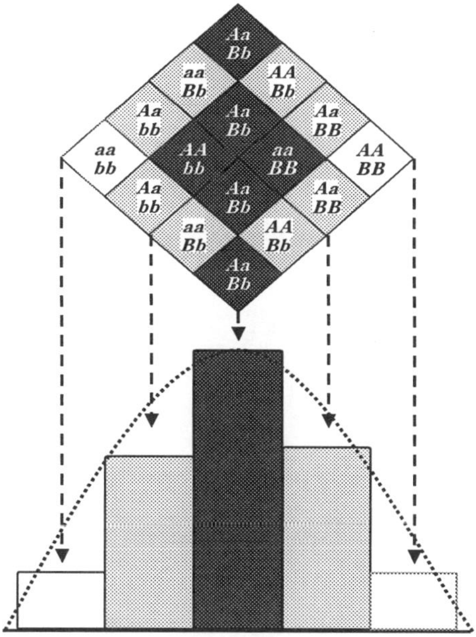

図 7.1　優性効果のない2同義遺伝子による変異分布

表 7.2　相加的に作用する1～6対同義遺伝子による F_2 分離（Simmons & Smartt，1999）

遺伝子数 (n)	遺伝子型数	表現型頻度分布																				
		（低）◀										（中）										▶（高）
1	2	1										2										1
2	4	1					4					6					4					1
3	8	1				6		15				20				15		6				1
4	16	1			8		28		56			70			56		28		8			1
5	32	1		10		45		120		210		252		210		120		45		10		1
6	64	1	12		66		220		495		792	924	792		495		220		66		12	1
n＝6時の相対頻度（%）		0	0.2		1.7		5.4		12.2		19.3	22.4	19.3		12.2		5.4		1.7		0.2	0
正規分布の頻度（%）		0	0.3		1.6		5.2		11.8		19.5	22.9	19.5		11.8		5.2		1.6		0.3	0

に関与するポリジーンを染色体上に位置づけた．また，オオムギなどの作物でも形態的形質を支配する主働遺伝子を標識として，ポリジーンを染色体上に位置づける数多くの研究が行われた．

最近なって制限酵素断片長多型（RFLP）や cDNA の多型などの DNA マーカーを活用した量的形質遺伝子座（QTL）分析により，農業形質の発現に関与するポリジーンの精密な連鎖分析ができるようになった．Miyamoto ら（2001）は陸稲品種「嘉平」と水稲品種「コシヒカリ」の交配による F_2 集団の 241 個体を用いて，いもち病圃場抵抗性の QTL 解析を行った．その結果，第四染色体上に二つの QTL を検出し，最も効果の大きい QTL は，RFLP マーカー G264 の近傍にあることを明らかにした．さらに，QTL の全表現型分散に対する寄与率は，61.6 % に達すると推定した（図 7.2）．

量的形質を支配しているポリジーンの実態は，未だに十分には明らかにされてはいないが，質的形質を支配している主働遺伝子と同様に，染色体上に座乗し，Mendel の法則により遺伝することはもはや疑う余地はない．

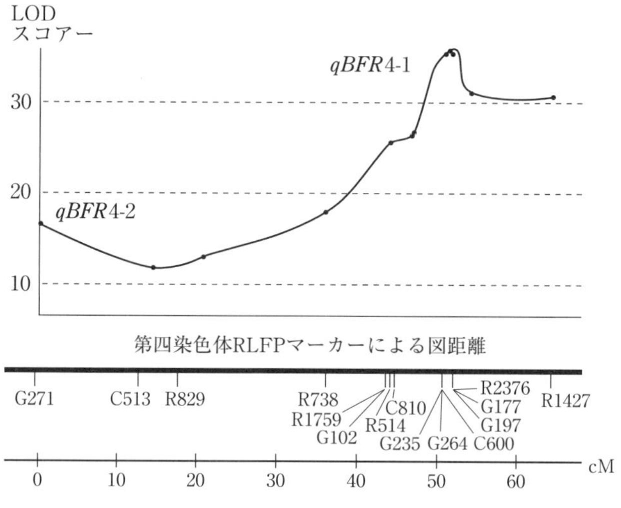

図 7.2　イネのいもち病圃場抵抗性に関する QTL 解析（Miyamoto ら，2001）

3. 量的形質の遺伝

量的形質の発現には，多数のポリジーンが関与し，それらの作用は生育環境の微少な変化により変動する．このため，ポリジーンによる量的形質は，連続的変異をあらわし，個々の遺伝子座の遺伝子型を調べたり，遺伝様式を明らかにしたりすることはできない．

そこで，量的形質の変異による分散を統計的に分析して，遺伝分散と環境分散に分け，さらに，遺伝分散を遺伝子の作用による遺伝分散成分に分割して評価する．この種の統計分析では，特定の量的形質に関する計測値を表現型値Pとし，次のモデルを想定する．

$$P = \mu + G + E + I \quad \cdots\cdots \qquad (7-1)$$

μ は全平均効果，G は量的形質の発現に関与する全遺伝子効果の総体としての遺伝効果であり，E は多数の微小な環境要因による環境効果である．また，I は遺伝効果と環境効果の相互作用であり，環境の差異による遺伝効果の変化をあらわす．

現実には，遺伝効果と環境効果とは独立に働くとみなし，両者の相互作用を無視した単純なモデル $P = \mu + G + E$ が用いられることが多い．相互作用を無視した単純モデルでは，表現型分散 V_P は，次のように分割できる．

$$V_P = V_G + V_E \quad \cdots\cdots \qquad (7-2)$$

上式では，V_G が遺伝子型による遺伝分散であり，V_E が環境因子による環境分散である．

量的形質では，遺伝効果と環境効果を表現型値から直接に推定することはできない．たとえば，同一圃場に生育している雑種集団中の稲株の稈長の違いを遺伝子の効果と環境の効果とに分割して評価することはできない．そこで，一定の実験計画により，異なる遺伝子型の品種・系統を異なる生育環境で栽培し，分散分析により遺伝子の効果による遺伝分散と環境要因による環境分散とに分けて評価する．

ところで，7－1式に示した遺伝効果Gは，同一遺伝子座内の対立遺伝子の相加効果と優性効果，また異なる遺伝子座の非対立遺伝子間の相互作用，すなわち上位効果とに分割ができる．

相加効果 A は特定遺伝子座の 2 種の対立遺伝子（*B* と *b*）に関するホモ接合体の遺伝子型値の差の半分となる．

$$A = (G_{BB} - G_{bb}) / 2 \quad \cdots\cdots \qquad (7-3)$$

この遺伝子座の対立遺伝子 *B* をもう一方の対立遺伝子 *b* で置き換えたときに生ずる効果，すなわち対立遺伝子の置換効果とみることができる．図 7.3 に示したとおり，優性対立遺伝子 *B* の数（すなわち 3 種類の遺伝子型 *bb*, *Bb*, *BB* に関しては，それぞれ 0, 1, 2）に対する遺伝子型値の回帰としてみると，相加効果は一次直線効果ともいえる．

優性効果 D はヘテロ接合体の遺伝子型値と中間親値（MP）との差であらわされる．

$$D = G_{Bb} - (G_{BB} + G_{bb}) / 2 \quad \cdots\cdots \qquad (7-4)$$

また，図 7.3 から優性効果は二次曲線効果と見なすこともできる．

相加効果と優性効果が互いに独立であることは，それぞれの効果に関する係数ベクトルが互いに直交していることからわかる．すなわち，3 種の遺伝子型（*BB*, *Bb*, *bb*）に関する相加効果の係数の行ベクトルは (0.5, 0, −0.5) であり，優性効果の係数の行ベクトルは (−0.5, 1, −0.5) となる．これら二つの行ベクトルの内積（要素ごとの積和）をとると，0.5 ×（−0.5）+ 1 × 0 +（−0.5）×（−0.5）= 0 となり，これらの 2 つのベクトルは，互いに直交（直角に交差）していることがわかる．

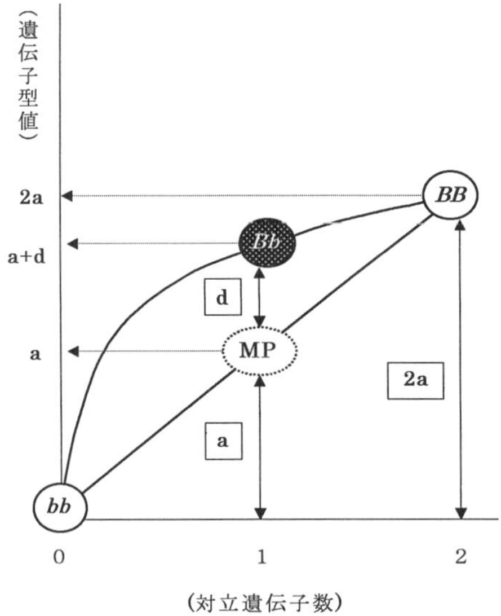

図 7.3　対立遺伝子の相加効果（a）と優性効果（d）

上位効果とは，異なる遺伝子座の非対立遺伝子間の相互作用をいう．この上位効果は，全遺伝効果から相加効果と優性効果を差し引いて求められるが，多数の非対立遺伝子間の相加効果と優性効果の複雑な相互作用の産物であり，遺伝学的意義や育種上の有用性などもあまり明らかではない場合が多い．

以上の結果から遺伝効果Gと遺伝分散 V_G は，それぞれ次のような成分に分解できる．

遺伝効果G＝相加効果A＋優性効果D＋上位効果I ‥‥‥(7－5)

遺伝分散 V_G ＝相加分散 V_A ＋優性分散 V_D ＋上位分散 V_I ‥‥(7－6)

4．遺伝変異と環境変異

通常の植物育種では，遺伝変異を持つ集団内の有利な遺伝子の頻度を高めることにより，集団の遺伝的構造を改良する．人為選抜の直接的な対象となるのは表現型変異であり，人為選抜の効率を左右するのは遺伝変異の大小である．したがって，表現型変異のうちで遺伝変異が大きいほど選抜の効果が高まる．

ところで，量的形質の表現型分散（表現型変異）V_P は，7－2式に示したとおり遺伝子型による遺伝分散（遺伝変異）V_G と環境因子による環境分散（環境変異）V_E とからなる．そこで，特定の実験計画に基づく分散分析（ANOVA）により，表現型分散を遺伝分散と環境分散とに分割することができる．たとえば，イネやコムギなどの自殖性作物の品種・系統あるいはジャガイモやヤムイモの栄養繁殖性作物の栄養系など，遺伝的に固定している材料の間に存在する遺伝的変異を分散分析法により評価することができる．

一元配置による実験計画では，n個の品種・系統を供試して，品種・系統ごとにr個体（繰返し）を栽培する．この実験計画の統計モデルは，次式であらわすことができる．

$$X_{ij} = \mu + v_i + e_{ij} \quad \cdots\cdots \quad (7-7)$$

X_{ij} はi番目の品種・系統のj番目の個体をあらわす．μ は全平均，v_i はi番目の品種・系統の効果，e_{ij} は誤差効果を示す．このモデルに基づく分散分析は表7.3のとおり行うことができる．

この表の分散分析では，誤差分散に対比して品種・系統間の分散が統計的に有意となれば，品種・系統間の遺伝的変異に起因する分散成分 κ^2 が 0 でないことになり，品種・系統間に有意な遺伝変異が存在すると判断できる．

ヤムイモの 1 種ダイジョ（*Dioscorea alata* L.）は，塊茎による栄養繁殖にもかかわらず，種内品種間に三倍体から八倍体にわたる幅広い変異があり，倍数性が品種分化の要因の一つになっていると考えられる．そこで，出田ら（未発表）はパプアニューギニア産のダイジョ地方品種 22 点を供試して，品種ごとに 5 クローン，1 クローンあたり 5 個体を養成した．繰返し付き一元配置実験モデルに基づく分散分析により，気孔の形状と密度の品種間変異と共に，品種内クローン間の遺伝的変異を解析した．

この解析に用いたモデルは，$X_{ij} = \mu + v_i + c_{ij} + e_{ijk}$ とした．v_i が品種効果，c_{ij} が品種内クローン効果，e_{ijk} が誤差効果をあらわす．このモデルによる分散分析結果は表 7.4 に示すとおりとなった．この分散分析の結果から気孔の形状と密度に関しては，品種間に大きな遺伝変異があるとともに，品種内クローン間にも有意な遺伝変異が認められた．しかも，全遺伝変異の中の 20～30 %

表 7.3　一元配置実験による品種・系統間変異の分析

要因	自由度	偏差平方和	分散の期待値
品種・系統	$n-1$	$\Sigma_i X_{i\cdot}^2/r - (\Sigma_{ij} X_{ij})^2/nr$	$\sigma^2 + r\kappa^2$
誤差	$n(r-1)$	$\Sigma_i\ \{\Sigma_j X_{ij}^2 - X_{i\cdot}^2/r\}$	σ^2
合計	$nr-1$	$\Sigma_{ij} X_{ij}^2 - X_{\cdot\cdot}^2/nr$	

注）記号，計算，検定法などについては，藤巻（2002）参照

表 7.4　ダイジョの気孔の形状と密度の変異解析　（出田ら，未発表）

要因	自由度	気孔長径		気孔短径		気孔密度	
		分散	成分割合	分散	成分割合	分散	成分割合
品種間	21	20.59**	81.20 %	16.15**	67.60 %	384.88**	79.90 %
クローン間（品種内）	88	1.83**	18.80 %	2.75**	32.40 %	33.28**	20.10 %
誤差	440	0.92	−	1.33	−	14.62	−

注）繰返し付き一元配置実験モデルによる分散分析

表 7.5　乱塊法実験による品種・系統間変異の分析

要因	自由度	偏差平方和	分散の期待値
品種・系統	$n-1$	$SSV=\Sigma_i X_{i.}^2/r-X_{..}^2/nr$	$\sigma^2+r\kappa^2$
反復	$r-1$	$SSR=\Sigma_j X_{.j}^2/n-X_{..}^2/nr$	---
誤差	$(n-1)(r-1)$	$SSE=SST-SSV-SSR$	σ^2
合計	$nr-1$	$SST=\Sigma_{ij} X_{ij}^2-X_{..}^2/nr$	

注）記号, 計算, 検定法については, 藤巻（2002）参照

が品種内クローン間に存在することが明らかにされ，塊茎分割によるクローンの養成過程でも，何がしかの遺伝変異が発生している可能性が考えられる．

次に，遺伝的に固定した品種・系統間の遺伝変異の解析によく用いられる乱塊法の統計モデルと分散分析法を示す．乱塊法では，供試する n 品種・系統をセットとして，同一ブロック（圃場区画など）を構成して，r 回を反復を設ける．統計モデルは次式となる．

$$X_{ij}=\mu+v_i+r_j+e_{ij}\ \cdots\cdots \qquad (7-8)$$

このモデルに基づく分散分析は，表 7.5 のようになる．乱塊法実験では，反復（ブロック）の分散が分離されることにより，誤差分散が縮小して，品種・系統間の遺伝的差異（変異）の検出精度が高まる．乱塊法による圃場試験は，品種や系統の性能を標準品種と比較する場合などによく用いられる．

5．分散分析による遺伝分散成分の推定

遺伝変異を遺伝子作用に基づく成分に分割する分散分析では，植物の生殖様式により，モデルと実験計画が異なる．

（1）他殖性作物集団

雌雄異株のホウレンソウやアスパラガス，雌雄同株のトウモロコシやウリ科野菜類，また，風媒性の両性花で自家不和合性のライムギやイタリアンライグラスなどの他殖性作物では，無作為交配モデルにより遺伝分散成分の推定を行うことができる．

遺伝分散 V_G は，対立遺伝子の相加効果による相加分散成分 V_A，優性効果

表 7.6　無作為交配集団における育種価と優性偏差の計算 (Falconer, 1981)

遺伝子型	*BB*	*B*b	*bb*
遺伝子型頻度	p^2	2pq	q^2
遺伝子型値	a	d	− a
平均効果	2q (α − qd)	(q − p) α + 2pqd	− 2p (α + pd)
育種価	2q α	(q − p) α	− 2p α
優性偏差	$-2q^2d$	2pqd	$-2p^2d$

注) 集団平均：μ = (p − q) a + 2pqd, 遺伝子置換効果：α = a + d (q − p)

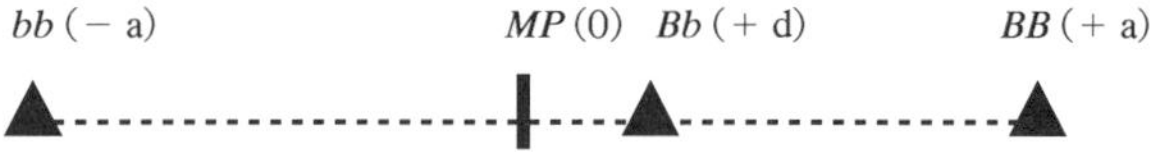

による優性分散成分 V_D, 非対立遺伝子間相互作用による上位分散成分 V_I の 3 種の成分に分割することができる (7 − 6 式).

無作為交配集団の 1 遺伝子座 2 対立遺伝子モデルにおいて，3 種の遺伝子型 *BB*, *Bb*, *bb* に対して，それぞれ a, d, − a の遺伝子型値を割り当て，遺伝子型頻度をそれぞれ p^2, 2pq, q^2 とすると，各遺伝子型の平均効果，育種価，優性偏差は，表 7.6 のとおり求めることができる.

遺伝子の相加効果は，対立遺伝子置換 (たとえば，*b* を *B* に置き換え) の平均効果として定義できる. たとえば，*b* の *B* への置換効果を考えてみよう. 無作為交配集団において，*b* 遺伝子は *Bb* 遺伝子型として p，*bb* 遺伝子型として q の確率で存在する. *Bb* が *BB* に置換されることによる遺伝子型値の変化は，(a − d) であり，*bb* が *Bb* に変わることによる変化は，(a + d) となる. したがって，遺伝子置換による平均的変化量，すなわち遺伝子の相加効果 α は，p (a − d) + q (a + d) となり変形すると次式となる.

$$\alpha = a + d\,(q - p) \cdots\cdots \qquad (7-9)$$

相加効果 α は遺伝子の頻度が等しい (p = q) のとき，α = a となる.

各遺伝子型の平均効果のうち，たとえば，遺伝子型 *BB* の平均効果は，遺伝子型値 a の集団平均値 μ からの偏差としてあらわされる. 集団平均値が $\mu = p^2a + 2pqd - q^2a = (p - q)\,a + 2pqd$ であることから，*BB* 遺伝子型の平均効果は $a - \mu = a - (p - q)\,a - 2pqd = 2q\,(a - pd)$ となり，$\alpha = a + d\,(q - p)$ を代入すると，2q (α − qd) となる. 同様にして *Bb* と *bb* の平均効果は，そ

れぞれ $(q-p)\alpha+2pqd$ ならびに $-2p(\alpha+pd)$ となる．

これら3種の遺伝子型の平均効果は，平均的相加効果としての育種価 (breeding value) と平均的優性効果としての優性偏差 (dominance deviation) とに分割できる．たとえば，*BB* の平均効果は，$2q(\alpha-qd)$ であり，育種価 $2q\alpha$ と優性偏差 $-2q^2d$ の和となっている．

1遺伝子座2対立遺伝子モデルでは，遺伝分散 V_G は，相加分散 V_A と優性分散 V_D の二つの成分に分割され，$V_G=V_A+V_D$ となる．相加分散成分 V_A は育種価の分散として，また，優性分散成分 V_D は優性偏差の分散として求めることができる．

$$V_A=p^2(2q\alpha)^2+2pq(q-p)^2\alpha^2+q^2(-2p\alpha)^2=2pq\alpha^2 \quad \cdot\cdot(7-10)$$

$$V_D=p^2(-2q^2d)^2+2pq(2pqd)^2+q^2(-2p^2d)^2=(2pq)^2d^2 \quad \cdot\cdot(7-11)$$

多 (n) 遺伝子座2対立遺伝子モデルでは，遺伝子座間の相互作用がない ($V_I=0$) 場合，$V_A=\Sigma 2p_iq_i\alpha_i^2$，$V_D=\Sigma 4p_i^2q_i^2d_i^2$ となる．特例的に2純系間交配の F_2 集団のように全遺伝子座の遺伝子頻度が等しいとき ($p=q=0.5$)，$V_G=(1/2)V_A+(1/4)V_D$ となる．

(2) 自殖性作物集団

イネ，コムギ，ダイズなどの自殖性作物では，2純系間交配に由来する各種の雑種集団の遺伝変異の分析により，相加分散成分 V_A や優性分散成分 V_D を推定することができる．たとえば，2純系間交配の F_1 世代は，両親間で差異のある全ての遺伝子座がヘテロ接合性となり，同一の遺伝子型からなる遺伝的に均質集団となる．このため，F_1 集団内の分散は，生育環境の差異に基づく環境変異によるものとみることができる．一方，F_2 集団や F_1 を両親に交配して得られる正逆戻し交配集団 (B_1F_1 や B'_1F_1) の分散には，環境分散と共に遺伝的分離に起因する遺伝変異による遺伝分散が含まれる．そこで，F_2 雑種集団あるいは戻し交配集団の分散から F_1 集団の分散を差し引けば，F_2 集団あるいは戻し交配集団の遺伝分散を推定することができる．

$$V_G(F_2)=V(F_2)-V(F_1) \cdot\cdot\cdot\cdot\cdot \quad (7-12)$$

自殖性作物雑種集団の遺伝分散成分の推定は，次のようにして行うことができる．まず，1遺伝子座2対立遺伝子モデルにおいて，2純系間交配（*BB*×*bb*）のF_2集団では，(1/4) *BB*：(1/2) *Bb*：(1/4) *bb*の分離が生ずる．3種の遺伝子型値をそれぞれ a，d，－a とすると，集団平均は $\mu = (1/2)\,d$ となる．そこで，遺伝分散 $V_G(F_2)$ は $(1/4)\,a^2 + (1/2)\,d^2 + (1/4)\,(-a)^2 - (1/2)^2 d^2 = (1/2)\,a^2 + (1/4)\,d^2$ となる．多遺伝子座2対立遺伝子モデルで遺伝子座間に相互作用がないとすると，

$$V_G(F_2) = V(F_2) - V(F_1) = (1/2)\,V_A + (1/4)\,V_D \cdots\cdots (7-13)$$

ただし，$V_A = \Sigma\, a_i^2$，$V_D = \Sigma\, d_i^2$ とする．これは無作為交配集団で $p = q$ として求めた式と一致する．

同様な方法で正逆戻し交配集団の遺伝分散の和を求めると，

$$V_G(B_1) + V_G(B_1') = (1/2)\,V_A + (1/2)\,V_D \cdots\cdots \qquad (7-14)$$

これらの二つの式から (7－13) 式×2 －(7－14) 式により，$2\,V_G(F_2) - V_G(B_1) - V_G(B_1') = (1/2)\,V_A$ となる．したがって，相加分散成分 V_A は次式で求まる．

$$V_A = 4\ V_G(F_2) - 2\,V_G(B_1) - 2\,V_G(B_1') \cdots\cdots \qquad (7-15)$$

さらに，7－13式（または，7－14式）に代入して，優性分散成分 V_D を求めることができる．

$$V_D = 4\,\{V_G(B_1) + V_G(B_1') - V_G(F_2)\} \cdots\cdots \qquad (7-16)$$

このほか各種の雑種集団の遺伝変異の解析により，遺伝分散成分を推定できる．

6．親子間共分散による相加分散成分の推定

(1) 片親に対する半きょうだい系統の共分散

単親または両親の平均が1子孫あるいは数子孫の平均と対を作る．親に対する子の共分散は，対応するデータの積和から計算される．そして，親子間の類縁度 b_{OP} は，親に対する子の回帰として表される．

$$b_{OP} = W_{OP} / V_P \cdots\cdots \qquad (7-19)$$

W_{OP} は親子間共分散，V_P は親の分散を示す．

母本に無作為授粉して半きょうだい系統を作り，母本と半きょうだい系統の間の共分散 W_{OP} を表 7.7 の値を使って計算すると次のようになる．

表 7.7　半きょうだい交配における親子の遺伝子型値

親の世代		子の世代	
遺伝子型	頻度	平均効果	平均遺伝子型値
BB	p^2	$2q(\alpha - qd)$	$q\alpha$
Bb	$2pq$	$(q-p)\alpha + 2pqd$	$(1/2)(q-p)\alpha$
bb	q^2	$-2p(\alpha + pd)$	$-p\alpha$

注）相加効果：$\alpha = a + d\,(q-p)$

$p^2 \times 2q^2\alpha(\alpha - qd) + 2pq \times (1/2)(q-p)^2\alpha^2 + pq(q-p)\alpha d + q^2 \times 2p^2\alpha(\alpha + pd) = pq\alpha^2(p+q)^2 + 2p^2q^2(-q+q-p+p)\alpha d = pq\alpha^2$

したがって，2 純系交配由来集団のように p＝q の場合，片親と半きょうだい系統平均値間の共分散は，相加分散成分の 4 分の 1 となることがわかる．

$$W_{OmP} = (1/4)\,V_A \quad \cdots\cdots \qquad (7-20)$$

（2） 中間親に対する全きょうだい系統の共分散

次に特定の両親の中間親値（MP）と全きょうだい系統の平均遺伝子型値の間の共分散は，表 7.8 の数値を使って同様に計算できる．全きょうだい系統平均と中間親値と共分散 W_{MPOm} を計算するには，系統平均×中間親値×交配組合せの頻度の積和 SP から親（または子集団）平均値 μ の平方を差し引いて求められる．

$SP = (p^3 + q^3)a^2 + 2pq(p^2 - q^2)ad + pqd^2$

$\mu^2 = (p-q)^2a^2 + 4pq(p-q)ad + 4p^2q^2d^2$

表 7.8　全きょうだい交配における親子の遺伝子型値

親の遺伝子型組合せ	組合せ頻度	中間親値	子の遺伝子型			子の平均遺伝子型値
			BB	*Bb*	*bb*	
BB × *BB*	p^4	a	1	---	---	a
BB × *Bb*	$4p^3q$	(1/2) (a + d)	(1/2)	(1/2)	---	(1/2) (a + d)
BB × *bb*	$2p^2q^2$	0	---	1	---	d
Bb × *Bb*	$4p^2q^2$	d	(1/4)	(1/2)	(1/4)	(1/2) d
Bb × *bb*	$4pq^3$	(1/2) (-a + d)	---	(1/2)	(1/2)	(1/2) (a + d)
bb × *bb*	q^4	− a	---	---	1	- a

$$SP - \mu^2 = pqa^2 + 2pq(p-q)ad + pq(p-q)^2 d^2 = pq\{a + d(q-p)\}^2$$
$$= pq\alpha^2$$

したがって，中間親値と全きょうだい系統平均値の共分散は，$p = q$ のとき相加分散の 4 分の 1 となる．

$$W_{MPOm} = (1/4)V_A \quad \cdots\cdots \qquad (7-21)$$

7．ダイアレル分析による遺伝変異の解析

n 種類の育種素材（品種や系統）の遺伝的能力を評価するには，ダイアレル分析が有効である．n 種類の品種・系統の全ての組合せの交配を行うことを総当たり交配（diallel cross）といい，総当たり交配によりえられる n^2 個のデータを碁盤目状に配列したものをダイアレル表（diallel table）という．表7.9 には，ダイアレル表のデータ（X_{ij}）とともに，行と列の合計（$X_{i.}$ と $X_{.j}$）を示した．この表では，対角線上（$i = j$ のとき）は親のデータを示し，非対角線上（$i \neq j$ のとき）は子孫のデータをあらわす．通常，子孫のデータとしては，F_1 世代のデータが用いられることが多いが，F_2 世代のデータでも分析は可能である．正逆交配データの場合，$X_{ij} \neq X_{ji}$ となるが，一方向交配のデータの場合 $X_{ij} = X_{ji}$ となり，データは対称行列となる．

Hayman（1954）のダイアレル分析法では，次の条件を満たすことが前提となる．

① 二倍性分離をする．
② 正逆交配間に差がない．
③ 非対立遺伝子間に相互作用がない．
④ 遺伝子座あたり 2 対立遺伝子で複対立遺伝子が存在しない．
⑤ すべての親が完全ホモ接合体となっている．
⑥ 関連遺伝子は親間に独立に分布する．

(1) 分散分析

表 7.9 のような形式のダイアレル表データの分散分析により，遺伝分散や分散成分の有意性検定を行うことができる．Hayman (1954) の方法による分散分析は表 7.10 のようにして行うことができる．それぞれの偏差平方和の意味は次の通りである．

a：交配組合せの共通親間の分散で相加分散成分.

b_1，b_2，b_3：交配組合せ間分散のうち a 以外の部分で，b_1 は平均的優性偏差，b_2 は親固有の優性偏差，b_3 は交配組合せ固有の優性偏差に対応.

c：各親の平均的正逆間差.

d：正逆交配間差のうち c 以外の部分であり，誤差分散として利用.

表 7.9　n × n データのダイアレル表

父本 / 母本	P1	P2	P3	••	••	Pj	••	••	Pn	行の合計
P1	X_{11}	X_{12}	X_{13}			X_{1j}			X_{1n}	$X_{1.}$
P2	X_{21}	X_{22}	X_{23}			X_{2j}			X_{2n}	$X_{2.}$
P3	X_{31}	X_{32}	X_{33}			X_{3j}			X_{3n}	$X_{3.}$
••										
••										
Pi	X_i1	X_{i2}	X_{i3}			X_{ij}			X_{in}	$X_{i.}$
••										
••										
Pn	X_n1	X_{n2}	X_{n3}			X_{nj}			X_{nn}	$X_{n.}$
列の合計	$X_{.1}$	$X_{.2}$	$X_{.3}$			$X_{.j}$			$X_{.n}$	$X_{..}$

表 7.10　ダイアレルデータの分散分析 (鵜飼，2002)

要因	偏差平方和	自由度
a	$\Sigma_i (X_{i.} + X_{.i})^2/2n - 2X_{..}^2/n^2$	$n-1$
b_1	$(X_{..} - n\Sigma_i X_{ii})^2/n^2(n-1)$	1
b_2	$\Sigma_i (X_{i.} + X_{.i} - nX_{ii})^2/n\ (n-2) - (2X_{..} - n\Sigma_i X_{ii})^2/n^2(n-2)$	$n-1$
b_3	$\Sigma_{ij} (X_{ij} + X_{ji})^2/4 - \Sigma_i X_{ii}^2 - \Sigma_i (X_{i.} + X_{.i} - 2X_{ii})^2/2\ (n-2)$ $+ (X_{..} - \Sigma_i X_{ii})^2/\ (n-1)(n-2)$	$(1/2)n(n-3)$
c	$\Sigma_{ij} (X_{i.} - X_{.i})^2/2n$	$n-1$
d	$\Sigma_{ij} (X_{ij} - X_{ji})^2/4 - \Sigma_i (X_{i.} - X_{.i})^2/2n$	$(1/2)(n-1)(n-2)$
合計	$\Sigma_{ij} X_{ij}^2 - X_{..}^2/n^2$	n^2-1

注) $X_{i.} = \Sigma_i X_{ij}$, $X_{.j} = \Sigma_j X_{ij}$, $X_{..} = \Sigma_{ij} X_{ij}$

（2）$V_i - W_i$ グラフによる分析

ダイアレル分析では，遺伝分散成分の推定とともに，$V_i - W_i$グラフによりダイアレル交配に用いた品種・系統の遺伝的特性の解析ができる．

$$W_i = V_i + (1/4)(V_A - V_{D1}) \cdots\cdots \qquad (7-22)$$

i番目の共通親（P_i）に対応する子孫分散V_iを横軸に非共通親と子孫の共分散W_iを縦軸にとって，点（V_i, W_i）を平面上にプロットすると，$W_i^2 \leqq V_P \cdot V_i$の関係が成立し，（$V_i$, W_i）点は理論上限界放物線（$W_i^2 = V_P \cdot V_i$）の内側に分布することになる（図7.4）．

各親に対応するn個の点（V_i, W_i）を平面上にプロットして，W_iに対するV_iの回帰が統計的に有意である場合，親の間に有意な遺伝変異があり，1遺伝子座以上に優性効果をもつ対立遺伝子が存在することを示す．また，回帰係数が1と有意に異ならない場合，上位性効果がないとみなせる．

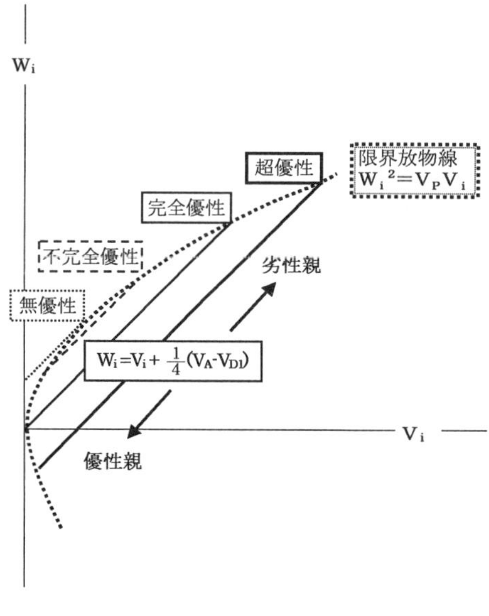

図7.4　ダイアレル分析における
$V_i - W_i$グラフ

縦軸の切片（1/4）（$V_A - V_{D1}$）の正負により優性度がわかる．すなわち，切片が0で原点を通るとき$V_{D1} = V_A$で完全優性，正のとき$V_{D1} < V_A$で不完全優性，負のとき$V_{D1} > V_A$で超優性という．さらに，優性がない無優性のときは，全ての点が{(1/4) V_A, (1/2) V_A}に集中して$V_{D1} = 0$となる．

さらに，分布点（V_i, W_i）の位置から，i番目の親（P_i）がもつ優性遺伝子と劣性遺伝子の割合を推測できる．右上に分布するのは，劣性遺伝子を多くもつ劣性親，左下に分布するのは優性遺伝子を多くもつ優性親とみることができる．そして，右上の限界放物線と回帰直線との交点が完全劣性親値 (V_r, W_r) であり，左下の交点が完全優性親値 (V_d, W_d) となる．

(3) イネの突然変異系統の脱粒性に関する分析例

中国の Indica 系イネ品種南京 11 号は，非常に収量性の高い品種であるが，成熟すると脱粒しやすく，収穫前後のロスが多い難点がある．そこで，著者らは南京 11 号の人為突然変異により，難脱粒性系統 (SR − 1，SR − 2，SR − 4，SR − 5，SR − 6) の育成に成功した (藤巻ら，未発表)．これらの突然変異系統のうち，SR − 6 のみが化学物質 EMS 処理により，ほかの 4 系統は全て ^{60}Co のガンマー線により誘発された難脱粒性系統である．これら突然変異系統は脱粒性のみが変化した可能性が高く遺伝的背景が均一であるとみられ，脱粒性の分離や特性を解析するためには有用なモデル植物と考えることができる．

福田ら (1994) は脱粒性程度ならびに離層形成の違いにより，これらの難脱粒性突然変異系統を三つのタイプに分類した．

① 脱粒性が極難で明確な離層が形成され，細胞群の崩壊がないタイプ･･･SR − 1

② 脱粒性難で細胞群の部分的崩壊があるが，明確な離層が形成されないタイプ･･･SR − 4，SR − 5，SR − 6

表 7.11　イネ南京 11 号とその突然変異系統のダイアレル交配 F_1 データ (福田，1994)

標本番号	母本	父本 南京 11 号	SR − 2	SR − 4	SR − 6	SR − 5	SR − 1
1	南京 11 号	***124***	146	163	169	175	213
2	SR − 2	148	***157***	181	197	184	230
3	SR − 4	141	183	***243***	254	255	228
4	SR − 6	148	180	237	***260***	251	217
5	SR − 5	160	175	249	264	***266***	237
6	SR − 1	195	251	253	235	230	***332***

注) 脱粒性程度は，脱粒性検定器 (モデル TR II) による破壊張力スコアー，また，対角位置の斜体太字は，自殖親の測定値

③　脱粒性やや難で細胞群の崩壊のみ部分的に認められるタイプ･･･ SR－2

そこで，脱粒性極易の南京11号（親品種）と5種の難脱粒性突然変異系統の正逆総当たり交配による F_1 雑種の6×6ダイアレルデータ（表7.11）を使って分散分析を試みた．その結果，表7.12の通りとなり，脱粒性に関しては相加効果と優性効果とも1％水準で有意であり，$V_D/V_A = 0.37$ から易脱粒性が難脱粒性に対して部分優性であることが確認できた．さらに，i番目の系列の V_i に対する W_i の回帰式は，$W_i = 0.51\ V_i + 1653$ となった．図7.5に示した $V_i - W_i$ グラフから次のことがわかる．

表7.12　イネ南京11号とその突然変異系統のダイアレル分散分析

要因（遺伝学的意味）	自由度	偏差平方和	分散	分散比（F）	有意性
a（相加的遺伝分散）	5	60479	12096	2419.2	**
b（優性偏差分散）	15	14245	950	19.8	**
b_1（平均的優性偏差分散）	1	3371	3371	70.2	**
b_2（親固有の優性偏差分散）	5	2101	420	8.8	**
b_3（組合せ固有の優性偏差分散）	9	8772	975	20.3	**
c（平均的正逆差による分散）	5	1121	224	4.7	*
d（誤差分散）	10	483	48		

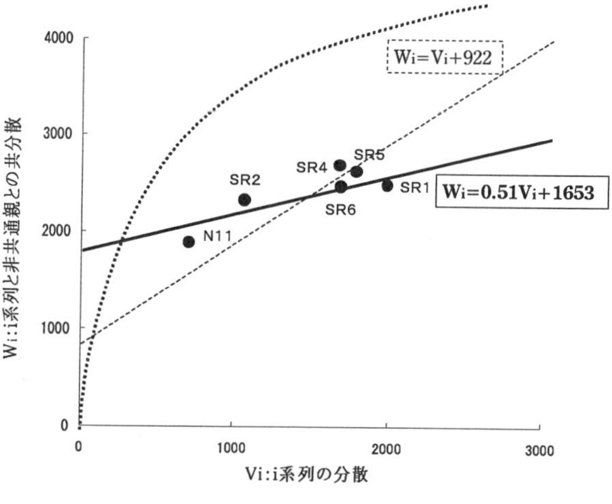

図7.5　イネ脱粒性のダイアレル分析の $V_i \times W_i$ グラフ

① 回帰は統計的に有意であり，供試品種・系統間に脱粒性に関する遺伝変異が存在する．

② 親品種南京 11 号の易脱粒性に対して，5 種の突然変異系統の難脱粒性はいずれも部分優性である．

③ 脱粒性遺伝子の優劣性に関して明らかに 3 群に分かれる．すなわち，優性遺伝子を多く含む親品種南京 11 号，劣性遺伝子を多く含む突然変異系統（SR－1，SR－4，SR－5，SR－6）ならびに両者の中間の系統（SR－2）とに群別できる．

これらのダイアレル分析結果は，福田（1994）が行った遺伝子分析結果とほぼ一致する．彼は突然変異系統の難脱粒性遺伝子の対立性検定結果として，SR－4，SR－5，SR－6 の 3 系統は，同一遺伝子座の対立遺伝子をもつが，SR－1 と SR－2 は別の異なる遺伝子座の遺伝子をもつと推定した．ダイアレル分析では，SR－2 だけが劣性程度の異なる突然変異遺伝子をもつことが明らかになったが，SR－1 とほかの 3 種の突然変異系統は識別しにくかった．しかし，ダイアレル分析の $V_i－W_i$ グラフをよくみると，SR－1 がほかの 3 種の系統（SR－4，SR－5，SR－6）からやや離れた位置にあることがわかる．

さらに Fukuta ら（1995，1998）は，RFLP マーカーを利用して，最も顕著な難脱粒性を示した突然変異系統 SR－1 および SR－5 について脱粒性易の熱帯 japonica 品種との F_2 集団を用いて QTL 解析を行い，SR－1 については第 1 染色体の RFLP マーカー *c*86 の付近に，また SR－5 については第 3 染色体の RFLP マーカー *R*250 の近傍に難脱粒性突然変異遺伝子が座上することを明らかにした．

第8章　育種目標と育種計画

農作物の育種には，長い年月と多くの労力が必要である．一年生作物の育種でも，通常10年以上の歳月がかかり，世代促進や葯培養などの技術を駆使しても最低7年程度が必要となる．このため，育種目標の設定にあたっては，広く社会・経済的ニーズの的確な把握とともに，農産物の生産や需要の動向などを見据えた将来予測が必要である．少なくとも，育種対象作物の生産と消費の動向を予測し，新品種が育成される時点で，ニーズや需要動向に合わないものであってはならない．

育種目標の達成に必要な育種計画を立てるには，適切な育種素材の選定，効果的な遺伝変異の誘発，選抜体系の選定，選抜系統の特性・適応性の評価などの進め方を丹念に検討する必要がある．

1．育種目標の設定

わが国では，主要農作物の改良に関しては，国（独立行政法人）や都道府県などの試験研究機関による公的育種が主力となっており，民間育種はビールムギや野菜・花卉類などの一部の作物に限られてきた．しかし，最近の生物工学技術の進展や種苗の権利の法的保護制度の充実などに伴い，種苗会社をはじめ一部の大手企業が主要農作物の育種を手がける傾向は強まってきた．

農林水産省は新農政の柱となる食料・農業・農村基本法に基づく「食料・農業・農村基本計画」(2000年）において，食料自給率，農業生産性，農産物品質の向上のための具体的目標を設定した．これに関連して，農林水産研究・技術開発戦略（農業分野）の一環として，「作物育種研究・技術開発戦略」を2001年に策定した．その中では，作目別に研究・技術開発の推進方向が明らかにされている．

イネ･･･水田農業の活性化，一層の低コスト化，高品質化，安全性の向上とともに，需要拡大のための新規用途開発，とくに水田高度利用のための輪作体系の確立に向けた晩植適性品種や発酵粗飼料用品種（飼料イネ品種），大規模・低コスト化のための直播適性品種，需要拡大のための新規形質品種，省農薬・安定生産に向けた複合病害虫抵抗性品種などの開発などをめざす．

コムギ ••• 民間流通への移行を契機として育成段階から実需者による品質評価を行い，実需者のニーズに応じた高品質化を図るとともに，早生化と穂発芽耐性を付与した安定生産可能な品種の育成が急務である．とくに，ASW（Australian Standard White）などの輸入小麦との競争力を高めるために，製麺適性の一層の向上が緊急に求められる．また，水田高度利用をめざし水稲や大豆との作業競合回避のための早生化，安定多収化のための病害虫抵抗性や穂発芽耐性，需要拡大をめざした新規形質の付与などが必要である．

豆類 ••• ダイズでは，外国産大豆との差別化をはかるため，格段の高品質化をはかるとともに，国産大豆の需要拡大に向け貯蔵タンパク質成分や機能性成分を改善する．また，安定生産の達成に向け，倒伏抵抗性，難裂莢性，病害虫抵抗性，環境ストレス耐性などの向上をはかる．アズキでは，耐冷性ならびに落葉病抵抗性の強化，ラッカセイでは，食味，品質，収量，病害抵抗性の向上とともに，高機能性や新規形質の品種開発により輸入品との差別化をはかる．

いも類 ••• サツマイモとジャガイモともに機能性成分，とくにアントシアンを含有し，加工適性のすぐれた高品質品種の開発をめざす．また，省力・低コスト生産のための病害虫抵抗性ならびに環境ストレス耐性向上とともに，サツマイモでは直播栽培用品種，ジャガイモではマイクロチューバ栽培適性品種の開発を重点的に推進する．

甘味資源作物 ••• サトウキビとテンサイともに，内外価格差の縮小に向けて高糖・高品質原料の低コスト安定生産が急務であり，サトウキビでは高糖・高品質・極早期収穫可能品種，テンサイでは高糖・土壌病害抵抗性で直播栽培に適する品種の開発をめざす．

飼料作物 ••• 自給飼料基盤の安定的拡大と飼料生産の低コスト化のため多様な生育環境と利用形態に適合し，安定多収，高栄養性などを備えた牧草品種と新規牧草の開発を進める．また，大規模草地の飼料生産では，合理的な収穫調整に向けた熟期分散のための品種開発も重要である．

果樹 ••• 品質面で優位性を発揮して輸入果実との競争力を高め，国内需要に応じた果実生産の維持・拡大をはかるため，高品質で食べやすい品種や省力・低コスト化に向く品種の開発が必要である．また，育種年限の短縮に資する技術の開発が重要である．

野菜 ••• 輸入野菜に対する国産野菜の優位性を確保するため，環境適応性の向上，省資源・省力・低コスト化，労働強度軽減のための機械化・軽作業化，連作障害耐性・病害虫抵抗性向上，高品質化・流通加工適性の向上などをめざした品種開発が重要である．また，周年安定供給のための作型拡大や環境保全型農業に必要な品種の開発が望まれる．

花卉 ••• 国際競争が激化する中で，わが国独自の品種開発が可能な品目に重点をしぼり，遺伝資源の持続的開発・保全と有用育種素材の開発，遺伝子組換え技術の開発・普及，官民連携・協力により新規形質を備えた付加価値の高い品種の開発や省力・低コスト周年栽培適応品種の開発を推進する．

チャ ••• 国産緑茶の需要拡大と生産コストの低減ならびに新規用途開発のための品種開発，また，環境保全の見地から硝酸性窒素過多解消のための少肥栽培適応品種の開発が急務である．

2．収量性の向上

農作物の収量向上には，光合成の効率を高め，光合成産物を効率よく収穫部分に転流・蓄積させることが必要である．植物体の中で茎葉など葉緑体をもっていて光合成を行い有機物質を生産する器官をソース（source）といい，種実，果実，塊根茎など光合成産物を蓄積する器官をシンク（sink）という．ソースで生産される光合成産物あるいはその変換・誘導体は，植物体構成物質やエネルギー源として利用・消費され，余剰分がシンクに蓄積される．

農作物の収量を高めるには，光合成産物を供給する働きとしてのソース機能の増強と，光合成産物あるいはその誘導物を蓄積するためのシンク容量の拡大とを同時にはからなければならない．

(1) ソース機能の増強

ソース機能を高めるには，光合成器官としての葉の単位面積あたりの光合成能を高めるか，あるいは植物体が太陽の光エネルギーを効率より受けとめるための受光態勢を改良する必要がある．葉面積当たりの光合成能は，窒素肥料の施用など栽培技術により高めることができるが，同一作物内の品種間には大きな遺伝的差異はみられない．

イネやコムギなどのC3植物とトウモロコシなどのC4植物との間には，炭酸ガス濃度の違いによる光合成能の変化に顕著な差異がみられる．現在の大気中の炭酸ガス濃度は0.03％（300 ppm）程度であり，この付近では，C3植物に比較してC4植物の方が光合成能は高いことが図8.1からわかる．C4植物は炭酸ガス濃度の低い環境に適応し進化してきたと考えられる．C3植物はカルビン回路と名付けられた一連の化学反応経路により炭酸ガスを固定するが，C4植物には，この前段に炭酸ガスを濃縮する化学反応回路があって能率よく光合成を行うことができる（図8.2）．

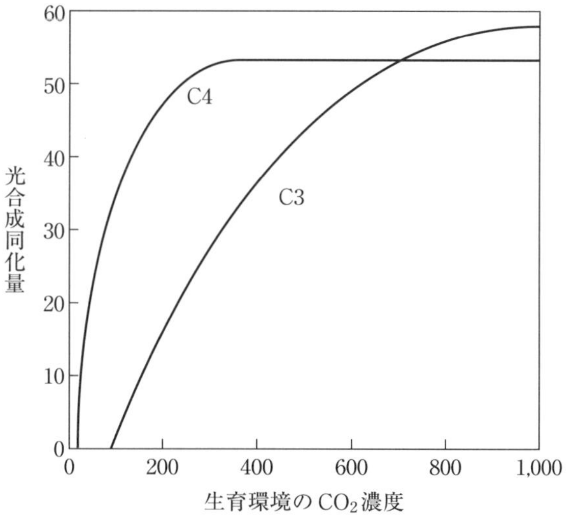

図8.1　C3およびC4植物の光合成能の差異

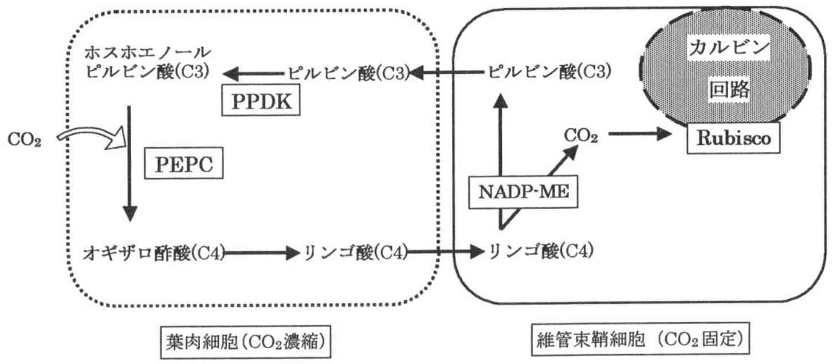

図 8.2　C4 植物の光合成機構の簡略模式図

最近の分子生物学や生物工学技術の急速な進展により，C4 植物であるトウモロコシの炭酸ガス濃縮回路の酵素遺伝子のプロモータを組換え DNA 技術によりイネのゲノムに組み込んで，潜在的な構造遺伝子を発現させることに成功した (Matsuoka ら，1993)．イネゲノム研究がさらに進展して，光合成関連酵素の構造遺伝子やそれらの発現調節機能が解明され，ゲノムの所定の位置に外来遺伝子を組み込んで，本来の遺伝子機能を発現させることが可能となれば，C3 植物としてのイネの C4 化により，葉面積当たりの光合成能を飛躍的に高めることも望めるようになるであろう．

従来の作物育種におけるソース機能の増強は，主に受光態勢の改良によるところが大きかった．自殖性作物であるコムギやイネでは，コムギの「農林 10 号」やイネの indica 系品種「低脚烏尖」に由来する半矮性遺伝子の導入による草型改良により，飛躍的な増収効果をあげ，世界規模の「緑の革命」が達成された．

イネでは，国際稲研究所 (IRRI) で開発した奇跡のイネ IR8 ならびにその系列の半矮性多収品種，人為突然変異により日本とアメリカ合衆国で開発された「レイメイ」ならびに「Calrose 76」，九州の地方品種「十石」などの起原の異なる品種が同一座 ($sd-1$) の半矮性対立遺伝子をもつことが明らかにされた (菊池ら，1985；菊池，1986)．また，最近 $sd-1$ 座の遺伝子が植物ホルモンの一つであるジベレリン合成酵素をコードしていることが明らかにされている（Sakai ら，2002）．イネの改良に用いられた半矮性遺伝子は，下位節間の短縮程度が大きく倒伏抵抗性が高まるばかりでなく，最上位節位に着く穂がほとんど短縮せず，葉の角度や配列がよく受光態勢にすぐれた草型を現すことが明らかにされている（Koshio ら，2000）．

（2）シンク容量の拡大

光合成産物の蓄積に必要なシンクとなる器官や機能は，作物の種類により多種多様である．イネ，コムギ，トウモロコシ，ダイズなどの種実作物，リンゴ，ミカン，ブドウなどの果樹，トマト，ナス，キュウリ，スイカ，カボチャなどの果菜類などでは，種実や果実がシンク機能を果たし，葉で合成された光合成産物が澱粉や糖の形で種子胚乳，子葉，果肉などに蓄積される．したがって，シンク容量の拡大には，種実や果実の数や大きさを増すことが重要となる．

サツマイモ，ジャガイモ，テンサイ，ヤムイモ，キャッサバ，根菜類などの塊根茎作物では，主に塊茎や塊根，サトウキビでは茎，牧草，飼料作物，葉菜類では可食茎葉部がシンクとなる．したがって，シンクとソースがはっきりと区分できる場合もあれば，区別しにくい場合もある．

種実や果実は生殖器官であるため，作物の生育環境の温度や日長の変化に感応して花芽分化が順調に行われないと，シンクとして機能しない．一方，塊根茎は栄養器官ではあるが，生育環境の温度や日長の変化に感応して塊根や塊茎の肥大が始まることも少なくない．

ところで，ソース機能が増強されシンク容量が拡大されても，光合成産物がソースからシンクにうまく転流されなければ収量をあげることはできない．転流効率はアブシジン酸やジャスモン酸などの植物ホルモンの影響を受けると考えられている（Schussler ら，1984，Koda ら，1991）．

(3) 収穫指数

収穫指数(harvest index)とは，全生物生産量に対する収穫物量の割合をいう．地上部の全茎葉が収穫の対象となる牧草種などでも，厳密には地上部(茎葉部)と地下部(根部)の総和に対する地上部の割合を考えると，収穫指数は100 %とはならない．しかし，現実には地下部の計測は困難なことから，多くの農作物では，便宜的に収穫指数を地上部全量に対する収穫物量の割合としてあらわすことが多い．農作物の収量 Y は，生物生産総量 Pr に収穫指数 Hi を乗じたものとなる．

$$Y = Pr \times Hi \quad \cdots\cdots \qquad (8-1)$$

大部分の農作物では，収量性の向上が最も重要な育種目標の一つとなる．農作物の収量向上の方法は，作物の種類によって異なる．牧草類や葉菜類などのように地上部の大部分が収穫の対象となる作物では，生物生産量の向上により収量を高めることができる．しかし，イネやダイズなどの種実作物，リンゴやミカンなどの果樹類，トマトやキュウリなどの果菜類，ジャガイモやサツマイモなどの塊茎根作物などでは，収穫されるのは種実，果実，塊根茎などである．このため，育種目標の設定にあたっては，生物生産量よりはむしろ収穫指数の向上に重点がおかれる．そうしないと茎葉だけがいたずらに繁茂して種実や果実の数や大きさが十分に確保できなかったり，塊根茎の肥大成長が不十分になったりして収穫量を高めることができない．

3. 品質成分特性の改良

経済が発展して生活が豊かになり食料に対する欲求は量から質への転換をせまられ，消費ニーズの高度化・多様化により高品質の農産物が求められるようになった．また，わが国では，小規模で集約的な農業を余儀なくされ，低コスト化には限界があり，国内で生産さる農産物の国際競争力を高めるには高品質でユニークな特性を備え，それを活かして付加価値をつけることが重要と考えられる．たとえば，国産コムギはタンパク質の含有率が低くパン用には向かないとされ，麺用品種の開発に重点がおかれてきた．しかし，近年，麺用に改良されたASW規格のオーストラリア産小麦が多量に輸入され，国産小麦のライバルとなっている．この小麦で作られる麺は，消費者好みの色白で，高温多湿な気候で登熟する国産小麦は太刀打ちできない．そこで，わが国の消費者の好みに合う食感や味の麺を作るために，アミロース含量の低い品種の開発が進められてきた．その結果，アミロースを含まないアミロペクチンのみからなるもちコムギの開発に世界ではじめて成功した（Yamamoriら，1994；Kiribuchi-Otobeら，1997）．

また，米の貯蔵タンパク質含有率は，通常6.0～6.5％程度であり，このうち易消化性タンパク質グルテリンが65％，難消化性のプロラミンが10％程度含まれている．そこで，タンパク質構成を人為突然変異により変化させ，グルテリン約20％で3分の1以下に減少し，プロラミンが約40％で4倍程度に増加した水稲新品種「春陽」が育成され，腎臓病患者などの病体食として注目を集めている．

育種目標となる農産物の品質・成分に関連する特性は，作物の種類，流通や調理・加工の仕方，用途，ならびに需要動向や消費者の嗜好などの変化により異なる．たとえば，イネの育種では，主食用炊飯米として粒の形状，整粒歩合，千粒重など玄米の外観品質，搗精歩合，炊飯適性，飯米食味，もち・うるち性などの特性が重視される．

最近では，食の高度化・多様化が進展して米離れが顕著になり，国民1人当たりの年間米消費量は，往時の半分以下の60 kg代にまで減少している．そこで米の消費拡大をねらって農林水産省による新規形質米開発プロジェクトが進められてきた．その結果，低アミロース米，高アミロース米，低タンパク米，有色米，巨大胚米などのさまざまな新規形質をもつイネ品種が続々と開発されるようになった．また，米の消費減退に伴い発生した遊休水田を活かして家畜飼料の自給率を高めるために，発酵粗飼料（サイレージ）用稲品種の開発も精力的に進められるようになっている．これらの新用途のための新規形質米品種の開発や改良でめざす品質・成分特性は，従来からの食用米品種とは大きく異なるものとなろう．醸造用酒米としては粒の大きさ，心白粒率，醸造適性などが重要となり，最近開発が進んでいる飼料用イネでは，可

表8.1　主要農作物の品質・成分関連特性

作物名	用途	特性の種類	改良対象形質
イネ	炊飯用	外観品質特性	玄米形状，整粒歩合，千粒重
		流通・貯蔵適性	玄米含水率
		調理・加工適性	搗精歩合，炊飯適性
		消費特性	飯米食味，もち・うるち性
	醸造用	外観品質特性	玄米形状，整粒歩合，大粒性，心白率
		加工適性	醸造適性
	発酵粗飼料用	加工適性	発酵適性
		消費特性	家畜嗜好性，可消化養分総量
コムギ	麺用	外観品質特性	原麦形状，整粒歩合，千粒重
		流通・貯蔵適性	原麦含水率，低アミロ耐性
		加工適性	製粉歩合，製麺適性
		消費特性	麺色，麺物性，麺食味
	パン用	外観品質特性	原麦形状，整粒歩合，千粒重
		流通・貯蔵適性	原麦含水率，低アミロ耐性
		加工適性	製粉歩合，タンパク質含量，製パン適性 硬質結晶粒子の多少，グルテン含量
		消費特性	膨軟性，パン色，食感，香風味
ダイズ	納豆用	外観品質特性	整粒歩合，小粒性
		流通・貯蔵適性	水分含量
	豆腐用	外観品質特性	粒形状，整粒歩合，へそ着色性
		流通・貯蔵適性	水分含量
		加工適性	固形分抽出率，固形分凝固率
		消費特性	タンパク質含有率，豆腐食味
	煮豆用	外観品質特性	粒形状，整粒歩合，粒色，大粒性
		流通・貯蔵適性	水分含量
		加工適性	煮豆食感・食味，着色性
トマト	生食用	外観品質特性	果実形状，着色性
		流通・貯蔵適性	日持ち性
		消費特性	食味，食感，糖度，青臭み，ビタミン含量
	加工用 (ジュース)	外観品質特性	果実形状，着色性
		流通・貯蔵適性	日持ち性，後熟性
		加工適性	固形分率
		消費特性	酸・甘味，ビタミン含量，青臭み
ジャガイモ	煮物用	外観品質特性	塊茎形状，芽の深度
		流通・貯蔵適性	休眠性
		加工適性	煮崩れ耐性，粉・粘質性
		消費特性	食味，着色性
	加工用 (チップ)	外観品質特性	塊茎形状，塊茎の大きさ
		加工適性	肉質，澱粉価，油揚げ色
		消費特性	還元糖量，チップ食味
牧草類	サイレージ用	外観品質特性	茎葉比率，葉の柔軟性
		流通・貯蔵適性	乾物率
		加工適性	サイレージ発酵適性
		消費特性	家畜嗜好性，消化率，可消化養分総量 有害成分含有量

消化養分総量 (TDN) や発酵粗飼料適性などが品質・成分特性として重要視される.

用途や加工の方法により必要となる品質成分特性が著しく異なることがある. コムギの場合, タンパク質含有量が製パン用には高く, 製麺用にはある程度低い方がよい. ダイズでは, 煮豆やみそ・しょう油などの醸造用には大粒, 納豆用には小粒が好まれる. さらに, 最近のイネの育種では, 腎臓病患者向けの病体食として低タンパク米 (あるいは低アレルゲン米) の開発が行われる一方で, 発展途上地域の栄養食として高タンパク米の開発も進められている.

ナタネなどの油脂成分 (脂肪酸構成) の改良では, 成分合成に関わる酵素遺伝子の突然変異により反応をブロックして前駆物質を集積したり, ほかの経路に反応をずらして新たな物質を生産させたりすることが考えられる. また, 最近では, アンチセンス DNA などを活用して特定の遺伝子の発現を阻止し, 構成成分の変化を起こさせる方法も試みられている.

育種目標の設定に関連して, 表 8.1 には主要農作物の育種において改良の対象とされる品質・成分関連特性を整理して示した.

4. 環境ストレス耐性の向上

植物は移動能力をもたず発芽した環境で生育し繁殖しなければならない. このため, 不利な環境に耐え抜くためのさまざまな機能を進化させてきた. 作物育種では, 植物種に固有な環境ストレス耐性の向上が重要な改良目標とされる.

農作物のストレッサーとなる環境要因と環境ストレスに対する耐性や抵抗性の種類を整理して表 8.2 に示した. ストレッサーとなる環境要因は, 物理的, 化学的, 生物的な要因ならびに人為的要因に分けられる.

表8.2　植物の環境ストレス要因とその耐性

要因	ストレッサー	耐性・抵抗性
物理的要因	低温	耐冷性，耐寒性，凍結耐性，耐霜性，耐雪性（低温）
	高温	耐暑性，高温障害耐性（高温）
	水分	耐旱性，耐湿性，穂発芽抵抗性
	光	耐陰性
	風雨	耐倒伏性，フェーン障害耐性
化学的要因	栄養不足	微量要素欠乏耐性，少肥耐性
	有害物質	重金属耐性
	問題土壌	耐塩性，酸性土壌耐性，アルカリ土壌耐性
生物的要因	病原菌	病害抵抗性
	害虫	虫害抵抗性
	センチュウ	センチュウ害抵抗性
	雑草	雑草害耐性
	鳥獣	鳥害抵抗性
人為的要因	大気汚染	排気ガス耐性，光化学スモッグ耐性，酸性雨耐性
	薬剤	除草剤耐性，農薬害耐性

（1）物理的ストレッサー

物理的ストレッサーには，温度，水分，光，風雨などが含まれ，高・低温，水分や光の過不足，あるいは風雨などが環境ストレスの原因となる．植物は種類ごとに物理的ストレッサーに対して独特の耐性機構を発達させていて，耐性をもつ遺伝資源があればストレス耐性の改良を進めることができる．

イネの耐冷性，コムギの耐霜性，イタリアンライグラスの耐雪性，陸稲の耐旱性，ダイズの耐湿性，コムギやオオムギの穂発芽耐性，地域によってはイネのフェーン障害耐性などは重要な育種目標とされる．

耐倒伏性は全作物に共通的な重要な育種目標となる．とくに，化学肥料を多用する栽培やイネの直播栽培などでは，耐倒伏性は最も重要な改良対象形質となる．

（2）化学的ストレッサー

化学的ストレッサーとしては，栄養不足，有害物質，問題土壌などが考えられる．熱帯の発展途上地域で十分な肥料を施すことができなかったり，問題土壌での作物栽培を余儀なくされたりする場合には，植物種に本来備わっている耐性を育種に利用するのが効果的である．

最近では，生物工学技術のめざましい進展により，ほかの生物種のもつストレス耐性を特定の作物のゲノムに取り込んで新たなストレス耐性機構を付与したり，化学的ストレスにより作物自体が産出するストレス耐性タンパク質遺伝子の発現を強めて，ストレス耐性を強化させたりする新しい技術が開発されつつある．

（3）生物的ストレッサー

生物的ストレッサーとなる有害生物としては，鳥獣，昆虫，線虫，雑草のほか，糸状菌，バクテリア，ウイルスなどの微生物などがあげられる．これらの有害生物に対して植物はさまざまな生体防御機構を進化させている．その一つは有害生物に対する抵抗性遺伝子であり，さまざまな二次代謝産物である．最近では，組換え DNA 技術により他の生物種の遺伝子を導入して新たな病害虫抵抗性機構を開発したり，植物自身の生体防御機構を強化したりできるようになっている．

①病害虫抵抗性

植物は生育環境で発生する各種の病害虫に対する抵抗性遺伝子を進化させている．これらが作物育種に活用されて，幾多の抵抗性品種が開発され利用されている．植物のもつ抵抗性遺伝子，とくに真性抵抗性を支配する主働遺伝子は，寄主（植物）・寄生者（病害虫）関係の共進化（coevolution）により絶えず変化している．ある抵抗性遺伝子を取り込んで育成される抵抗性品種は，病原菌や害虫の新しいレースの出現により抵抗性が崩壊する宿命をもつと考えなければならない．

寄主・寄生者関係については，遺伝子対遺伝子説が Flor（1956）により提案され，広く受け入れられている．この学説では，寄主である植物の抵抗性遺伝子と寄生者としての病原菌の病原性遺伝子との相互作用により抵抗性が現れるとされている．寄主側で抵抗性が感受性に対して優性，寄生者側では非病原性が病原性に対して優性であるとすると，両者の相互作用による反応型は表 8.3 に示すとおりになる．すなわち，植物の抵抗性遺伝子（R）に対して

表 8.3　寄主－寄生者間相互作用に関する遺伝子対遺伝子説

		寄主の抵抗性遺伝子型		
		RR	*Rr*	*rr*
寄生者の非病原性遺伝子	*AA*	R	R	S
	Aa	R	R	S
	aa	S	S	S

病原菌の非病原性遺伝子 (*A*) が対応して抵抗性反応 (R) があらわれると考えればよい．このような寄主・寄生者間相互作用がさまざまな種類の作物と病原菌の間に成り立つことが明らかにされている (表 8.4)．

このような真性抵抗性 (true resistance) とは対照的に，圃場抵抗性 (field tolerance) は，いずれのレースに対してもある程度の抵抗性を示すことから，抵抗性の崩壊の可能性が少ないと考えられている．今後の作物育種では，真性抵抗性と圃場抵抗性をうまく組み合わせて抵抗性を安定させることが大きな育種目標となろう．

②二次代謝産物による生体防御

生体防御のために植物が産出する二次代謝産物は多岐にわたる．表 8.5 には代表的な二次代謝産物と生理的活性を示す．植物と動物，昆虫，植物との間の相互作用に関連する二次代謝産物は窒素化合物，テルペノイド類，フェ

表 8.4　遺伝子対遺伝子説による寄主－寄生者関係が確認された作物病害
(Sidhu, 1987 より抜粋)

寄主植物属名	病原菌名（菌の種類）	病名	発見年度
Linum	*Melampsora lini*（担子菌類）	アマさび病	1942
Solanum	*Phytophthora infestans*（卵菌類）	ジャガイモ疫病	1952
Lycopersicon	*Cladosporium fulvum*（不完全菌類）	トマト葉黴病	1956
Hordeum	*Blumeria graminis*（子嚢菌類）	オオムギうどんこ病	1957
Triticum	*Blumeria graminis*（子嚢菌類）	コムギうどんこ病	1957
Zea	*Puccinia sorghi*（担子菌類）	トウモロコシさび病	1957
Triticum	*Puccinia graminis*（担子菌類）	コムギ黒さび病	1958
Avena	*Ustilago avenae*（担子菌類）	エンバク裸黒穂病	1959
Triticum	*Puccinia striiformis*（担子菌類）	コムギ黄さび病	1961
Helianthus	*Puccinia helianthi*（担子菌類）	ヒマワリさび病	1962
Avena	*Puccinia graminis*（担子菌類）	エンバク黒さび病	1965
Oryza	*Pyricularia grisea*（子嚢菌類）	イネいもち病	1967
Coffea	*Hemileia vastatrix*（担子菌類）	コーヒーさび病	1967
Triticum	*Puccinia recondita*（担子菌類）	コムギ赤さび病	1968
Phaseolus	*Colletotrichum lindemuthianum*（不完全菌類）	インゲンマメ炭疽病	1969
Hordeum	*Ustilago hordei*（担子菌類）	オオムギ堅黒穂病	1972
Cucumis	*Fusarium oxysporum f.* sp. *melonis*	メロンつる割病	1976
Lactuca	*Bremia lactucae*（子嚢菌類）	レタスべと病	1976
Phaseolus	*Uromyces phaseoli*（担子菌類）	インゲンマメさび病	1982

ノール系物質に大別できる．動物や昆虫の食害を免れるために有毒であったり，苦味や渋味があったり，不快感を与えたりする化合物が多い．その一方では，一部のテルペノイド類やフェノール系物質の中には，芳香や快感を与えたり，香辛料やさまざまな機能を発揮する物質として利用されているものも少なくない．

ジョチュウギクに含まれるピレトリンや熱帯産有毒植物 *Derris elliptica* などからとれるロテノンなどは，殺虫剤として利用される．また，野生植物には動物や昆虫に有毒でなくても，苦味や不快感をあたえる成分を含んでいて食害を免れるケースも多い．キュウリの古い品種には苦味のあるものがあるが，野生祖先種がククビタシンなどの苦味成分を含んでいた名残である．カキやソルガムに含まれるタンニンも鳥や虫の害を免れるのに有効である．

表 8.5　生物種間相互作用に関連する二次代謝産物の種類と機能（Crispeels & Sadava, 1994）

二次代謝産物の種類	化合物数	生理活性
窒素化合物		
アルカロイド類	5,500	有害，苦味
アミン類	100	不快臭，幻覚作用
アミノ酸類 (非タンパク質)	400	有害
青酸配糖体類	30	有毒
テルペノイド類		
モノテルペン類	1000	芳香
セスキテルペン・ラクトン類	600	苦味, 有害, 抗原性
ジテルペン類	1000	一部有害
サポニン類	500	赤血球溶血性
リモノイド類	100	苦味
ククビタシン類	50	苦味，有害
カルデノリド類	150	有害，苦味
カロチノイド類	350	色素
フェノール類		
単純フェノール類	200	抗菌性
フラボノイド類	1000	一部色素
キノン類	500	色素
その他		
ポリアセチレン類	650	一部有害

5. 早晩性と作型分化

農作物のゲノムは人為的に管理された生産環境において，高い収量とすぐれた品質の農産物を生産できるように改変されてきた．たとえば，熱帯原産のイネを寒冷地の北海道で安定的に栽培するには，秋冷以前に収穫できる早生品種が必要であるし，国産コムギの品質を高めるためには，入梅以前に収穫できるような早生品種の開発が望まれる．また，最近話題になっている発酵粗飼料用稲は，種子が完熟する前の糊熟期にホールクロップサイレージを作る．このため，穀実を収穫する食用品種よりも晩生化して，バイオマス収量を高める必要がある．

キャベツやキュウリなどの野菜類を1年中栽培して周年供給するには，異なる季節の栽培に適合する作型品種や年中いつでも栽培可能な時無し品種などを開発しなければならない．早生品種，新作型品種あるいは時無し品種などを開発するには，作物の生活環を遺伝的に改変する必要がある．生活環の伸縮は成長相の転換時期を変えることにより効果的に行うことができる．

植物の成長相の転換には，基本栄養成長性，感温性，感光性の三つの性質が関係している．成長相の転換にいたる過程には，基本栄養成長段階のあとに温度に感応する感温段階と日長に感応する感光段階とがあり，これらの三つの段階を順調に経過すると花芽形成が起こる．

（1） 基本栄養成長

基本栄養成長 (basic vegetative growth) とは，温度や日長に感応できるようになるまでに必要な最低限の栄養成長をいう．たとえば，イネは日長が一定時間以下になると幼穂を形成する短日植物であるが，発芽直後から短日条件で育てても，本葉が数枚展開するまでは幼穂を形成できない．イネなどの短日植物の場合，日長に感応するまでの数週間の基本栄養成長が必要である．低緯度の熱帯アジア原産のイネは，短日条件に敏感に反応して幼穂を形成する感光性の高い植物である．しかし，北海道などで栽培されている早生品種では，育種的改良により感光性が失われ，基本栄養成長性と感温性だけをもつ．このため，秋になって日長が短くなり寒さが訪れる前に成熟し収穫できる．また，わが国で最も人気の高いイネ品種「コシヒカリ」は，基本栄養成長性が比較的高い品種であるため，秋の日長条件の異なる関東以西の温暖地域でも広く栽培されている．

(2) 感温性と春化

コムギやキャベツのように秋に播種，春に収穫される冬作物は，一定の低温に合わないと花芽を分化できない．コムギの中には，秋に播いて冬の低温に合わせないと幼穂を形成できない秋播性品種と春に播いてあまり低温に合わせなくても幼穂を形成できる春播性品種とがある．

ロシアの T.D. Lysenko (1928) は，秋播性コムギの発芽種子を 10 ℃以下の低温で一定期間処理すると，春に播いても出穂結実することを発見し，春化 (vernalization) と名付けた．春化処理によりコムギの秋播性が春播性に変化することから獲得形質が遺伝するという誤った学説を提唱した．

コムギやアブラナ科野菜類など多くの冬作物は，感温性段階では低温を感光性段階では長日を必要とする．これとは対称的に，イネやダイズなどの夏作物は高温と短日を必要とする．これらの事実は冬作物が秋から春にかけて，また夏作物が春から秋にかけての温度や日長の変化に適応し進化したことをあらわしている．

(3) 感　光　性

アメリカ合衆国農務省の Garner と Allard (1920) は，タバコやダイズの晩生品種がアメリカ北部の自然条件下で開花しない原因を追求し，日長が一定時間以下になると，花芽を形成し開花することを明らかにした．これが日長に反応して植物が成長相を転換する光週性 (photoperiodism) の発見となった．

タバコ，ダイズ，イネ，キクなどのように一定の限界日長以下の短日条件で成長相の転換 (花芽形成) をする植物を短日植物 (short day plant) といい，コムギ，アブラナ科野菜類，ホウレンソウ，レタスなどのように限界日長以上の長日条件で花芽を形成する植物を長日植物 (long day plant) という．概して熱帯原産の夏作物には短日植物，冷温暖帯原産の冬作物には長日植物が多い．このほかキュウリ，ヒマワリ，トウモロコシなどの日長変化に鈍感な中性植物や一定の日長の下でだけ花芽を形成できる定日植物などがある．

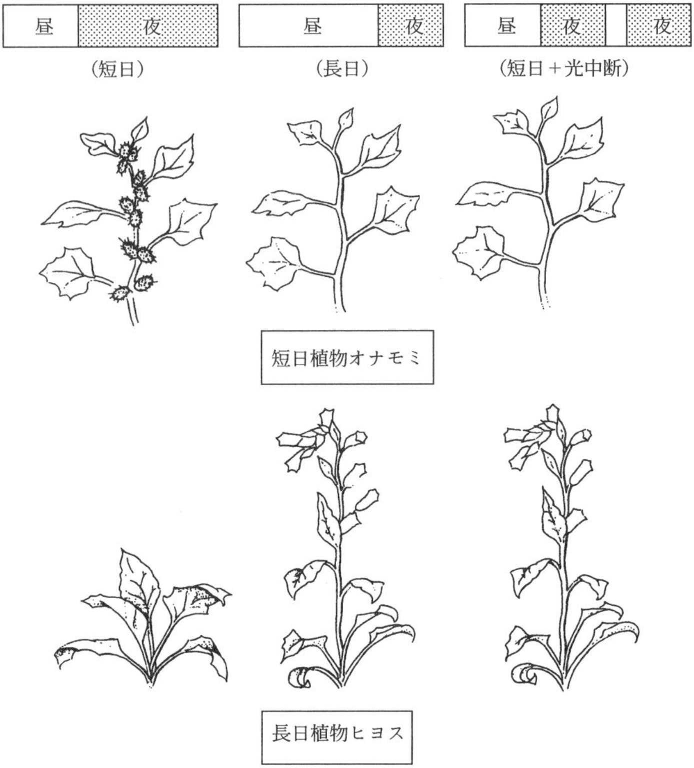

図 8.3　短日植物オナモミと長日植物ヒヨスの日長反応（Raven ら，1992）

光週性の生理的機構が明らかにされている．代表的な短日植物オナモミ（*Xanthium strumarium* L.）と長日植物ヒヨス（*Hyoscyamus niger* L.）を 8 時間日長，16 時間日長，8 時間日長＋光中断の 3 種の環境条件で育てて花成反応を調べると，図 8.3 のようになる．すなわち，8 時間日長の短日条件では，オナモミは開花するがヒヨスは開花しない．これに対して，16 時間日長の長日条件下では，オナモミは開花せずヒヨスは開花する．ところが，短日条件でも長い夜の間にほんの一瞬光をあてると，短日植物のオナモミは開花しないが，長日植物のヒヨスは開花する．光週性には，明期（日長）よりは暗期（夜長）の長さが関係している．色素タンパク質フィトクロームが暗期の長さを感知して短日植物の開花を促進したり，長日植物の開花を抑制したりする．

このように植物の成長相転換（花芽形成）に関連する基本栄養成長性，感温性，感光性などを遺伝的に改変することにより作物の早晩性を変化させたり，新しい作型に向く品種や時無し品種を開発したりすることができる．

6．育種計画の策定

育種目標を達成するには，どのような方法で育種を進めるのが最も効果的かを慎重に判断することが重要である．育種計画の策定にあたり，二つ（またはそれ以上）の品種のすぐれた特性を組み合わせる「組合せ育種」，特定の特性の改良をめざし両親の優良遺伝子を集積する「超越育種」，遠縁な育種素材の一つ（または少数）の有用遺伝子を優良品種に導入する「戻し交配育種」，優良品種のわずかな欠点を人為突然変異により改良する「突然変異育種」，ほかの生物種の有用遺伝子を優良品種のゲノムに組み込む「組換え DNA 育種」などが想定される．

（1）組合せ育種

組合せ育種（combination breeding）では，親となる二つ（またはそれ以上）の品種や系統に分かれている有用遺伝子を組み合わせて，親の特性を合わせ持つ品種を開発する．イネ，コムギ，ダイズなどの自殖性作物の育種では，二つの品種（A と B）の単交配（A/ B）により両親品種のすぐれた特性を組み合わせる育種が広く行われている．

組合せ育種の障害となるのは，形質間の不利な連鎖である．とくに，農業特性の多くが量的形質であり，多数のポリジーンにより発現するため，有利な遺伝子と不利な遺伝子が複雑に連鎖している可能性が高い．

三つの品種（A，B，C）の有用特性を組み合わせるには三系交配（A/ B// C），四つの品種の形質を組み合わせるには複交配（A/ B// C/ D）が有効である．

(2) 超越育種

超越育種 (transgression breeding) は，二つ以上の品種・系統の有利な遺伝子を集積して，親をしのぐ特性をあらわす品種を開発する場合に有効な育種計画である．たとえば，発酵粗飼料用稲品種の開発において遠縁な japonica 品種と indica 品種を交配して，両親の多収性遺伝子を集積できれば，両親品種を越える超多収品種の開発が望める．また，トウモロコシなどの他殖作物の育種では，やや縁の遠い品種群 (たとえば，デント種とフリント種) 間の交配にあらわれる雑種強勢を利用して一代雑種 (F_1) 品種が開発されている．

(3) 戻し交配育種

戻し交配育種 (backcross breeding) では，遠縁品種，野生祖先種あるいは近縁野生種などのもつ 1 対 (あるいはごく少数対) の有用な主働遺伝子を優良品種に導入するのに有効な育種計画である．遠縁品種などを一回親として最初の交配に用い，優良品種を反復親として繰返し交配する．この過程では，一回親の有用遺伝子をもつ植物体を選抜して反復親に戻し交配する．イネやコムギなどの多くの自殖性作物で遠縁品種や近縁野生種から病害抵抗性主働遺伝子を優良品種に導入するために広く活用されている (第 10 章参照)．

(4) 突然変異育種

広く栽培されている優良品種のわずかな欠陥を補うために，放射線や突然変異誘発物質などの変異原を使って人為突然変異を誘発して，優良品種を改良するのに有効な育種計画である (第 9 章参照)．イネの半矮性遺伝子やナシの黒斑病抵抗性遺伝子の誘発に成功し，大きな成果をあげた．

(5) 組換え DNA 育種

生物工学技術の発展により，組換え DNA (recombinant DNA) が可能となり，他の植物種ばかりでなく全生物種の遺伝子を作物品種のゲノムに組み込んで本来の機能を発現させることができるようになった．この育種法で開発された害虫抵抗性の Bt トウモロコシや除草剤抵抗性のダイズなどは，バクテリアの遺伝子を作物ゲノムに組み込むことにより開発された．

これらの実用化された GM 作物や GM 食品に関しては，生態系への影響や食品としての安全性に不安をいだく人も少なくない．そこで，GM 作物･食品の安全性評価の精度を一層高める一方で，従来の育種技術では達成が困難な場合に重点をしぼって，組換え DNA 育種を進めるのが望ましい．

7. 育種の流れと育種体系

植物育種では，一定の生殖様式の下で改良対象となる植物集団の遺伝的構造を改変して，有利な遺伝子型の頻度を最大限に高める．有利な遺伝子型とは，作物の収量・品質成分・環境耐性など農業上重要な特性を改良するのに有効な遺伝子の組合せをいう．

作物育種の基本的操作は，「遺伝変異の誘発」（induction of genetic variation）ならびに「人為選抜」（artificial selection）である．作物育種の流れは，育種材料となる「素材集団」（material population）の選定からはじまる．育種素材となるのは，特定の地域で長年栽培されている地方品種，人工交配の親となる改良品種や地方品種，人為突然変異を誘発する元になる親品種などである．

育種素材集団に遺伝変異誘発処理（人工交配や人為突然変異）をして選抜基本集団（foundation population for selection）を作る．この選抜基本集団に人為選抜を加えて，一定の生殖様式の下で有利な遺伝

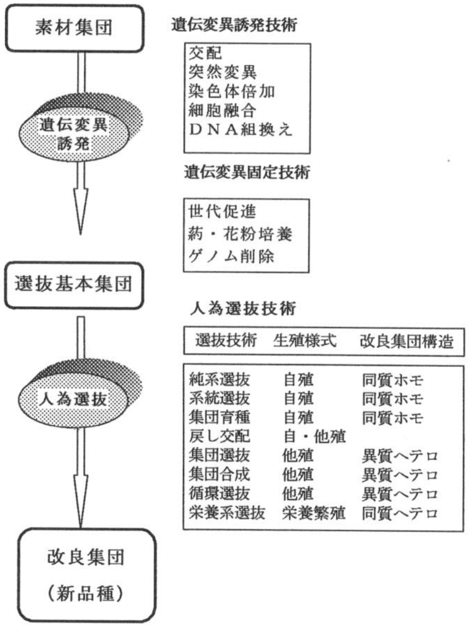

図 8.4　育種の流れと育種技術

子型頻度を最大限に高め「改良集団」(improved population) を作る．

植物育種の流れを図示すると，図 8.4 の通りになる．まず，遺伝変異の誘発法として人工交配，人為突然変異，染色体倍加，細胞融合，組換え DNA などがある．従来の植物育種のテキストでは，単なる遺伝変異誘発技術に対して交配育種，突然変異育種，倍数性育種などの名称を付してきた．また，遺伝変異固定技術としての世代促進，葯培養あるいは遠縁交配によるゲノム削除なども育種法とされてきた．さらに，純系選抜，系統選抜，集団選抜，循環選抜，栄養系選抜などの人為選抜技術も，純系選抜育種，系統育種，集団選抜育種，循環選抜育種，栄養系選抜育種などと呼ばれていた．

しかし，実際には，遺伝変異誘発と人為選抜とが組み合わされて完成した育種体系 (breeding scheme) となるものであって，変異誘発技術ならびに選抜技術を単独で育種法と呼ぶのは適切ではない．従来からのいわゆる育種法とされてきたもののうち，一代雑種 (雑種強勢) 育種や戻し交配育種などは，遺伝変異誘発と人為選抜技術を組み合わせた育種体系とみなすことができる．

本書ではイギリスの Simmonds ら (1979，1999) が提案している 4 種類の基本集団の類型化を基にして，育種体系を組み立てる．作物の育種体系 (breeding scheme) は，作物の生殖様式や繁殖法と不可分な関係にある．N.W. Simmonds (1979) は「作物改良の原理」の中で作物の生殖様式，繁殖法，改良集団の構造などをめやすにして，基本集団を純系 (IBL) 集団，開放受粉 (OPP) 集団，一代雑種 (HYB) 集団，栄養系 (CLO) 集団に四大別してい

表 8.6　作物育種における四種の育種基本集団
(Simmonds & Smartt，2000 を一部改変)

育種基本集団 (選抜基本集団)	生殖様式	ライフサイクル と繁殖法	改良集団の構造
純系 (IBL) 集団	自殖性	一年生 種子繁殖	ホモ接合性 同質性
開放受粉 (OPP) 集団	他殖性	一，二年,永年生 種子繁殖	ヘテロ接合性 異質性
一代雑種 (HYB) 集団	他殖性	一，二年生 種子繁殖	ヘテロ接合性 同質性
栄養系 (CLO) 集団	他殖性	永年，準一年生 栄養繁殖	ヘテロ接合性 同質性

る (表 8.6).

そこで本書では，Simmons らの考え方をベースにして育種体系 (breeding scheme) を純系改良，開放受粉集団改良，一代雑種改良，栄養系改良の四つの方式に区分した (藤巻ら，1992).

① 純系改良 (IBL) 方式・・・イネやコムギなどの自家受粉作物の自殖系統の改良，あるいはトウモロコシなどの他家受粉作物の一代雑種の親となる近交系の改良などに有効な方式である (第 11 章参照).

② 開放受粉集団改良 (OPP) 方式・・・多くの牧草類のように一代雑種品種の開発が困難な他家受粉作物の集団改良に用いられる方式である (第 12 章参照).

③ 一代雑種改良 (HYB) 方式・・・トウモロコシや野菜類などのように他家受粉作物で顕著な雑種強勢があらわれ，人工交配により雑種種子を効率的に生産できる作物の一代雑種品種開発のための改良方式である (第 13 章参照).

④ 栄養系改良 (CLO) 方式・・・ジャガイモ，サツマイモ，ヤムイモなどの栄養繁殖性作物の改良に用いられ，人工交配，人為突然変異，組織培養などによる体細胞変異などを利用して栄養系を改良する方式である．(第 14 章参照).

第9章　遺伝変異の誘発と選抜基本集団の養成

農作物の育種においては，改良しようとする形質に遺伝的変異が存在しなければ，成功は見込めない．このため，選抜の対象となる基本集団には十分遺伝変異が存在し，有利な遺伝子の頻度が高いほど成功の可能性は高まる．また，理想的な遺伝子型が基本集団に存在しない場合，それが育種の過程で出現する可能性がなければならない．たとえば，わが国のコムギ栽培では，収穫が梅雨期になり高温多湿で赤かび病が発生したり，長雨が続くと収穫前に圃場で立毛のまま穂発芽したりして品質を損なうことが多い．こうした問題を育種的に解決するには，赤かび病抵抗性や穂発芽耐性をもつ遺伝資源が存在することが前提となる．品種間に遺伝変異が存在すれば，品種間交配による育種がまず考えられる．しかし，品種間変異が存在しない場合には，近縁野生種などから有用遺伝子を導入したり，あるいは遠縁交配と胚救済による遺伝子移行が必要になる．あるいは，コムギの品質を損なわないために，梅雨期の前に収穫できるような早生品種が必要になる．この場合，人為突然変異により早生変異体を作り出すのが効果的である．

最近では，生物工学技術により生物種の壁を越えた遺伝子の移行が可能になり，従来の育種技術では開発できなかった新たな機能を作物に付与することも可能になっている．

1．育種素材の選定

作物育種の目標が決まると，どの形質をどのように改良すればよいのかが明らかになる．育種目標の達成に役立つ育種素材の探索は，近縁素材から遠縁素材へ，手元の品種保存圃，国内ジーンバンク，海外探索へと拡大するのがよい．身近にある遺伝資源ほど，改良する栽培品種と共通な遺伝子を多くもつ可能性が高く，不利な遺伝子が少なくて利用しやすいと考えられる．

どこの育種場でも，品種保存圃を必ずもっている．品種保存圃には，多様な変異がみられ，どの特性にどんな変異があるかをよく見極めておくことが重要である．また，育種場で保存栽培されている作物品種は，その場所で栽培ができ近隣の環境に適応しているとみなすことができる．

いたずらに遠縁な素材を遠隔地から取り寄せることは避ける方がよい．しかし，身近な素材の中に必要な遺伝資源が存在しない場合には，ジーンバンクの収集保存物を活用すべきである．ジーンバンクには，世界各地から収集した地方品種や改良品種のみならず，科学的な育種が行われる以前から各地域で長い間栽培されてきた地方品種，あるいは作物の野生祖先種や近縁野生種などが収集・保存されている．

ところで，品種と系統の違いを明確にしておこう．系統（family, line）とは，一定の繁殖様式により，同一親から生まれる子孫集団をいう．たとえば，イネやコムギなどの自家受粉作物では，親植物の自家受粉により作られる子孫集団を自殖系統（selfed line）という．また，トウモロコシなどの他家受粉作物では，特定の両親間の交配に由来する子孫集団を全きょうだい系統（full-sib family），あるいは片親だけが共通の子孫集団を半きょうだい系統（half-sib family）と呼ぶ．さらに，種子以外の栄養器官（茎葉根）により無性的に繁殖した子孫は，栄養系統または栄養系（clone）という．

次に品種（cultivar, variety）とは，「いつの時代かに，いずれかの地域で，何らかの有用特性のために，人の手により栽培されたことがあるか，あるいは現在栽培されている固有の特性を備えた系統あるいは集団」をいう．

育種素材の選定の仕方は，育種目標により異なる．2種類以上の素材の特性を結合させる組合せ育種では，育種目標に適う特性をもつ育種素材を探す必要がある．育種素材としては，それぞれの素材の欠点を互いに補完しあえるようなものを選定することがとくに重要である．育種素材の間に共通の欠点があると，それらを改良できない可能性が高くなる．

2．人工交配

科学的育種の発展過程では，初期から現在にいたるまで，作物育種に必要な遺伝変異の大部分は，栽培植物種内の品種間交配あるいは栽培種と近縁野生種との間の種間交配（まれには属間交配）により作り出されてきたといえる．今後，生物工学技術の発展によりほかの生物種の遺伝子も自由に活用できるようになることが期待される．しかし，従来から行われてきた品種間交配による遺伝変異の作出の重要性がにわかに減ずるとは考えにくい．

人工交配の仕方や効率は，植物の種類，生殖様式，花器構造，花粉寿命，受粉様式，種子採種の難易などにより大きく異なる．このため，植物種の特性を活かした効率的な人工交配技術の開発が必要である．

人工交配には色々な様式ある．二つの品種AとBの間の単交配（A/B），三つの品種A，B，Cの関与する三系交配（A/B//C），四つの品種の関係する複交配（A/B//C/D）などがよく用いられる．

交配様式の表記は交配を/であらわし，左側が母本，右側が父本を示す．たとえば，三系交配A/B//CはAを母本，Bを父本として最初の交配を行い，A/BのF_1植物を母本とし，第三の品種Cを父本として2回目の交配を行う．このような三系交配では，雑種集団に対する遺伝的寄与はAとBがそれぞれ4分の1，Cが2分の1となる．

二つの品種のうち一方の品種Aの1（あるいは少数）対の有用遺伝子をもう一方の品種Bに取り込む場合，Aを一回親として最初の交配に用い，もう一方の品種Bを反復親として繰返し交配する戻し交配（A/B//B///B…）の方法がとられる．n回の戻し交配集団に対する遺伝的寄与は，Aが$1/2^n$，Bが$1-1/2^n$となる．

（1）生殖様式と花器構造

ホウレンソウ，アスパラガス，ホップ，アサなどの雌雄異株植物やウリ科作物，トウモロコシなどの雌雄同株植物は，雌花と雄花が分かれているので，雄花から花粉を集めて雌花に授粉することが比較的容易である．しかし，イネ科，アブラナ科，バラ科，ナス科などの多くの作物は両性花をもち，雌しべと雄しべが同一花の中に共存している．このため，人工交配には受粉前に雄しべを取り除く，除雄（emasculation）のための作業が必要である．アブラナ科野菜類やバラ科果樹類の一部は，自家不和合性もち自家花粉による受精の機会が少ないため，除雄の必要のない場合もある．また，ナス科野菜類などでは，果実当たりの種子数が多く，人工交配に手間をかけても報われる．

多くの主食用作物を含むイネ科やマメ科植物は，両性花であるばかりでなく，花器構造が自家受粉を促すようにできている．さらに，花器が微小で花当たりの結実種子数も1～数粒と少なく，人工交配には特別の技術が必要とされる．

（2） 開花期の調節

どんな種類の農作物でも，交配に用いる両親の開花時期を合わせなければ，人工交配を行うことができない．開花時期をあわせるには，品種の早晩性と開花習性を熟知することが必要である．

短日植物であるイネを例にとると，晩生品種を母本として早生品種の花粉を授粉しようとする場合には，感光性の低い早生品種の播種期を遅らせることにより出穂期を晩生品種に近づけることができる．どの位播種期を遅らせれば，どの程度出穂期が遅れるかを正確に予測することは難しい．そこで，実際には早生品種の播種時期をずらせて何回にもわけて栽培して，晩生品種と同時に出穂する栽培時期の早生品種の花粉を交配に用いる．感光性の高い晩生品種の出穂期を早めるには，短日処理が必要である．

また，イネの花粉の寿命は極端に短く，葯の裂開によって放散される花粉は，5分程度しか授粉能力を持たない．このため，人工交配を成功させるには，開花時刻を合わせる必要がある．イネの開穎は一度限りで，開穎時刻はイネの種類や品種によって異なるばかりでなく，開花当日の温度変化や日照の有無などにより微妙に変化する．一般に，日本品種は晴天日には午前10時頃にほぼ一斉に開穎するが，熱帯アジア産のindica系品種の開穎は，2～3時間早まるものが多い．また，野生イネの中には夜間に開花するものも少なくない．

（3）温湯除雄と雄性不稔の利用

イネ科やマメ科の作物は，両性花で微小花器である上に，開花前に葯が裂開して自家受粉しやすく1花少数種子であるため，人工交配がむつかしい．そこで，イネでは花粉が温度変化に弱いことを利用して，開花直前の穎花を43℃の温湯に5分間浸漬して花粉の機能を失わせる温湯除雄が行われる（近藤，1949）（写真6）．温湯除雄法は日本のイネ育種の現場で広く採用しているが，国際稲研究所（IRRI）を含め熱帯アジア地域ではあまり普及していない．

イネでは雄性不稔植物を遺伝的に作り出すことができる．ガンマー線などの放射線やEMSなどの突然変異誘発物質を使って，遺伝子雄性不稔が作り出され（Singh ら，1981；藤巻ら，1986），遺伝的組換えを促すための相互交配に活用された（Fujimaki，1980）．また，野生イネの細胞質と栽培イネのゲノムを組み合わせて細胞質雄性不稔が作出され，一代雑種品種の種子生産に活用されている（Lin & Yuan，1980）．

写真6　イネの人工交配（星　豊一 氏：提供）
イネの花は小さいうえに，開花時間や花粉の寿命が短く人工交配が難しい．そこで，温湯除雄という特別な方法により効率的に交配を行うことができる．開花寸前のイネの穎花を43℃の温湯に5分程度浸漬すると，花粉だけが死んで雌しべの機能は損なわれない．除雄した穎花に他の品種の花粉を人工授粉する．

(4) 遠縁交配

人工交配を行う際，両親が遠縁になるほど交配が困難になり，交配により胚できても雑種植物を育てにくくなる．遠縁な植物種間には，生殖的隔離機構が存在することが多い．種や属の異なる植物間で行われる種属間交配では，柱頭で花粉が発芽しない，花粉が発芽しても子房に達しない，子房に達しても受精しない，受精しても胚形成されない，胚形成されても種子ができない，種子ができても発芽しない，発芽しても雑種植物が育たない，雑種不稔があらわれる，後代で雑種崩壊が起こるなど，さまざまな段階に隔離機構が存在する可能性が考えられる．遠縁交配を成功させるには，両親となる植物種属間に，どんな隔離機構が存在するのかをみきわめておくことが必要になる．たとえば，花粉管の成長が花柱の途中で停止して子房に達しない場合，花柱を切り詰めて受精を促すことを試みたり，雑種不稔が著しく形質分離が異常であったり，あるいは遺伝変異が大きすぎて固定が困難であるとみられる場合には，雑種植物をどちらか一方の親に戻し交配して遺伝的分離の縮小をはかることを考える．さらに，胚形成は行われるが幼胚が成長しにくい場合，胚を摘出して人工培地上で育てて雑種植物を養成するのが胚救済の技術である．

3. 染色体異常

染色体異常 (chromosome aberration) は，染色体数の変化と染色体の構造変化によって起こる．ゲノムを構成する１組の染色体数を基本染色体数 (basic number of chromosomes) といい，これが倍数化した染色体変異を倍数体 (polyploid) という．ゲノムの一部の染色体数が増減した変異体を異数体 (aneuploid) という．ある特定の染色体の一部が失われたり重複したり，ある染色体の一部がほかの染色体に移動したりする構造変化も遺伝的変異の原因となる．

染色体異常は種子稔性の低下を伴うことが多い．このため，茎・葉・根・花などの植物体の一部を収穫する作物および塊根茎，鱗茎，球根，挿木，接木で増殖できる栄養繁殖性作物の改良に有効に活かすことができる．

（1） 倍数性と異数性

倍数性（polyploidy）には，同種ゲノムが倍数化する同質倍数性（autopolyploidy）と異種ゲノムが集まって倍数化する異質倍数性（allopolyploidy）とがある．バナナやヤムイモは栄養繁殖性作物で，種無しバナナは同質三倍体（2n＝3x）であり，ヤムイモの1種ダイジョは同質三倍体から同質八倍体（2n＝3x〜8x）にわたる倍数性変異がみられ，同質倍数性変異がダイジョ種内の品種分化の要因の一つとなっていると考えられる．

また，コムギやアブラナ科野菜は種子繁殖性作物であり，パンコムギは3種類の異なるゲノムからなる異質六倍体（2n＝6x, AABBDD），マカロニコムギは2種類の異なるゲノムからなる異質四倍体（2n＝4x, AABB）であり，洋種ナタネは2種の異種ゲノムからなる異質四倍体（2n＝4x, AACC）である．

同質倍数体を人為的に作り出すには，ユリ科植物のイヌサフラン（*Colchicum autumnale*, 2n＝38）の種子や球茎に0.2〜0.4％程度含まれるアルカロイドの1種であるコルヒチンが用いられる．コルヒチンは体細胞の有糸分裂の際に形成され分裂した染色分体が両極に分かれるのに必要な紡錘体の形成を阻害する．このため，分裂した染色分体が一つの細胞の中に留まって，染色体の倍数化が起こると考えられている（西山，1994）．

二倍体植物（2n＝2x, AA）の染色体を倍加すれば，四倍体（2n＝4x, AAAA）を作ることができる．また，両者を交配すれば，三倍体（2n＝3x, AAA）の雑種植物を作り出すことができる．四倍体や三倍体などの染色体数の倍加効果は，細胞や組織の肥大，栄養器官の巨大化として表現型にあらわれる．しかし，生殖細胞の減数分裂に際して相同染色体が2本以上あるため，染色体対合が異常となる．このため，同質四倍体や同質三倍体などの植物では，種子稔性が著しく低下する．

染色体の異数性変異には，表9.1に示すような種類がある．これらの中で零染色体変異は，真の二倍体ではゲノムが不完全となるため生存できない．

表 9.1　異数性変異体の種類

異数体変異	染色体数	英名	ゲノムの染色体構成
二染色体（二倍体）	2n	dysomic（diploid）	abcde…/ abcde…
一染色体変異	2n − 1	monosomic	bcde…/ abcde…
零染色体変異	2n − 2	nullsomic	bcde…/ bcde…
三染色体変異	2n + 1	trisomic	aabcde…/ abcde…
四染色体変異	2n + 2	tetrasomic	aabcde…/ aabcde…

（2） 半数体の誘発と育種的利用

体細胞の染色体数（2n）の半数の染色体（n）をもつ植物を半数体（haploid）という．半数体植物は減数分裂における染色体の二次対合の有無や程度による倍数性起原の推定や染色体倍加による倍加半数体の育成などに活用できる．このため，古くから遺伝学者や育種家の興味の対象となっていた．しかし，自然界における半数体の出現頻度はきわめて低く，倍数性起原に関する遺伝学的研究や純系育成などの育種的利用に必要な材料の確保が困難であった．

インドの Guha と Maheshwari（1966）がチョウセンアサガオの 1 種の葯を無菌的に人工培地で培養している折に，花粉から半数体植物が育つことを発見した．まもなく，タバコ（田中・中田，1967）やイネ（Niizeki & Oono, 1968）でも葯培養（anther culture）により半数体植物が高率で作出できるようになった．

半数体植物を効率的に作り出すもう一つの有力な方法は，Kasha と Kao（1970）により発見された遠縁交雑による染色体削除である．この染色体削除の現象は，オオムギ（*Hordeum vulgare*）に野生オオムギの 1 種（*H. bulbosum*）を交配したときにみられた．雑種胚の中で野生オオムギのゲノムがそっくり削除され，オオムギのゲノムだけが残る．この染色体削除による半数体作出法は，Bulbosum 法と呼ばれることもある．この現象を利用して半数体植物を効率よく作出するには，胚救済との合わせ技が必要である．染色体削除の現象は，他の種属間交雑でもみられる．

葯培養や染色体削除で作られる半数体植物の染色体を倍加することにより，倍加半数体植物が効率的に作出できるようになった．その結果，イネ，オオムギ，トウモロコシなどの純系の育成に要する期間が大幅に短縮され，農作物育種の効率化に大きく貢献している．

（3）染色体の構造変化

染色体の構造変化には，欠失，重複，逆位，転座などがある．これらの構造的変化は，自然界でも放射線などの影響で発生し，生物進化の素材となってきたと考えられる．X線や γ 線などを植物の分裂細胞に照射して，染色体の構造変化を人為的に誘発することができる．

欠失（deletion）は染色体の遺伝子配列の一部が消失すること，重複（duplication）は同一染色体上に同じ遺伝子配列が重複して存在すること，逆位（inversion）は特定の染色体上の一部に逆の遺伝子配列が存在すること，そして転座（translocation）は特定の相同染色体の一部の遺伝子配列がほかの相同染色体上に転移することをいう（図9.1）．

大きな欠失や逆位があると，減数分裂時に相同染色体が対合するときに環状構造が現れる．また，二つの非相同染色体が一部を交換する相互転座（reciprocal translocation）があると，減数分裂時に染色体鎖が観察される．

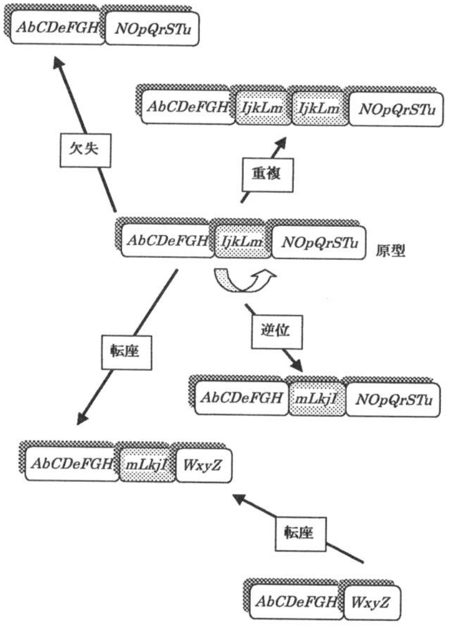

図9.1　染色体の構造変化

植物ゲノムの染色体は，細胞分裂中期に最も凝縮し，植物種に固有の数，大きさ，形状をあらわす．この時期の染色体像を核型（karyotype）という．個々の染色体の形状は図9.2のような特徴に基づき類別される．動原体を中心にして長い方の染色体部分を長腕，短い方を短腕という．植物種に固有の核型を分析することを核型分析（karyotype

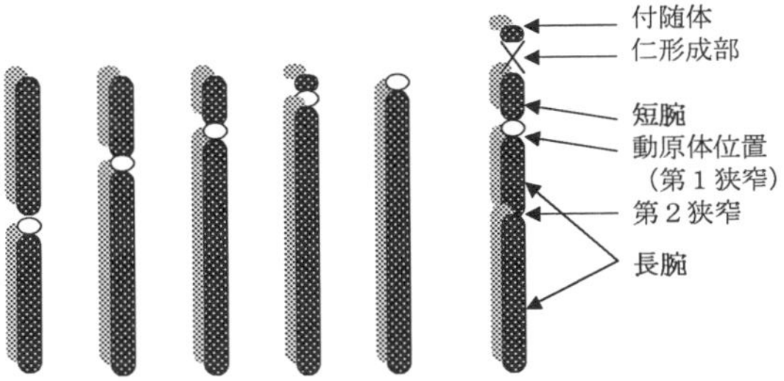

図 9.2　体細胞分裂中期染色体の構造と名称（西山，1997）

analysis）といい，種の類縁関係や進化をたどることができる．

4. 突然変異

自然界でも放射線や紫外線の影響で 1 遺伝子座あたり 10 万分の 1 (10^{-5}) 程度の確率で自然突然変異が絶えず起こっている．これが生物進化の原因の一つになっている．Stadler (1930) はオオムギに X 線照射をして人的に突然変異の誘発に成功した．その後，さまざまな物理的ならびに化学的要因が突然変異原として有効であることが明らかにされた．作物育種に利用される誘発原は，イオン化放射線と化学変異原に大別される．イオン化放射線としては X 線のほか，ガンマー線，中性子，ベータ線などがある．ガンマー線原としてはコバルト 60 (^{60}Co) やセシウム 137 (^{137}Cs) などの放射性同位元素がよく用いられる．また，化学変異原としては EMS をはじめ，MNU，dES，アジ化ナトリウムなどが用いられる．どの変異原を選択するのかは育種目標による．中性子や化学変異原は放射線より突然変異誘発率が高いが，危険性や使いやすさなどを考えて変異原を選択する必要がある．

一般に突然変異はランダムに起こり，変異原により発生する突然変異の種類が大きく変化するわけではない．しかし，早生化や染色体の構造変化には放射線が有効であり，雄性不稔の誘発には化学変異原が効果的であることが経験的に知られている．

これまでの作物育種における変異原別の利用頻度を表 9.2 に示した．これまで作物育種に利用された突然変異原の 9 割以上が放射線であり，なかでも

表 9.2　作物育種における突然変異原の利用頻度（放射線育種場，1991：Micke 1991より鵜飼作成）

突然変異原	世界	日本		
		農作物	観賞植物	合計
ガンマー線	570	28	25	53
X線	292	1		1
中性子	49			0
その他の放射線	22	3		3
化学変異原	95	1		1
不明	1			0
間接利用	293	34		34
合計	1322	67	25	92

ガンマー線が最もよく利用されている．なお，ガンマー線の種子および生体照射については，独立行政法人・農業生物資源研究所・放射線育種場に依頼できる．

人為突然変異を使う育種には，次のよう特徴が考えられる．

①　育種目標の達成のための特性改良に必要な新たな遺伝子を作出できる．

②　優良品種の遺伝子型を大きく変更せず，特定の形質だけの改良ができる．

③　人為突然変異はほとんどが劣性である．

④　いずれの遺伝子座でも突然変異はランダムに発生する．

これまでの人為突然変異を利用する育種では，さまざまな形質が改良されてきた．これまでに人為突然変異を利用して育成された品種では，多収性，半矮性，早熟性，病害抵抗性，耐寒性，種子特性，品質特性などが改良されたケースが多い．有用遺伝子の誘発頻度は対象形質により異なる．

人為的に誘発されるのは，劣性突然変異が圧倒的に多い．このことから活性をもつ酵素を作る優性遺伝子が突然変異により破壊されて劣性遺伝子に変化して，酵素の活性が失われて形質に変化が現れると考えることができる．

したがって，特定の形質に関する突然変異の出現頻度は，その形質の発現に関与する遺伝子数によると推察できよう．人為突然変異の中でも白子，黄子，黄緑子などの葉緑素変異の発生頻度が高いのは，葉緑素の形成に関与する遺伝子数がきわめて多く，いずれの遺伝子が突然変異により機能を失っても葉緑素変異として現れるためと考えられる．

実用的農業形質の突然変異誘発率を鵜飼（1992）がまとめた結果を表 9.3 に示した．このデータから短稈，早熟性，雄性不稔などは，千分の 1 (10^{-3}) のオーダーの高頻度で出現することがわかる．これらの農業形質の発現に関与する遺伝子数が多く，いずれの遺伝子が破壊されても突然変異として現れ

表 9.3　農業形質の人為突然変異誘発率 (鵜飼, 1992)

突然変異形質	作物名	誘発源	変異誘発率
短稈	イネ	EMS	3.5×10^{-3}
	イネ	ガンマー線	9.3×10^{-4}
短幹	タバコ	EMS	2.5×10^{-2}
密穂	オオムギ	ガンマー線	1.1×10^{-3}
	オオムギ	化学物質	2.3×10^{-3}
蝋質欠損	オオムギ	ガンマー線	1.0×10^{-3}
	オオムギ	化学物質	3.1×10^{-3}
早熟性	イネ	ガンマー線	4.2×10^{-3}
	オオムギ	ガンマー線	6.3×10^{-3}
	ダイズ	ガンマー線	2.9×10^{-3}
	イネ	ガンマー線	1.5×10^{-3}
雄性不稔	イネ	EI	5.5×10^{-3}
	オオムギ	ガンマー線	2.2×10^{-3}
	オオムギ	EI	1.0×10^{-2}
	トマト	ガンマー線	9.0×10^{-3}
単稈 (無分けつ)	オオムギ	ガンマー線	1.7×10^{-4}
もち性	イネ	EI	4.1×10^{-4}
耐寒性	バミューダグラス	ガンマー線	1.0×10^{-5}
黒さび病抵抗性	コムギ	ガンマー線	1.4×10^{-7}
	エンバク	ガンマー線	6.5×10^{-6}
うどんこ病抵抗性	オオムギ	ガンマー線	3.8×10^{-5}
	オオムギ	EI	1.3×10^{-5}
赤色斑点病抵抗性	ソラマメ	ガンマー線	1.4×10^{-4}
萎凋病抵抗性	ハッカ	ガンマー線	5.1×10^{-5}

注) EI : ethyleneimine, EMS : ethylmethanesulfonate

ると解釈できる．一方，突然変異により誘発される病害抵抗性に関しては，変異率が十万から百万分の 1 (10^{-5}～10^{-6}) と低いのは，関与する遺伝子が 1～少数と少ないためと考えられる．

現在では，遺伝子突然変異の発生メカニズムが分子レベルで明らかにされている．タンパク質をコードしている構造遺伝子の塩基配列が変化すれば，遺伝子突然変異として現れる．たとえば，あるタンパク質の一部のアミノ酸配列が……Glu-His-Ile-Gly-Leu-Lys……であるとすると，これをコードする塩基配列は……GAGCATATTGGTCTAAAG……となる (表 4.2 参照)．ここで突然変異原の作用により 2 番目のアミノ酸ヒスチジン (His) に対応するコドン CAT の最後のチミン (T) がアデニン (A) に変化すると，対応コドンは CAA となる．CAA はグルタミン (Gln) のコドンであるからアミノ酸配列の中のヒスチジン (His) がグルタミン (Gln) に変化し，アミノ酸配列は，…

…Glu-*His*-Ile-Gly-Leu-Lys…… から ……Glu-*Gln*-Ile-Gly-Leu-Lys……に変化する．こうして1個の塩基の変化がアミノ酸を変える結果，タンパク質の機能が変化あるいは喪失して表現形質に変化が現れる．これが塩基置換により突然変異が発生するメカニズムである．

先の例で，……GAGCA*T*ATTGGTCTAAAG……という塩基配列の6番目のチミン（T）が失われてしまうと，塩基配列は……GAGCAATTGGTC-TAAAG？……に変化する．その結果，最初のコドンはグルタミン酸（Glu），次のコドンがグルタミン（Gln），3番目のコドンがロイシン（Leu），4番目のコドンに対応するのはバリン（Val）となるが，次のコドンはTAAで終止コドンであり，ここでRNA転写は停止してしまう．その結果，突然変異した遺伝子は全くタンパク質を作ることができなくなり，構造遺伝子部分が欠失するのと同じ結果となる．

塩基置換と塩基欠失とでは効果の現れ方が異なることもあるし，同じになることもある．前者の場合でも，構造遺伝子の塩基配列の途中に終止コドン（TAA，TAG，TGA）が現れれば，RNA転写が停止して遺伝子は機能を発揮できない．この点は後者でも同様である．しかし，塩基置換の場合，置換されたアミノ酸がタンパク質の機能に重大な効果を及ぼさないこともあり，タンパク質の機能があまり変化しなかったり，部分的に残ったりすることもある．これに対して塩基欠失では，欠失した塩基の後はコドンの塩基が一つ宛ずれる，いわゆるフレームシフト（frame shift）により，全く異なるアミノ酸配列になってしまう．このため，塩基欠失などに伴う突然変異は致命的になることが多い．

5．培養変異

現在では，植物の器官，組織，細胞などを無菌的に育てることができるようになった．植物の組織培養では，成長点などの器官から直接植物体が再生する場合と，組織や細胞がいったん脱分化してカルスを形成し，カルス経由で新植物体が再分化する場合とがある．後者のカルスからの再分化植物には，多くの遺伝的変異が発生する．これらの培養変異は，組織や細胞から脱分化

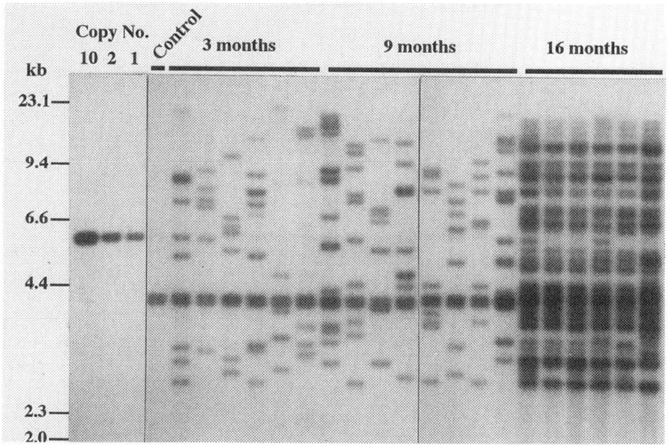

写真７　組織培養により活性かするイネのレトロトランスポゾン（廣近洋彦 氏:提供）
イネ品種日本晴の組織培養により誘導されたカルスを3,9,16カ月間培養した後，再分化させた植物体では，レトロトランスポゾンTos17-1のコピー数が著しく増加する．これが組織培養に伴う遺伝変異の発生と深い関係があると考えられる．

するカルスの培養・増殖の過程において，遺伝子あるいは染色体レベルで生ずる遺伝変異と考えられる．培養変異の発生原としては，自然の遺伝子突然変異や染色体異常のほか，2，4－Dなどの高濃度の植物ホルモンの影響や脱分化したカルスで活性化するレトロトランスポゾンの働きなどが考えられる(Hirochika ら，1996)（写真7）．

ところで，植物育種における培養変異の評価は，積極的に育種に利用できる場合と，そうでない場合とでは大きく異なる．両親のすぐれた特性を組み合わせて新品種を開発するイネの育種などでは，葯培養に伴い発生する培養変異は厄介ものでノイズに過ぎない．人為選抜にあたっては，遺伝変異が大きい方がよいとする主張もあるが，余分な遺伝変異の存在により人為選抜の効果があがらないことになる．他方，有性生殖の困難なダイジョなどの栄養繁殖性作物の育種では，組織培養に伴う体細胞変異を有効に活用することができる．

6．組換えDNA

組換えDNA（recombinant DNA）は，分子生物学ならびに生物工学技術の発展により可能となった遺伝子の直接操作技術であり，全生物種の遺伝子を作物のゲノムに組み込んで，本来の機能を発揮させることのできる画期的な技術と言える．組換えDNAの具体的な方法については，第5章で詳しく述べた．植物育種に組換えDNA技術を適用するには，組織や細胞の人工培養技術と組織や細胞から植物体を再生させる再分化技術とともに，遺伝子の単離と移行の技術が不可欠である．作物や生物の種類ごとに組織培養や遺伝子単離・導入の技術が異なり，それぞれに固有の方法が必要となる．

カルスあるいはプロトプラストに外来遺伝子を導入し，組換え細胞からカルスを経て植物体を再分化させることが多く，必然的に培養変異を伴うと考えなければならない．組換えDNAにより作られるGM植物には，予期しない多様な遺伝変異が現れるため，人工交配や人為突然変異による通常の育種と同様な手続きにより，特性や適応性の検定を行う必要がある．GM作物では，生態系への影響評価や農産物の安全性の評価などが必要となり，慣行的な育種よりもむしろ長い時間が必要となることも考慮しなければならない．

組換えDNA技術の特質は，作物育種の効率化や育種年限の短縮にあるのではなく，他の生物種の遺伝子を作物ゲノムに組み込んで，自然界には存在しない新たな機能を作物に付与できることである．たとえば，実用化されている除草剤耐性ダイズや耐虫性トウモロコシでは，いずれもバクテリアの遺伝子を作物ゲノムに組み込んで，自然界には存在しない耐性機構が作り出された．組換えDNA技術を活用すれば，全ての生物種の遺伝子が利用可能となり，これまでにない画期的な遺伝変異を作物にもたせることができる．

7．選抜基本集団の養成

人工交配，突然変異，あるいは組換えDNAなどにより遺伝変異を誘発して作られるのが選抜基本集団である．この集団には，遺伝変異が豊富に含まれるとともに，育種目標の達成に必要な遺伝子型が存在するか，あるいはその遺伝子型を生ずる可能性のある遺伝子型が集団内に存在する必要がある．有望な遺伝子型が存在しないか，それが出現する可能性がない場合には，選抜基本集団を作り直す必要がある．たとえば，イネ品種「コシヒカリ」と同様の品質・食味の半矮性品種を開発しようとする場合，コシヒカリにガンマー線を照射した後，自殖して得られる第2（M_2）世代の集団の中に目的とする半矮性植物が見当たらない場合には，この M_2 集団からは育種目標に合う遺伝子型を作りだすことはできないと判断せざるをえない．

人為選抜の効率をあげるには，選抜基本集団の有利な遺伝子（または遺伝子型）の頻度を高める工夫が必要である．たとえば，自殖性作物の改良ではヘテロ接合体の割合の高い雑種初期（F_2 や F_3）世代よりは，自殖後期（F_5〜F_7）世代の方が人為選抜の効果があがる．また，育種目標に合う特性をもつ遺伝子型が存在しないか，その頻度が極端に低いとみられる場合には，遺伝的組換えを促すために集団内で相互交配を行ったり，自然選択を利用して有利な遺伝子（または遺伝子型）頻度を高めてから人為選抜を行うのが効果的である．

（1） 遺伝変異の固定

自家受粉作物の自殖系統や他家受粉作物の近交系の改良においては，人工交配による雑種初期世代や突然変異誘発処理当代のようにヘテロ接合体の頻度が高い世代における人為選抜は，効果があがりにくい．そこで，自殖世代を進めホモ接合体の割合を高めてから選抜基本集団とする方が選抜効果が高まる．

イネやコムギの育種では，短日処理や春化処理により生活環を短縮して，1年に2〜3世代を進める世代促進により，自殖を数回繰り返してホモ接合性程度の高まった集団を選抜基本集団とすることが多い．わが国のイネの育種では，雑種初期（F_2 あるいは F_3）世代から系統選抜を開始する系統育種（pedigree breeding）よりは，西南暖地の温暖な気候や温室を利用した周年栽培により2〜3年の間に数世代自殖して雑種後期（F_5〜F_7）世代になってから選抜をはじめる集団育種（bulk breeding）が広く普及している．

人工交配で作られる F_1 世代の植物の葯培養により作出される半数体の染色

体倍加で倍加半数体を作り選抜基本集団とすれば，実質的には純系選抜による改良が可能となる．イネやタバコでは，葯培養により多くの品種が開発されている．しかし，世代促進による自殖系統に比較すると，F_1 植物の葯培養や遠縁交配によるゲノム削除と胚救済により養成される倍加半数体純系では，遺伝的組換えの機会がほぼ半減される（第6章参照）．そればかりでなく，世代促進により遺伝的固定をはかる方が，固定系統の養成に要するコストをはるかに低く抑えることができる．このため，わが国のイネの育種では，葯培養よりは世代促進による選抜基本集団の養成が広く普及している．

（2）循環選抜による有望遺伝子型頻度の向上

自殖性作物の純系間交配や他殖性作物の集団間交配により得られる雑種集団において有望遺伝子型の頻度が低いとみられる場合，無作為交配や戻し交配などにより望ましい遺伝子型の頻度を高めることができる．

集団内の無作為交配と人為選抜を繰り返し行う循環選抜は，遺伝的組換えの促進により雑種集団内の有望遺伝子型の頻度を着実に高めるのに有効な方法である．また，多くの不利な遺伝子をもつ遠縁品種や近縁野生種などから有用な1対（あるいは少数対）の対立遺伝子を主導品種に導入するには，後者を反復親とする戻し交配と有用遺伝子の選抜とを繰り返すことにより，選抜基本集団を作るのが効果的である．

第10章　自然選択と人為選抜

自然界では，さまざまな変異原による遺伝子突然変異や染色体異常あるいは自然交雑などにより生ずる遺伝的変異に自然選択が加わり野生植物は進化してきた．同様な原理により，人工交配，人為突然変異，染色体倍加，組換えDNAなどの方法で誘発される遺伝的変異に人為選抜を働かせて農作物の改良が行われる．

農作物の育種において植物集団の遺伝的構造を改変するには，外からの遺伝子の流入を防ぐために，集団を隔離した上で表現形質の選抜により有利な遺伝子（または遺伝子型）の頻度を高める．有利な遺伝子（あるいは遺伝子型）の頻度をどこまで高められるかは，植物集団の生殖様式により異なる．たとえば，イネ，コムギ，ダイズなどの自殖性作物の改良では，自家受粉により純系を作り，有利な遺伝子の頻度を100％にまで高めることができる．また，トウモロコシなどの一代雑種（F_1）品種の改良では，雑種強勢が最高度に発現するように，両親となる近交系に有利な遺伝子を分別して固定させる．いも類や果樹類などの栄養繁殖性作物では，有望な遺伝子型をそのままクローンとして増殖することができる．しかし，多くの牧草類などの品種は，開放受粉集団となっているため，有利な遺伝子の頻度を100％にまで高めて形質を遺伝的に固定することは困難である．開放受粉集団では，雑種強勢の発現に有利なヘテロ接合体の頻度は，最大50％までしか高めることができない．

雑種集団や開放受粉集団の有利な遺伝子の頻度を高める上で自然選択を有効に活用することができる．特定病害虫の発生しやすい環境やアルカリ土壌などの問題土壌で雑種集団を栽培することにより，病害虫抵抗性や問題土壌耐性の遺伝子頻度を自然選択により高めることができる．自然選択を活用して選抜基本集団の有利な遺伝子の頻度を高めることにより，人為選抜の効果をあげることができる．

1．自然選択と環境適応

異なる遺伝子型からなる植物集団を異なる生育環境で育てると，集団内の個体間で生存競争が起こり，適者残存の原理により生育環境によりよく適応する個体が多くの子孫を残し，適応できない個体はわずかな子孫しか残せない．その結果，植物集団の遺伝子（または遺伝子型）頻度が変化し，集団の遺伝的構造が変わる．

アメリカ合衆国の Harlan と Martini (1938) は，特性の異なるオオムギ11品種を等量混合した集団を合衆国の北・西部の10州の農業試験場で4～10年間栽培して，混合集団の品種構成の変化を調査した（表10.1）．この調査では，Coast と Trebi の2品種は識別が困難であったので混みにして調査した．Allard (1960) によると，供試した11品種のうち Trebi は合衆国の各地で広く栽培されており，北部中山間地帯の主要品種である．Manchuria は北部平原，北中部ならびに北東地域の主要商業品種である．太平洋沿岸の商業生産地域では，沿岸型オオムギが優越している．Hannchen と White Smyrna は収量性にすぐれた二条種であり，Hannchen は冷涼で多湿な地域，White Smyrna は乾燥地域で成績がよい．混合集団に含まれる他の品種は，いずれもよいタイプとは見なせない．Deficiens と Meloy は全ての地域でかんばしくない．

表10.1　オオムギ品種混合集団の自然選択の効果　(Harlan & Martini, 1938)

品種 / 場所	Virginia	New York	Minnesota	N.Dakoda	Nebraska	Montana	Idaho	Washington	Oregon	California
Coast & Trebi	446	57	83	156	224	87	210	150	6	362
Gatami	13	9	15	20	7	58	10	1	0	1
Smooth Awn	6	52	14	23	12	25	0	5	1	0
Lion	11	3	27	14	13	37	2	3	0	8
Meloy	4	0	0	0	7	4	8	6	0	27
White Smyrna	4	0	4	17	194	241	157	276	489	65
Hannchen	4	34	305	152	13	19	90	30	4	34
Svanhals	11	2	50	80	26	8	18	23	0	2
Deficiens	0	0	0	1	3	0	2	5	0	1
Manchuria	1	343	2	37	1	21	3	1	0	0

注）品種当たり500個体中の残存個体数

この実験の驚くべき特徴は，ある場所では1～2品種が急速に優越するようになったことである．こうした変化に伴い他の品種が急速に淘汰されている．たとえば，Washington，Oregon，California，Virginiaなどにおいて，わずか4年間の競争により1品種だけが優越するようになった．そのほかのMontana，Nebraska，Idahoなどの州では，さらにゆっくりとした変化により複数の品種が中庸の割合で維持された．

これらの結果から，オオムギの自然選択は，全ての場所でかなりの選択圧となり，いくつかの場所では大きな選択圧として作用することが明らかとなった．オオムギのような自殖性作物では，生育環境によく適する純系が増加する一方で，適応性の乏しい純系は強い淘汰圧を受けて減少し，純系混合集団の構成が急速に変化することがわかる．

明峰と菊池 (1958) は，イネの早生品種「農林20号」と晩生品種「瑞豊」とを交配して作った雑種2代 (F_2) 集団を札幌 (北海道)，大曲 (秋田県)，上越 (新潟県)，平塚 (神奈川県)，津 (三重県)，出雲 (島根県)，筑後 (福岡県)，宮崎 (宮崎県) の8箇所の農業試験場に配布した．そして，4年間にわたり人為選抜を加えずに自殖を繰り返して世代を進め，F_6 世代の集団を平塚に集めて自殖により F_8 世代の系統を養成し，到穂日数と稈長の変異を調査し，図10.1に示すよ

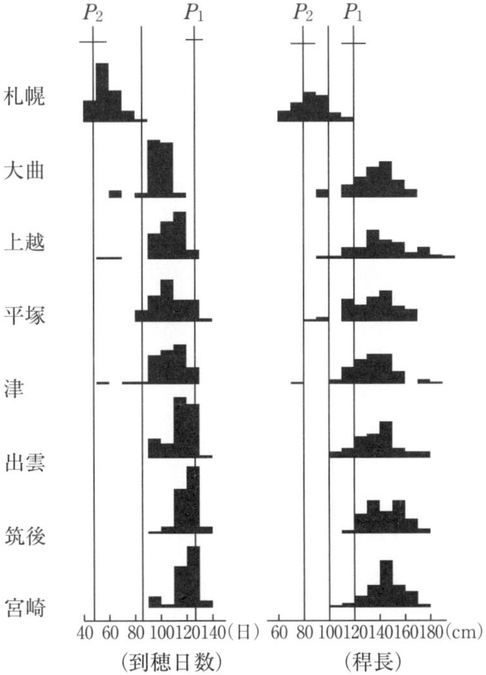

図10.1　イネの瑞豊/農林20号の F_8 系統の形質変異 (明峰・菊池，1958)
注) P_1 と P_2 の下の横棒は親品種の範囲を示す．

うな結果を得た．

この F_2 雑種集団は，到穂日数や稈長に関して広範な遺伝的変異を表した．この雑種集団を北海道から九州にわたる 8 カ所の試験場で栽培する間に，自然選択により集団の遺伝的構成が大きく変化し，到穂日数と稈長に関する F_8 系統の変異は，栽培場所の環境の影響により特異的な様相を示した．生育期間が短く日長の長い札幌で栽培された集団には，感光性が低く早生で短稈の「農林 20 号」(P_2) に近い系統が多かった．これとは対照的に，生育期間が長く生育後期に日長の短くなる筑後や宮崎では，感光性が高く晩生で長稈の「瑞豊」(P_1) に近い系統が多く残った．そして，上越，平塚，津などの中部地域で栽培された集団には，到穂日数と稈長ともに幅広い変異があることがわかった（菊池 1979）．

これらのことから集団育種において，雑種初期世代を無選抜で養成する場合，気温や日長などの自然環境の違いによる自然選択が加わって雑種集団の変異が一定の方向に偏ることを考慮しなければならない．自然選択により到穂日数や稈長の変異が直接的な影響を受けるのみならず，これらの形質を支配する遺伝子とほかの形質の遺伝子が連鎖していることにより，自然選択の影響がほかの形質の変異に及ぶことも考えられる．いずれにせよ，育種の行われる場所の環境の違いによる自然選択の影響は避けられない．

2．自然選択のタイプ

自然選択は図 10.2 に示すような三つのタイプに分けることができる．

（1）方向選択

方向選択（directional selection）では，極端な表現型値のみが選択される．自然界で広くみられる選択様式である．たとえば，高い稔性や生存率あるいは病害虫抵抗性などは，適応上一方的に有利となるため，方向選択が働くと考えられる．方向選択の結果は，子孫集団の平均が選択方向に移動して進化する．子孫集団の平均の変化量は，選択強度と遺伝率によって決まる．

農作物の育種で行われる切断型選抜は，すぐれた特性をもつ個体や系統を

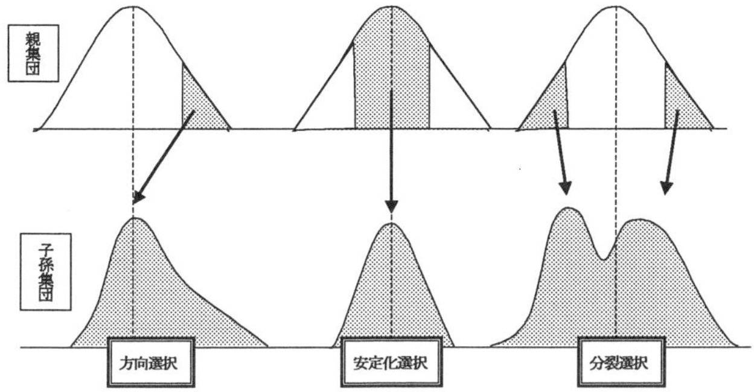

図 10.2　自然選択（淘汰）のタイプ

一定の方向に選抜する点では，1 種の方向選択とみなすことができる．

(2) 安定化選択

安定化選択（stabilizing selection）では，集団平均に近くの表現型値が選択される．その結果，子孫集団の平均値は変化しないが分散が縮小する．安定化選択は，最も普遍的にみられる自然選択様式である．集団平均の近傍の表現型が最も適応度が高く，平均から離れるほど適応度が低下する．

農作物育種との関連では，品種保存や原種生産などにおいて，品種の特徴を維持するために，平均からかけ離れた異型を取り除く．この異型除去は安定化選択の 1 種とみなすことができる．

(3) 分裂選択

異なる遺伝子型に対して自然選択が同時に働く場合に分裂選択（disruptive selection）となる．分裂選択により集団の遺伝的構成が複雑に変化する．

① 表現型が多様化し，遺伝変異が拡大し，複数のピークをもつ分布となる．
② 遺伝的連鎖，とくに相引連鎖が打破され，連鎖不平衡が維持される．
③ 性の二型性や擬態多型など遺伝的多型が発生する．
④ 発散適応と生殖的隔離を起こす．
⑤ 選抜の相関反応や自家不和合性の打破が起こる．

分裂選択には二つのタイプがある．一つは D^+ 選択と呼ばれ，表現型値を増加させる対立遺伝子同士，あるいは減少させる対立遺伝子同士の交雑が起こり，両者は隔離されていて遺伝子の交換は起こらない．この D^+ 選択の結果，表現型ならびに遺伝子型の多様化が進み，異所的種形成が起こる．もう一つのタイプである D^- 選択では，増加遺伝子と減少遺伝子が交雑し，遺伝的多型を生ずる．地理的隔離が存在しない場合，異なる生育場所において異なる選択圧を受け，遺伝的分岐により同所的種形成が起こる．

作物育種との関連では，強連鎖の打破，選抜に対する相関反応，潜在的遺伝変異の放出，広域適応性品種の育成（岡，1975）などに人為的な分裂選抜が活用される．

3．選抜単位と選抜効果

人為選抜の対象となる最小単位を選抜単位（selection unit）という．選抜単位としては，系統，植物個体，細胞，選抜基本集団などが想定される．

系統とは，一定の繁殖様式により同一親（または両親）から作られる子孫集団であり，自家受粉による自殖系統，決まった両親の間の交配によって作られる全きょうだい系統，一方の親を共通にもつ半きょうだい系統などがある．

系統を単位として，その平均的な成績に基づいて選抜を行うのが系統選抜（family selection）であり，子孫系統の平均的成績に基づいて親を選抜単位として行われるのが後代検定選抜（progeny-test based selection）である．

イネやコムギなどの自殖性作物の純系改良では，自殖系統を選抜単位として選抜を行い，選抜された系統の個体をさらに自殖して次世代の系統を養成する．一方，トウモロコシや牧草類などの他殖性作物の集団改良では，半きょうだい系統などの後代検定に基づき系統の親を選抜する．

自殖性作物の系統選抜も他殖性作物の後代検定選抜も子孫の成績に基づいて親の能力を評価する点では共通している．このような系統を選抜単位とする人為選抜は，ポリジーン支配の量的形質の改良にとくに有効である．

植物個体の表現型に基づく人為選抜が個体選抜（plant individual selection）である．色素，形状，成分の有無など，遺伝率の高い形質の選抜には有効であるが，環境変動が大きく遺伝率の低い量的形質の選抜には効果が小さい．

人工培養細胞などを選抜単位とする細胞選抜は，特定の化学物質に対する耐性，温・湿度ストレス耐性，栄養要求性，特定成分の存否などの選抜を効率的に行うことができる．しかし，細胞と個体との間の形質発現の関連性が明らかになっている必要がある．たとえば，細胞レベルで現れるストレス耐性が個体レベルで必ず現れるとは限らない．

人工交配による雑種集団や突然変異誘発集団などの選抜基本集団自体が選抜単位となることもある．基本集団の中に育種目標の達成に役立つ遺伝子型が存在しないか，あるいは出現する可能性が見込めない場合，選抜基本集団を破棄することを考える必要がある．実際のイネ育種などでも，特定の交配組合せの中に望ましい個体や系統が見当たらない場合，その組合せの材料全体が破棄されることもある．

4．個体選抜と系統選抜

個体選抜と系統選抜は，人為選抜の対象となる形質の種類，遺伝率，次世代養成の仕方などにより使いわける必要がある．色，形，毛じ，成分の有無など環境変異が少なく，1（ないし少数）対の主働遺伝子に支配される質的形質には，個体選抜が有効である．しかし，草丈，子実重，熟期，成分含有量など多数のポリジーンに支配されていて環境変異の大きい量的形質の選抜にあたっては，系統選抜の方がはるかに効果的である．

自殖性作物の自殖系統や他殖性作物のきょうだい系統や近交系の養成にあたっては，親となる個体を基本集団から選抜する必要がある．各系統の中から次世代の親を選定する際にも，個体選抜が必要になる．個体選抜では，環境変異の少ない質的形質に重点をおくのが効果的であるが，量的形質についてもまったく選抜の効果があがらないわけではない．

アメリカ合衆国のC.O. Gardner（1961）は，中性子照射により突然変異を誘発したトウモロコシ集団から少しでも収量性の高い個体を選び出すために，格子区画選抜（grid selection）という巧妙な方法を考案した．この方法では，トウモロコシの栽培されている圃場を多数の区画（grid）に分け，それぞれの区画の中で最も収量性の高そうな個体を選抜する．

その原理は次の通りである．植物個体の表現型値Pは，遺伝的効果G，環境効果E，両者の相互作用GEならびに誤差効果eの和とみることができる．すなわち $P = G + E + GE + e$ となる．したがって，表現型分散（$\sigma_P{}^2$）は要因別分散の和となる．

$$\sigma_P{}^2 = \sigma_G{}^2 + \sigma_E{}^2 + \sigma_{GE}{}^2 + \sigma^2 \quad \cdots\cdots\cdots\cdots \quad (10-1)$$

この場合，広義の遺伝率は，$\sigma_G{}^2/\sigma_P{}^2$ となる．

格子区画方式では，圃場を多数のグリッド（格子区画）に分割することにより，環境分散 $\sigma_E{}^2$ をグリッド間分散 $\sigma_{E(B)}{}^2$ とグリッド内全分散 $\sigma_{E(W)}{}^2$ とに分割できる．さらに，グリッド内全分散 $\sigma_{E(W)}{}^2$ は，i番目のグリッド内の環境分散を $\sigma_{E(W)i}{}^2$ とすると，全グリッド数nの個々のグリッド内分散をプールした値 $\Sigma_i \sigma_{E(W)i}{}^2$ となる．これらの環境分散の間には次の関係が成り立つ．

$$\sigma_E{}^2 = \sigma_{E(B)}{}^2 + \sigma_{E(W)}{}^2 > \sigma_{E(W)}{}^2 >> \sigma_{E(W)i}{}^2 \quad \cdots\cdots\cdots \quad (10-2)$$

したがって，全圃場選抜の遺伝率（h^2）よりは環境分散が縮小して，格子区画方式による選抜では，遺伝率 $h_{gr}{}^2$ が大きくなり個体選抜の効果が上がることになる．

実際の農作物の育種現場では，育種家の達観により，遺伝的固定度（遺伝的分離の程度）を確かめるとともに，系統平均値を指標として選抜が行われる．p個体からなる系統の平均値の分散は，植物個体分散の $1/p$ となる．このため，系統間の差異を識別しやすくなる．

5．遺伝率の推定

植物の形状や色，あるいは含有成分の有無などの質的形質は，作用の大きい1（ないし少数）対の主働遺伝子により支配されているため，環境の影響を受けにくく，Mendelの法則に基づく遺伝子分析ができる．しかし，量的形質は微小な作用をもつ多数のポリジーンにより支配されており環境変動も大きいため，遺伝子分析や組換えによる遺伝子移行が困難である．最近では，DNAマーカーを用いたQTL解析などにより，作物のゲノム上にポリジーンを位置づけることができるようになった．しかし，ポリジーンを遺伝的に操作して，量的形質の改良に直接役立てることは，今のところ困難である．

そこで，量的形質の遺伝変異の解析には，統計遺伝学や量的遺伝学の手法が用いられる．これらの方法では，表現型分散 V_P を遺伝分散 V_G と環境分散 V_E とに分割し，さらに，遺伝分散 V_G は相加分散 V_A，優性分散 V_D および上位分散 V_I などの遺伝分散成分に分割することができる（第7章参照）．

$$V_P = V_G + V_E$$
$$= V_A + V_D + V_I + V_E \quad \cdots\cdots \quad (10-3)$$

量的形質の遺伝性の大小は遺伝率（heritability）で表すことができる．広義の遺伝率と狭義の遺伝率とが定義できる．広義の遺伝率（${h_B}^2$）は，表現型分散 V_P に対する遺伝分散 V_G の割合であり，狭義の遺伝率（${h_N}^2$）は，表現型分散 V_P に対する相加分散 V_A の割合で定義される．

$${h_B}^2 = V_G / V_P$$
$${h_N}^2 = V_A / V_P \quad \cdots\cdots \quad (10-4)$$

広義の遺伝率は純系あるいは栄養系の変異分析などにより，また，狭義の遺伝率は2純系間交配雑種集団の変異分析や親子間回帰分析などにより推定することができる（第7章参照）．

（1） 分散分析による広義の遺伝率の推定

n 個のイネ純系品種あるいはヤムイモのクローン品種などの遺伝的に均質な材料を供試して，品種ごとに r 回の繰返し（品種内植物個体）のある実験を行う場合，i 番目の品種の j 番目の反復のデータを X_{ij} とすると，線形モデルは次の通りとなる．

$$X_{ij} = \mu + v_i + e_{ij} \quad \cdots\cdots \quad (10-5)$$

この式で μ は母平均，v_i は品種による遺伝的効果，e_{ij} は環境による誤差効果である．このモデルのデータは一重分類データであり，表7.3に示したように分散分析（ANOVA）を行うことができる．この分散分析の結果から，品種間の遺伝変異による遺伝分散成分 κ^2 ならびに品種内の環境の差異による分散成分 σ^2 とを推定することができる．これらの推定値から広義の遺伝率を推定できる．

$$h_B^2 = \kappa^2 / (\sigma^2 + \kappa^2) \quad \cdots\cdots \qquad (10-6)$$

この他さまざまな実験計画モデルに基づく分散分析により，遺伝分散と環境分散を推定して，広義の遺伝率を求めることができる．

一方，部分ダイアレル・データの分散分析により，狭義の遺伝率を推定することができる．部分ダイアレル交配では，二つの近交系間交配に由来する雑種世代において，f 個の母本を選び m 個の父本セットを交配して fm 組の交配組合せの F_1 雑種を作る．この種のデータの線形モデルでは，i 番目の母本と j 番目の父本の交配による F_1 植物 k 番目の個体（組合せ内反復）の表現型値を X_{ijk} とすると，

$$X_{ijk} = \mu + f_i + m_j + (fm)_{ij} + e_{ijk} \quad \cdots\cdots \qquad (10-7)$$

この式で f_i は母本の遺伝効果，m_j は父本の遺伝効果，$(fm)_{ij}$ は両者の交互作用効果，e_{ijk} は環境による誤差効果を表す．

このモデルの分散分析は表 10.2 の通り行うことができる．この分散分析表から，各遺伝分散成分と環境分散を求めることができ，狭義の遺伝率 h_N^2 は次式で求まる．

$$h_N^2 = (\sigma_F^2 + \sigma_M^2) / (\sigma_F^2 + \sigma_M^2 + \sigma_{FM}^2 + \sigma^2) \quad \cdots\cdots \qquad (10-8)$$

表 10.2　部分ダイアレル交配による分散分析　(Grafius ら，1952)

要因	自由度	偏差平方和	分散の期待値
母本	f − 1	$SS_F = \Sigma_i X_{i..}^2 / rm - X_{...}^2 / rfm$	$\sigma^2 + r\sigma_{MF}^2 + rm\sigma_F^2$
父本	m − 1	$SS_M = \Sigma_j X_{.j.}^2 / rf - X_{...}^2 / rfm$	$\sigma^2 + r\sigma_{MF}^2 + rf\sigma_M^2$
交互作用	(f − 1) (m − 1)	$SS_{FM} = \Sigma_{ij} X_{ij.}^2 / r - X_{...}^2 / rfm - SS_F - SS_M$	$\sigma^2 + r\sigma_{MF}^2$
誤差	fm (r − 1)	$SS_E = SS_T - SS_F - SS_M - SS_{FM}$	σ^2
合計	rfm − 1	$SS_T = \Sigma_{ijk} X_{ijk}^2 - X_{...}^2 / rfm$	

注）f，m，r　はそれぞ母本，父本，反復の数

（2）回帰分析による狭義の遺伝率の推定

子が親に類似する程度が遺伝率であるから，片親または両親の平均に対する子の回帰（親子回帰）から遺伝率を推定できる．親子回帰から推定される遺伝率は，広義の遺伝率と狭義の遺伝率の中間値になり定義上明確でない．

自殖性作物の2純系間交配後代の世代間回帰から遺伝率を求めることができる（鵜飼，2002）．たとえば，2純系間交配における F_2 個体に対する F_3 系統平均値の回帰が広・狭義の中間の遺伝率 h_{BN}^2 となる．

$$h_{BN}^2 = W(F_2, F_{3m}) / V(F_2)$$
$$= \{(1/2)V_A + (1/8)V_D\} / \{(1/2)V_A + (1/4)V_D + V_E\} \cdots\cdots (10-9)$$

この式で $W(F_2, F_{3m})$ は，F_2 個体と F_3 系統平均値の共分散，$V(F_2)$ は F_2 個体の分散を示す．

自殖性・他殖性作物のいずれでも，2純系交配由来 F_2 集団の無作為抽出個体間の交配において，交配親平均値（MP）に対する全きょうだい系統平均値の親子回帰から狭義の遺伝率を推定できる．

$$h_N^2 = W(F_{2MP}, F_{3FS}) / V(F_{2MP})$$
$$= (1/4)V_A / \{(1/4)V_A + (1/8)V_D + (1/2)V_E\} \cdots\cdots \quad (10-10)$$

また，2純系間交配 F_2 集団の無作為抽出個体に対して，それらを母本とする半きょうだい系統平均の回帰から狭義の遺伝率を推定できる．

$$h_N^2 = W(F_2, F_{3HS}) / V(F_2)$$
$$= (1/2)V_A / \{(1/2)V_A + (1/4)V_D + V_E\} \cdots\cdots \quad (10-11)$$

（3）選抜実験による遺伝率の推定

正規分布を示す変異集団の一定の閾値以上の値を示す個体を人為選抜する方式を切断型選抜（truncated selection）といい，前述の自然選択における方向選択と同様な意味をもつ．雑種集団などの遺伝的分離のある世代において，切断型選抜をして次世代の子集団の平均が親集団に比較して改良される程度により遺伝率を推定することができる．選抜実験で求められる遺伝率を実現遺伝率（realized heritability）という（図10.3）．

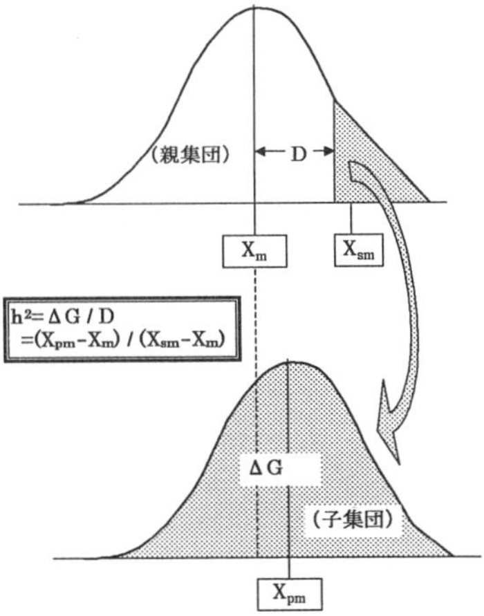

図 10.3　選抜実験による実現遺伝率推定の模式図

表 10.3　広義の遺伝率の推定値（鵜飼，2002より一部抜粋）

作物名（文献）	実験材料	推定法	形質	遺伝率（%）
イネ（柴田，1964）	4品種	品種間差異 3年平均	穂数	63.8
			1穂粒数	85.8
			稔実歩合	73.3
			粒重	59.8
			登熟日数	96.3
			出穂期	83.2
			収量	94.7
トウモロコシ（Robinsonら，1949）	F_2と2親交配の全きょうだい系統	親子回帰	草丈	50.1
			穂高	43.9
			外皮抽出	66.7
			穂数	20.1
			穂長	14.8
			穂径	18.3
			収量	12.5
ダイズ（Bartleyら，1952）	F_2，F_3，F_4	親子回帰	成熟期	75.3 − 92.3
			草丈	59.7 − 73.2
			倒伏抵抗性	43.6
			収量	10.9 − 44.8
ダイズ（Weberら，1952）	F_2	表現型分散分析	開花期	75.6
			成熟期	75.3
			草丈	62.0
			種子量	54.3
			油脂含量	54.7
			収量	0.0
トマト（西・栗山，1961）	F_2	分散成分の推定	葉数	62.0
			草丈	39.3
			第1花房開花期	54.5
			第3花房花芽数	43.0
			第1果収穫期	60.3
			第1花房果実数	27.5
			第1花房収量	42.0
			平均果実大	62.5
			果実径/果実高	57.0
キュウリ（西・栗山，1961）	F_2	分散成分の推定	第20節雌花数	92.0
			節間長	81.0
			果実径/果実長	78.0
			露菌病発病指数	61.0
ナス（後藤，1956）	F_4	表現型分散分析	開花期	72.6
			草丈	69.6
			茎直径	58.3
			株当果実数	48.6
			果実長幅比	90.6
ニンジン（有倉，1963）	開放受粉集団	片親と半きょうだい系統の回帰	全重	39.1
			葉長	37.6
			葉数	61.5
			首径	32.5
			根長	43.5
			根径	66.3
			根長/根肩径	57.2

人為選抜を行う親集団の構成員の表現型値 X が平均 X_m，分散 s^2 の正規分布 N（X_m , s^2）に従うとする．切断型選抜集団の平均値を X_{sm} とするとき，$X_{sm} - X_m$ を選抜差（selection differential）といい D で表し，これを親集団の標準偏差 s で割った値 D / s を選抜強度（selection intensity）という．

親子間の回帰係数を b とし，選抜次代の子集団の平均を X_{pm} とするとき，$X_{pm} - X_m$ を遺伝獲得量（genetic gain）または選抜反応（response to selection）といい，$\varDelta G$ で表すと次の関係が成り立つ．

$$\varDelta G = X_{pm} - X_m = b(X_{sm} - X_m) = bD \cdots\cdots \quad (10-12)$$

ところで，優性効果がなく相加効果のみの場合，親子回帰係数は遺伝率に等しくなる（$b = h^2$）．

$$\varDelta G = bD = h^2 D \cdots\cdots \quad (10-13)$$

したがって，この式から次式で実現遺伝率を求めることができる．

$$h^2 = \varDelta G / D = (X_{pm} - X_m) / (X_{sm} - X_m) \cdots\cdots \quad (10-14)$$

このように選抜実験の結果から，選抜集団平均値と親集団平均値の差に対する子集団平均値と親集団平均値の差の比率として，実現遺伝率を求めることができる．

いろいろな種類の作物において，異なる材料と方法で推定した広義の遺伝率の実測例を表 10.3 に示した．これらの値からわかるとおり，開花期や出穂期などの遺伝率は大きく，茎数や穂数，サイズ，収量などの遺伝率は低い傾向がある．供試材料や推定の方法などにより遺伝率の実測値は変動するので，遺伝率の値そのものを問題にするのではなく，遺伝率の高い形質と低い形質とをおおまかに区分して，人為選抜の時期や方法をきめるのに役立てることが重要である．

6．後代検定に基づく選抜

子孫の成績に基づき遺伝的能力の高い親を選ぶのが後代検定選抜（progeny - test based selection）である．たとえば，同一親から生まれる子孫の多くの草丈が低ければ，親には草丈を低くする遺伝子が含まれている可能性が高いとみることができる．

厳密な意味での後代検定による選抜は，雑種強勢改良のために組合せ能力の高い育種素材を開発する目的で行われることが多い．雑種強勢の現れ方は，品種や系統の表現型から予測することは困難であり，実際に交配して雑種第1（F_1）代にあらわれる雑種強勢を調べるしか方法がない．F_1 世代にあらわれる雑種強勢の程度に基づいて，親とする品種や系統を選抜する．また，後述の循環選抜による集団改良においても，全きょうだい系統や半きょうだい系統の成績により親を選抜して次世代集団を養成する．また，自家受粉により作られる自殖系統や開放受粉により母本ごとに作られる半きょうだい系統などを相互に比較して，成績のよい系統を選ぶのも実質的には後代検定に基づく選抜と言えよう．

7．循環選抜

循環選抜（recurrent selection）とは，無作為交配による遺伝的組換えの促進と有利な遺伝子型の選抜とを繰り返すことにより，望ましい遺伝子の頻度を高め，選抜基本集団を改良する技術である．

循環選抜には，さまざまな方式があり改良形質の種類，後代検定の有無や方法により類別される．循環選抜で改良の対象とするのは，植物の表現型または組合せ能力である．

（1）表現型に基づく循環選抜

開放受粉品種や選抜基本集団の改良のために，草丈，開花期，子実数，色，形状など植物が表す表現型を指標として選抜を行い，選抜個体間の無作為交配により次世代の集団をつくる．表現型に基づく選抜と集団内無作為交配により有利な遺伝子の頻度を高め，集団の遺伝的構成を改良する．

（2）後代検定に基づく循環選抜

後代検定に基づく循環選抜は，当初，一代雑種品種の開発にあたり，高い雑種強勢を表す交配母本を探すための組合せ能力の改良に有効な方法として考案された．しかし，表現形質，とくに遺伝率の低い量的形質の改良にも有効である.

トウモロコシなどの他殖性作物の一代雑種育品種開発において，組合せ能力の高い近交系を養成する目的で，選抜基本集団の改良に循環選抜の技術が用いられる.

(3) 単純循環選抜

特定の検定親に対して高い雑種強勢を示す組合せ能力の高い遺伝子型の頻度を高めるため，集団改良技術の一つとして開発された.検定(花粉)親として遺伝変異に富む集団を用いれば，一般組合せ能力の高い遺伝子型が選抜できるし，遺伝的変異の少ない近交系などを検定親とすれば，検定親に対する特定組合せ能力の高い遺伝子型が選抜される.

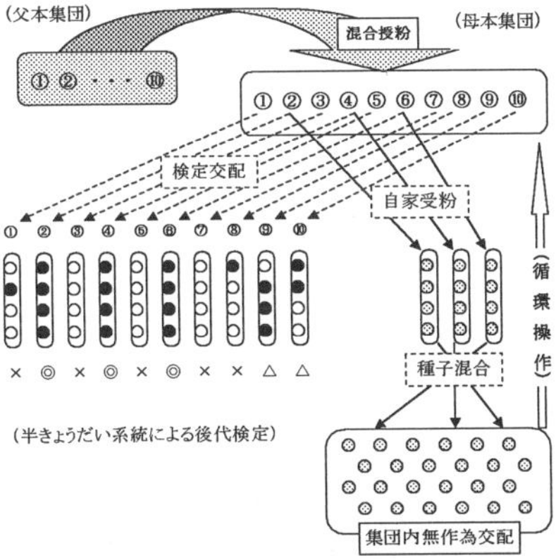

図 10.4　半きょうだい系統の検定に基づく単純循環選抜

半きょうだい系統に基づく単純循環選抜のモデルを模式的にあらわすと，図 10.4 のようになる.

① 初代の選抜基本集団から選んだ個体 (①〜⑩) に検定親集団の混合花粉を授粉する.
② 半きょうだい系統を 10 系統養成するとともに，個体別の自家受粉種子をとる.
③ これらの半きょうだい系統の中から顕著な雑種強勢をあらわす 3 系統を選抜する.
④ 選抜された系統の親 (②，④，⑥) の自家受粉種子を混合して次世代の選抜基本集団を作る.
⑤ 選抜基集団内で無作為交配 (または開放受粉) を行い，遺伝的組換えを促す.

⑥　選抜基本集団から交配母本を選んで，同様な循環操作を繰り返す．

こうした循環選抜により選抜基本集団内の有利な（高い組合せ能力をもつ）遺伝子の頻度を高めることができる．

このような単純循環選抜は，トウモロコシなど他殖性作物の一代雑種品種の開発のため，組合せ能力の高い近交系の選抜に有効である．また，オオムギやイネなどの自殖性作物の純系改良においても，雄性不稔遺伝子を活用する無作為交配により遺伝的組換えを促し，有利な遺伝子の頻度を高めるのに活用することができる（Brim & stuber, 1973 ; Ikehashi & Fujimaki, 1980）．

（4）相反循環選抜

Comstock ら（1949）により提唱された循環選抜方式で，一般組合せ能力と特定組合せ能力の両方を同時に改良できる．そればかりでなく，一代雑種品種の母・父本となる近交系の選抜に必要な基本集団を同時に改良できる卓越した選抜方式である（図 10.5）．

①　母・父本を養成する A，B 両選抜基本集団から，交配母本（①～⑤）を選抜する．

②　A 集団から選抜された母本には B 集団の混合花粉，B 集団から選抜された母本には A 集団の混合花粉を交配して，それぞれ半きょうだい系統を作る．

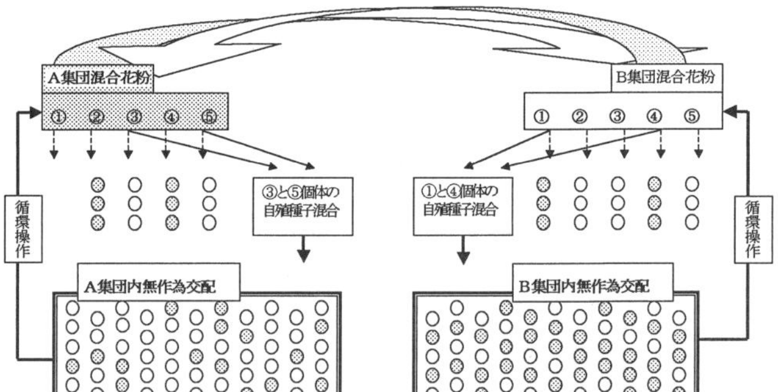

図 10.5　相反循環選抜の模式図

③ 半きょうだい系統の成績に基づき共通親を選抜する.

④ A 集団から選ばれた親(③と⑤)の自殖種子を混合して, 次世代の A 集団, B 集団から選抜された親(①と④)の自殖種子を混合して次世代の B 集団を作る.

⑤ A, B 両基本集団の中で無作為交配(または開放受粉)を行い, 遺伝的組換えを促す.

⑥ 次世代の基本集団から再び交配母本を選定して, 同様の循環操作を繰り返す.

このような選抜方式を相反循環選抜(reciprocal recurrent selection)と呼ぶ. この方法で改良される A と B 両選抜基本集団には, 雑種強勢をあらわす組合せ能力の高い対立遺伝子が蓄積されていく. このため, 改良の進んだ A および B 基本集団からは, 組合せ能力の高い近交系が効率よく選抜できるようになる.

8. 戻し交配法

古くから戻し交配による家畜の改良は, 系統繁殖と呼ばれ血統保存に使われていた. 戻し交配法を作物の育種に適用することを提唱したのは Harlan と Pope (1922) であり, Briggs と Allard (1953) がコムギのさび病抵抗性やオオムギの黒穂病抵抗性の改良に戻し交配法を適用し大きな成功をおさめた. わが国では, イネのいもち病の真性抵抗性に関する主働遺伝子を外国品種から導入するのに戻し交配法が用いられた(永井ら, 1970).

人工交配と人為選抜を繰り返して, 雑種集団内の有用遺伝子型の頻度を高める戻し交配法は, 1 種の循環選抜とみることもできる. 戻し交配法は優良品種のわずかな欠点を改良するために, 遠縁品種や近縁種などから 1 対(または少数対)の有用遺伝子を優良品種のゲノムに導入するときに有効である. たとえば, イネの改良では, 収量性にすぐれ品質や食味のよい優良品種に外国品種のいもち病抵抗性遺伝子を導入する場合などに, 戻し交配法を有効に活用することができる. この場合, いもち病抵抗性遺伝子 R をもつ外国品種を一回親(donor parent)として最初の交配にだけ用い, 優良品種を反復親

(recurrent parent) として繰返し戻し交配する.

イネのいもち病抵抗性の改良を例とした戻し交配による育種の原理を図10.6に模式的に示した. 一回親は1対の抵抗性遺伝子 ***RR*** を持つが多くの不利な遺伝子 (図では, 塗りつぶした部分) も持ち, 反復親は感受性遺伝子 ***rr*** のほかは多数の有利な遺伝子をもつと考える. 一回親に反復親を交配して作られる F_1 世代の植物に反復親を戻し交配すると, B_1F_1 世代の集団では, 抵抗性遺伝子に関して ***Rr*** と ***rr*** とが1 : 1に分離する. そこで, 抵抗性個体 (***Rr***) を選抜して, さらに反復親を戻し交配する. 同様にして選抜と戻し交配をn回繰り返して B_nF_1 世代の集団を作る. これを選抜基本集団として自殖系統を育成し抵抗性遺伝子に関して固定した系統を選抜する.

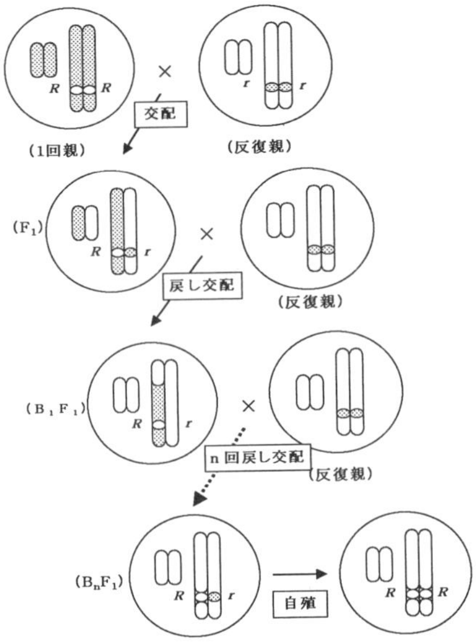

図10.6　戻し交配育種の原理

戻し交配の過程では, 一回親から導入する抵抗性遺伝子 ***R*** の座乗する染色体とは異なる染色体に座乗する独立な遺伝子は, 反復親の対立遺伝子に速やかに置き換わる. しかし, 抵抗性遺伝子と密接に連鎖した染色体ブロック (図では塗りつぶした部分) 上の不利な遺伝子は, 抵抗性遺伝子の選抜に伴う引きずり効果により, 反復親の対立遺伝子に置換されにくい. このため, 一回親から導入する抵抗性遺伝子と密接に連鎖する不利な遺伝子が育成系統に持ち込まれる可能性が高い. 理論的には導入する遺伝子との組換え価を α (独立遺伝子の場合, $\alpha = 0.5$) とすると, n回の戻し交配により一回親の遺伝子が除去される確率Pは次の式で求められる.

$$P = 1 - (1 - \alpha)^n \quad \cdots\cdots \qquad (10-15)$$

Fujimaki と Comstock (1977) は, 一回親から導入する有用遺伝子と連鎖する量的形質の効果を検出する分散分析モデルを考案し，その検出精度について論議した．$B_n F_1$ 集団から導入遺伝子のヘテロ接合体（*Rr*）とその対立遺伝子のホモ接合体（*rr*）を f 個体づつ自殖して，$B_n F_2$ 世代の 2 系統群それぞれ f 系統を r 回反復で栽培する．量的形質の変異分析のための線形モデルは，次式のようになる．i 番目の系統群の j 番目の系統の k 番目の反復のデータを X_{ijk} とすると，

$$X_{ijk} = \mu + g_i + f_{ij} + r_k + e_{ijk} \quad \cdots\cdots \qquad (10-16)$$

このモデルによる分散分析は，表 10.4 のとおりになる．

この分散分析モデルにより，イネの稃毛遺伝子に関して分離している $B_1 F_2$ 世代の 50 系統づつを 2 反復（f = 50，r = 2）で栽培し，稃毛遺伝子と連鎖する量的形質の遺伝変異を分析し，表 10.5 のとおりの結果をえた（藤巻，1977）．この分析結果では，系統群間の分散成分 $\sigma_B{}^2$ が稃毛遺伝子と連鎖する遺伝分散成分であり，系統内の分散成分 $\sigma_W{}^2$ が独立な遺伝分散成分の推定値である．そこで，連鎖分散成分が統計的に有意となった 4 形質について，その割合を計算した．それらは 4.8〜8.9 %の範囲であり，12 組の相同染色体上に均等に量的形質のポリジーンが座乗すると仮定した場合の理論割合（1/12 = 0.083）の 8.3 %程度かそれ以下であった．この結果から，到穂日数，稈長，穂長，止葉長の 4 種の量的形質を支配するポリジーンのうち稃毛遺伝子と連鎖する分散成分の割合は，平均的な分散成分割合かそれ以下であると推測された．

戻し交配法による育種では，交配親の選定がとくに重要である．一回親は

表 10.4　戻し交配系統の遺伝分散成分の推定

要因	自由度	偏差平方和	分散の期待値
系統群間	1	$SS_G = \Sigma_i X_{i..}{}^2/fr - X_{...}{}^2/2rf$	$\sigma^2 + r\sigma_W{}^2 + fr\sigma_B{}^2$
系統群内	2 (f − 1)	$SS_F = \Sigma_i \{\Sigma_j X_{ij.}{}^2/r - X_{i..}{}^2/fr\}$	$\sigma^2 + r\sigma_W{}^2$
反復	r − 1	$SS_R = \Sigma_k X_{..k}{}^2/2f - X_{...}{}^2/2fr$	---
誤差	(r − 1) (2f − 1)	$SS_E = SS_T - SS_G - SS_F - SS_R$	σ^2
全体	2fr − 1	$SS_T = \Sigma_{ijk} X_{ijk}{}^2 - X_{...}{}^2/2fr$	

注）f：系統数，r：反復数，$X_{i..} = \Sigma_i X_{ijk}$，$X_{...} = \Sigma_{ijk} X_{ijk}$ など

表 10.5　稃毛遺伝子と連鎖する量的形質の分散成分の推定

量的形質	系統群間成分（σ_B^2）	系統群内成分（σ_W^2）	$\sigma_B^2/(\sigma_B^2+\sigma_W^2)$
到穂日数	1.660**	33.110**	0.048
稈長	3.017**	30.807**	0.089
穂長	0.058**	0.734**	0.073
止葉長	0.046**	0.641**	0.067
穂首径	---	0.836**	---
穂数	---	0.944**	---

改良に必要な遺伝子が含まれていることは必須条件であるが，反復親には近縁な品種や種を選ぶことが重要である．遠縁な素材ほど不利な遺伝子を含む確率が高く，不利な連鎖に遭遇する機会も多くなり，望ましい遺伝子型を再現するのに多くの回数の戻し交配が必要となる．一方，反復親には欠点の少ない優良な主導品種（leading cultivar）などを選ぶのが得策である．戻し交配法により改良される形質以外は，反復親の欠陥が再現されてしまうからである．

戻し交配法による育種では，改良対象以外の形質に関しては，反復親にできるだけ近い形質をもつ個体を選抜して戻し交配を繰り返すことにより，反復親への変異の収束を速め，戻し交配回数を大幅に節減することが可能となる．このほか，戻し交配法は，多系（混合）品種（multiline）に必要な同質遺伝子系統（isogenic line）の育成や核置換などにも必要な育種技術である．

9．選抜基準と選抜指数

一つの形質だけを選抜基準とする単形質選抜と複数の形質を選抜基準とする多形質選抜とがある．作物育種の現場では単形質選抜は稀で，ほとんどの場合，多形質選抜が行われる．

（1）単形質選抜

突然変異や戻し交配による農作物の育種では，改良形質に関する単形質選抜が重要な意味をもつ．前者では，突然変異により誘発される形質，後者では一回親から導入する形質に関する選抜が育種の成否を決める．

単形質選抜を積み重ねる順繰り選抜（tandem selection）では，ある形質の選抜により一定の改良が行われた後，ほかの形質を順繰りに改良する．順繰り選抜により複数の形質を改良するには多くの年月が必要になる．

(2) 多形質選抜

多形質選抜では，同時に複数の形質を選抜する．多形質選抜には，二つの方法がある．一つは単独形質を選抜基準として形質ごとに独立の選抜強度を決め，それらを組み合わせて多形質の選抜を行う．形質ごとに一定の選抜限界に達しない表現型を淘汰し，複数の形質がそれぞれの選抜限界内におさまる個体や系統を選抜する．育種家は視覚的な観察とデータの分析などに基づき，それぞれの形質の経済的な重要性，遺伝率，相関関係，表現型変異などを考慮して多形質の選抜を行っている．

重回帰モデルに基づく選抜指数 (selection index) は，複数形質の測定値を一次結合して作られる．選抜指数の計算には，n 個の品種・系統の p 種類の形質の観測値 (ただし，$n > p$) ならびにそれぞれの品種・系統の収益 (市場価格など) のデータが必要である．

p 種類の形質測定値を独立変数とし，i 番目の品種・系統の収益を従属変数とすると，i 番目の品種・系統の収益 Y_i は，次式で表せる．

$$Y_i = \mu + b_1 X1_i + b_2 X2_i + \cdots\cdots\cdots + b_p Xp_i + e_i \quad \cdots\cdots \qquad (10-17)$$

この重回帰式の偏回帰係数 (b_1，b_2，$\cdots b_p$) は，従属変数の観測値 Y_i とその期待値 $E(Y_i)$ の偏差平方和を最小にするようにして求めることができる．

それには，次の連立方程式を解けばよい．

$$\boldsymbol{Rb} = \boldsymbol{y} \quad \cdots\cdots \qquad (10-18)$$

$\boldsymbol{R}$ は独立変数間の $n \times p$ 相関係数行列，$\boldsymbol{b}$ は偏回帰係数の列ベクトル，$\boldsymbol{y}$ は独立変数と従属変数の相関係数の列ベクトルを表す．

10 − 18 式を解くには，両辺に左から逆行列 $\boldsymbol{R}^{-1}$ を結合する．

$$\boldsymbol{R}^{-1}\boldsymbol{Rb} = \boldsymbol{R}^{-1}\boldsymbol{y} \ (\boldsymbol{R}^{-1}\boldsymbol{Rb} = \boldsymbol{Eb} = \boldsymbol{b})$$

$$\boldsymbol{b} = \boldsymbol{R}^{-1}\boldsymbol{y} \quad \cdots\cdots \qquad (10-19)$$

この式で求められる偏回帰係数 (b_1，b_2，$\cdots\cdots b_p$) を使い，選抜指数 S を計算することができる．

$$S = b_1 X_1 + b_2 X2 + \cdots\cdots + b_p Xp \quad \cdots\cdots \qquad (10-20)$$

10. DNAマーカー選抜

近年，分子生物学やゲノム解析研究の急速な進展により，多数のDNAマーカー（cDNAなど）をマップした精緻なDNA連鎖地図が作られるようになった（春島・矢野ら，1998図3.8参照）．このようなDNA連鎖地図には，従来の形質連鎖地図と本質的に異なる点がある．

① マップされているマーカー数が桁違いに多い．

② マーカーがcDNA（あるいはDNA断片）として手元に存在し，ほかの実験材料の解析にも利用できる．

③ 異なる材料を用いた実験結果の情報を集めて作られる抽象的な概念図ではなく，同一実験材料を用いた具体的な分析結果であり，分析精度も格段に高い．

DNAマーカー選抜は，質的形質の改良にも量的形質の改良にも有効である．

（1）質的形質の改良

質的形質でも，その発現に特別の環境が必要であったり，その検定に多くの労力や高度な技術を必要とすることがある．たとえば，イネの縞葉枯病はヒメトビウンカが媒介するウイルス病であるため，確実に発病させることが難しく，個体選抜が困難である．そこで，縞葉枯病抵抗性遺伝子と密接に連鎖するDNAマーカーを用いて雑種初期世代の個体選抜を行い，後期世代になって系統を作り，本格的な抵抗性検定を行うのが得策である．また，戻し交配法による育種では，一回親から導入する病害抵抗性遺伝子と密接に連鎖するDNAマーカーを用いれば，抵抗性検定を行わなくても，導入遺伝子に関してヘテロ接合性の個体を選抜して戻し交配親とすることができる．導入遺伝子と連鎖する不利な遺伝子をDNAマーカーを使って効果的に除去することも可能である．さらに，反復親に類似する遺伝子型を選抜するにも，DNAマーカーを有効に活用することができる．

(2) 量的形質の改良

量的形質との関連では，DNAマーカーを使ったQTL解析が盛んになり，イネではゲノム解析が進み，多数のDNAマーカーが利用できるようになり，さまざまな量的形質のQTL解析が行われてきた(表10.6)．たとえば，イネの耐冷性やいもち病の圃場抵抗性などの圃場検定を高い精度で行うことが難しく，抵抗性育種の大きな障害になっている．そこで，QTL解析により圃場抵抗性遺伝子の染色体上の位置が明らかにされれば，それらを含む連鎖ブロックを近傍のDNAマーカーを用いて効率的の選抜できる可能性が高い．しかし，DNAマーカーで標識された連鎖ブロックを導入する方法では，連鎖ブロックに含まれる不利な遺伝子も同時に持ち込むことになり，従来からの戻し交配法による育種とあまり変わらない．DNAマーカーによるQTL解析の成果を作物育種に実際にどう生かすかが今後の課題である．

表10.6　イネの形態・生理的特性のQTL解析結果 (Yano & Sasaki, 1997より抜粋)

形質	供試材料 (個体数)	QTL数	説明分散割合 (%) *	文献
出穂期	I/JvF_4 (255)	3	8〜45	Liら，1995
	I/Jp再生純系 (194)	3	7〜51	Xiaoら，1996
	I/JpF_2 (186)	5	3〜67	Yanoら，1994
成熟期	I/Jp再生純系 (194)	2	7〜74	Xiaoら，1996
草丈	I/Jp F_4 (255)	4	8〜25	Liら，1995
	I/Jp再生純系 (194)	6	8〜12	Xiaoら，1996
	I/JpF_2 (186)	10	6〜23	Yanoら，未発表
穂長	I/Jp再生純系 (194)	2	6〜10	Xiaoら，1996
	I/JpF_2 (186)	6	7〜13	Yanoら，未発表
1株穂数	I/Jp再生純系 (194)	1	7	Xiaoら，1996
	I/JpF_2 (186)	5	8〜14	Yanoら，未発表
1穂着粒数	I/Jp再生純系 (194)	4	5〜19	Xiaoら，1996
	I/JpF_2 (186)	5	8〜13	Yanoら，未発表
子実重	I/Jp再生純系 (194)	3	10〜15	Xiaoら，1996
	I/JpF_2 (186)	8	8〜16	Yanoら，未発表
低温抵抗性 (穂孕期)	Jp/JvB_1F_5 (92)	2	ND	Saitoら，1995
幼苗中茎長	Jp/JpF_2/F_3 (172)	5	10〜29	Redonaら，1996
いもち病抵抗性	I/Jp再生純系 (131)	10	9〜60	Wangら，1994
紋枯病抵抗性	I/JvF_4 (255)	6	7〜27	Liら，1995

注) I: Indica, Jp: Japonica; Jv: Javanica, ND: データなし，*: QTLで説明できる分散の範囲

第11章　純系改良（IBL）方式

純系改良方式（IBL: InBred Line improving system）は，イネ，コムギ，ダイズなどの自殖性作物の純系品種の改良やトウモロコシなどの他殖性作物の一代（F_1）雑種の親となる近交系の改良に用いられる育種体系である．ここでは自殖性作物の品種改良を想定して，この育種体系の原理を説明する．

1．自殖性作物の育種法

従来の自殖性作物の育種では，交配や突然変異などの遺伝変異誘発法，世代促進や葯培養などの遺伝変異固定法，ならびに純系選抜，系統育種あるいは集団育種などの選抜法などさまざま技術が育種法とされてきたが，これらを純系改良方式として一括する．

わが国のイネやコムギの育種では，人工交配による遺伝変異の誘発，世代促進による遺伝的固定の促進，個体選抜と系統養成を雑種第5（F_5）世代以降に遅らせる集団育種が広く普及している．

図11.1には，相反連鎖する二つの優性遺伝子 A と B を組み合わせる育種体系のモデルを示した．両親の遺伝子型をそれぞれ Ab/Ab および aB/aB とすると，F_1 植物の遺伝子型は Ab/aB の二重ヘテロ接合性となる．この F_1 植物の減数分裂では，両親と同じ2種類の遺伝子型（Ab と aB）の配偶子とともに，遺伝的組換えよる新しい2種類の遺伝子型（AB と ab）が生ずる．F_1 植物を自殖して得られる F_2 世代では，4種類の遺伝子型の配偶子が自由に組み合わされて，両親と同じ遺伝子型 Ab/Ab と aB/aB，F_1 と同じ遺伝子型 Ab/aB のほか，新たな遺伝子型 AB/AB，AB/Ab，AB/aB，Ab/ab，aB/ab，AB/ab，ab/ab などが生じ，多様な遺伝的変異をもつ異質ヘテロ接合性集団となる．

この変異集団を世代促進（rapid generation advance）などにより数回自殖を繰り返すと，各遺伝子座のホモ接合化が進み，両親と同じホモ接合体のほか組換えにより AB/AB や ab/ab などの新たな遺伝子型が出現する．このような異質ホモ接合性集団を基本集団として個体選抜を開始する．表現型に基づく個体選抜では，*AB*/*AB*，*AB*/*Ab*，*AB*/*aB*，*Ab*/*aB* などを区別することができない．そこで，選抜個体別に自殖種子をとり，次世代に系統として栽培する（自殖系統養成）.

自殖系統選抜では，系統内の分離により *AB*/*AB* とそれ以外の遺伝子型（*AB*/*Ab*，*AB*/*aB*，*Ab*/*aB* など）とを区別することができる．そこで，*AB*/*AB* 型に固定しているとみられる系統を選んで数個体を選抜し自殖種子をとる．同じ系統の異なる個体から作る系統を一纏めにして系統群とする．遺伝的に固定したホモ接合性の個体から作る系統には，遺伝的分離がないのと同様に，固定系統から作られる系統群の系統間にも遺伝的差異は現れない．

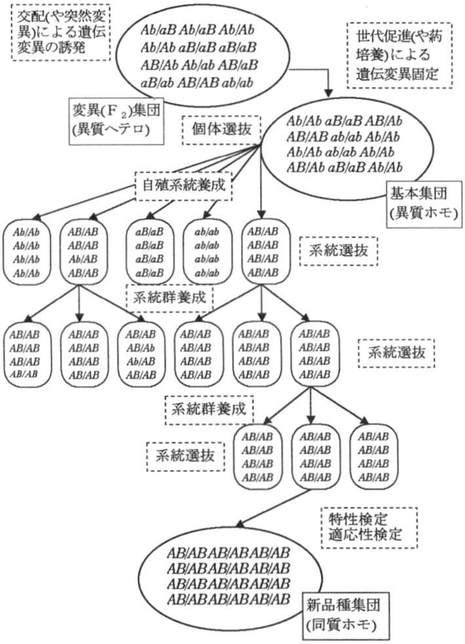

図 11.1　純系改良方式の模式図

有望な特性を備え遺伝的に固定した系統には，地方系統番号をつけた上で，さらに，系統養成と系統選抜を繰り返す．その一方で，形質の固定した系統（または系統群）の種子を特性検定試験地や適応性検定試験地に配布する．系統選抜，特性検定，適応性検定などの成績から総合的に判断して，有望とみられる系統（同質ホモ接合性集団）を新品種とする．

2．遺伝変異の誘発

異なる品種の優良形質を合わせもつ品種を開発したり，親品種を超越する特性をもつ品種を開発したりしようとする場合，優良形質をもつ品種や優良遺伝子をもつとみられる品種を交配して遺伝変異を誘発する．

人工交配のやり方としては，品種Aを母本とし品種Bを父本とする単交配（A/B：single cross），品種Aを品種Bに交配し，その F_1 を母本として品種Cを父本とする三系交配（A/B//C：triple cross），さらに品種Aと品種Bの F_1 を母本として品種Cと品種Dの F_1 を父本とする複交配（A/B//C/D：double cross）などが考えられるが，一般には単交配が最も広く利用される．

また，特定の地域に広く普及している主導品種の特定の欠点，たとえば特定の病害虫に極端に弱い性質などを改良しようとする場合，その病害虫に抵抗性を示す品種Aを一回親とし，主導品種Bを反復親とする戻し交配（A/B//B///B・・・：backcross）が行われる．

さらに，優良品種の持つ欠点（たとえば，倒伏しやすい性質）だけを改良するには，放射線照射や突然変異誘発物質を用いて人為突然変異を誘発することが有効である．

最近では，組織培養技術の進歩により，多くの作物において脱分化組織としてのカルスからの植物体を再分化させることにより，多様な遺伝変異を作りだすことができる．その変異源としては，人工培地に添加される植物ホルモンや脱分化状態で活性化するレトロトランスポゾンの影響などが考えられている．いずれにせよ，組織培養に伴う遺伝変異は，放射線や突然変異誘発物質などを用いずに手軽に安全に誘発できる．とくに，イネなど自殖性作物では，葯培養により半数体を誘導して染色体倍加を行えば，遺伝変異の誘発と固定を同時に行うことができる．しかし，通常の組合せ育種や超越育種では，両親の優良形質や遺伝子を計画的に組み合わせて有望な遺伝子型を作り出だそうとするため，葯培養などの過程で発生する遺伝変異は，単なるノイズとして計画的育種の障害となりかねない．

3．遺伝変異の固定と基本集団の養成

イネ，コムギ，ダイズなどの自殖性作物の育種では，人工交配により作られる雑種第2（F_2）世代の集団から個体選抜を開始し，個体別の自殖系統を養成して，F_3 世代から系統選抜を開始する系統育種（pedigree breeding）が古くから行われてきた．しかし，この方法では，F_2 集団内や F_3 系統内に大きな

遺伝的分離があり，個体選抜や系統選抜の効率がよくない．

自殖性作物の雑種集団では，自殖1回ごとにヘテロ接合体の頻度が半減してホモ接合体の頻度が増加する（第6章参照）．t対の独立な遺伝子座がn回の自殖により同時にホモ接合化する確率P(Ho)は次式で求められる．

$$P(Ho) = \{1 - (1/2)^n\}^t \quad \cdots\cdots\cdots\cdots \quad (11-1)$$

これを図示すると，図11.2のようになる．この図からわかるとおり，関与する遺伝子座数が少ないと，ホモ接合化の確率は急速に高まるが，関与遺伝子座数が多くなると，自殖世代の進展に伴い全遺伝子座が同時にホモ化する確率の増加は緩慢になる．しかし，100遺伝子座が関与する場合でも，9回以上の自殖により全遺伝子座がホモ化する確率は70％以上に達する．

雑種初期世代から人為選抜をはじめると，多くの遺伝子座がヘテロ接合性であるため，自殖に伴う遺伝的分離が多くなり選抜効率が低い．したがって，人為選抜の開始を数世代遅らせて，多くの遺伝子座がホモ接合性になってから，人為選抜を開始する方が効率的と考えられる．そこで，雑種初期の数世代を無選抜のまま集団として自殖を繰り返して，多くの遺伝子座がホモ接合性になる後期世代になってから人為選抜を行う方法が考案された．これが集団育種である．この集団育種（bulk breeding）では，雑種初期（$F_2 \sim F_5$）世代には，意識的な選抜を加えずに集団栽培する．温暖地の気候や温室を利用して1年に2回以上の栽培を繰り返して世代促進（rapid generation advance）を行う場合が多い．この際，集団の遺伝的構成が予期しない方向に変化しないように注意する必要がある．たとえば，

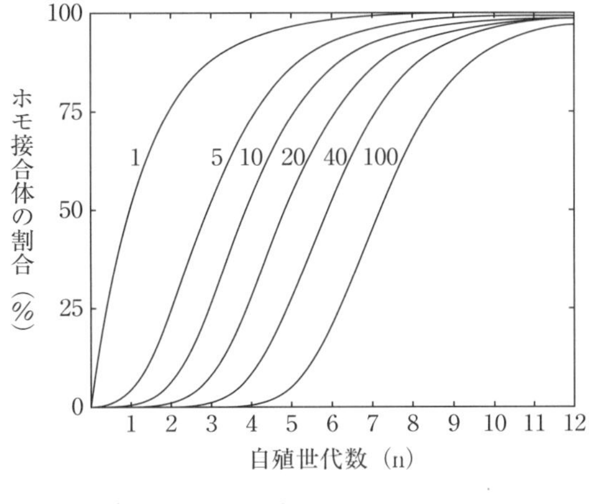

図11.2　自殖に伴うホモ接合体の増加（Allard, 1964）
注）曲線脇の数字は遺伝子対数（t）

出穂期の変異が大きい雑種集団では，採種時期の違いにより極早生や極晩生の個体が淘汰されてしまう可能性がある．このような集団の歪みを最小限にするために，1株から1粒づつ採種して次世代の集団を作る単粒系統法（SSD，single seed decent）が有効である．

世代促進による集団育種は，日本のイネやコムギの改良に広く普及している．世代促進はイネやコムギの生活環を短縮して，1年に2～3回栽培を繰り返し自殖世代を促進する．イネなどの短日作物では，短日処理のできる温室を利用したり，西南暖地の冬季の自然短日条件を活用して，作物の生活環を短縮して世代促進を行う．また，コムギなどの長日作物では，生育初期に定温による春化処理を行い，その後長日条件で生育させて世代を促進できる．

イネの葯培養で半数体植物を作り染色体倍加により純系を作りだせる．この方法は，きわめて効率的な遺伝変異の固定技術であり，育種年限の大幅な短縮に寄与すると考えられる．しかし，葯培養による遺伝変異の固定には，次のような不利な点がある．

① 連鎖遺伝子の組換えチャンスがほぼ半減する（第6章参照）．

② カルス由来の再分化植物には，多くの遺伝変異があらわれ，計画的な育種の障害となる．

③ 純系の生産に多大のコストと手間が必要となる．

自殖性作物の雑種集団では，自殖に伴うホモ接合体の急速な増加により有効な遺伝的組換えの発生頻度が著しく減少する．このことを避けるには，雑種集団内で無作為交配を行うのが効果的である．イネやダイズでは，人為または自然の突然変異により発生した雄性不稔遺伝子を活用して，雑種集団内の無作為交配や複合交配を効率的に行い，遺伝的組換えを促進する集団改良技術が開発されている（Brim & Stuber，1973；Fujimaki ら，1986；Burton ら，1990）．

純系改良方式における選抜基本集団は，人工交配や人為突然変異により遺伝変異を誘発した後，数世代の自殖により遺伝的固定を進めて作成するのが得策である．

4. 個体選抜

個体選抜は個体の表現型に基づいて行われる．個体の表現型は，遺伝子型の効果と生育環境の影響とにより発現するが，表現型から両者を直接区別することはできない．生育環境の影響を受けやすく遺伝率の低い量的形質の選抜効率は低くなる．たとえば，イネの F_2 集団の中に草丈が低く穂も大きく草型のよい株があったとしても，どの程度が遺伝子型によるのか，どの程度が生育環境によるのかを定量的に評価することはできない．

個体選抜では，色や形状などの遺伝率の高い質的形質に重点がおかれることが多い．たとえば，イネでは稃先色や出穂期などは遺伝率が高く，農業的にも重要な形質であり個体選抜が有効である．

生育環境による変動が大きく遺伝率の低い量的形質の選抜効率を高めるためには，格子区画方式が有効である．アメリカ合衆国の Gardner (1961) は，広い圃場に栽培されているトウモロコシの変異誘発集団の中から遺伝的に草丈が低く諸特性の優れた植物個体を効率的に選抜する方法として，格子区画方式 (grid system) を提案した．この選抜方式では，広い圃場を多数のグリッド (格子区画) に分け，各グリッドの中から最も草丈が低く他の特性もすぐれた植物個体を選ぶ．こうすることにより生育場所の土壌の肥沃土などの違いによる環境変動を大幅に縮減できる (第 10 章参照)．

個体選抜の効率に関連して選抜基本集団のヘテロ接合性の程度が重要な問題である．図 11.1 に示したとおり，人工交配や人為突然変異により遺伝変異を誘発した初期世代集団 (変異集団) は，異質でヘテロ接合性となっている．このようなヘテロ接合体の割合の高い変異集団から個体選抜をはじめると，選抜効率が低くなる．そこで，雑種初・中期の F_2 ～ F_5 世代を集団として栽培し，自殖を重ねてヘテロ接合体の頻度を減少させホモ接合体頻度の高まる雑種後期 (F_6) 世代まで個体選抜を延期する集団育種の考えが提案された (酒井，1954；明峰ら，1958)．

通常の育種では，数千個体規模の基本集団から数十～数百個体を選抜して系統養成を行う．選抜個体数は基本集団ごとに異なり，育種目標にかなう特性を備えた個体の出現頻度による．個体選抜の段階で多くの有望個体を選抜できる基本集団からは，すぐれた特性を備えた有望系統を育成することができる可能性が高いとみることができる．

5．自殖系統の養成と系統選抜

自殖性作物の改良に以前広く用いられていた系統育種（pedigree breeding）では，雑種第2（F_2）世代から個体選抜を開始して選抜個体を自家受粉し，個体別の自殖系統として養成する方法がとられていた．この方法では，F_2 集団におけるヘテロ接合体の頻度が高く，多くの自殖系統が分離していて，系統選抜がやりにくい．ちなみに t 個の独立な遺伝子座に関して分離している F_2 集団では，いずれかの遺伝子座が分離する個体の割合は $1-(1/2)^t$ となり関与遺伝子座数（t）が多いほど高くなる．とくに，農業的に重要な量的形質には多数のポリジーンが関与しており，全てのポリジーンがホモ接合性となる確率は低いとみられる．

現在イネやコムギの改良に広く用いられている集団育種では，F_5 世代くらいまで集団養成して自殖を繰り返し，ホモ接合体の割合を高めた雑種集団を選抜基本集団としている．基本集団の中から選抜される植物体を自家受粉して自殖種子をとる．個体別種子を一纏めにして通常数十個体からなる株別系統を養成する．緩やかな個体選抜の後，数個体からなる穂別系統を多数養成して，一定面積に多数の系統を収容することができる（写真8）．

系統養成することにより，系統内の分離状況がよくわかるばかりでなく，さまざまな特性の系統間の差異を識別しやすくなる．また，植物個体の表現型に基づく個体選抜とは異なり，系統の平均値に基づいて行われる系統選抜では，遺伝率の低い量的形質の選抜を効果的に行うことができる．さらに，同一系統の種子を分割して，病害虫や環境ストレスの発生しやすい環境で特性検定をしたり，あるいは施肥水準などの異なる条件で栽培して系統の栽培特性を調べることができる．

系統選抜では，色素発現など形態的形質や出穂期などの遺伝率の高い形質を指標にして，遺伝的な固定度をまず判定する．選抜の開始を雑種後期世代

写真８　イネ育種における個体選抜と穂別系統の養成
人工交配により作られた雑種集団などの選抜基本集団から，草丈がほどよく低く草型がすぐれ穂重感があり登熟がよく熟色のすぐれた個体を選抜する（上）．個体選抜の後，穂別系統を養成して形質分離が少なく，すぐれた農業特性をもつ系統を選抜する（下）．

まで遅らせる集団育種では，何らかの形質に関して遺伝的分離のみられる系統は原則的に淘汰する．

圃場の立毛観察では，出穂期が揃い遺伝的固定度の高い系統の中から草丈（稈長）が低く，穂が大きく着粒数が多く，葉が立ち受光態勢がよく，熟色のすぐれる系統が選ばれる．収穫後の調査としては，穀実の大きさや形，光沢や外観品質などの選抜が行われる．さらに，特性検定により主要な病害虫に対する抵抗性や冷害などに対する耐性などに関する選抜も行われる．

系統選抜にあたっては，圃場の立毛観察や特性検定の結果のみならず，育種家が蓄積した情報を総動員して遺伝的能力の高い系統を見抜く必要がある．経験豊かな育種家の脳裏には，現在普及している品種の特徴や地域適応性などに関する膨大な情報が蓄積されており，どの地域のどの普及品種にどんな特徴や欠点があるかも記憶されている．それらの情報から，どのような特性をもつ系統がどの地域の環境に適応して高い収量と品質を示すかを見極める．

通常のイネやコムギの育種では，数百～数千の養成系統の中から数～十数%の系統を選抜する．選抜系統ごとにさらに数個体を選定して個体別に系統を養成する．その結果，最初の系統選抜以降は，全世代の系統ごとに数系統づつからなる系統群を作る．系統群の養成により，遺伝的固定度をさらに厳密に評価できる．すなわち，遺伝的固定度の高い系統群では，いずれの特性に関しても系統群内の系統間にも，さらに系統内の個体間にも遺伝的分離が見られなくなる．

系統選抜では，いくつもの特性を同時に選抜対象として，全ての特性が一定の水準以上の系統を選ばなければならない．たとえば，n 種類の特性の選抜強度をそれぞれ s（≦ 1）とすると，全ての特性に関する選抜強度は s^n となる．このため，各形質の選抜強度 s をあまり小さく設定すると，全ての特性に関して有望となる系統を選抜することが困難になる．したがって，選抜の対象とする特性の種類が多い場合，個々の特性の選抜強度はゆるめに設定しておく必要がある．

系統選抜が進んで遺伝的に固定した有望な系統群が選抜できた時点で，地域適応性を調べるために，選抜系統（または系統群）の残余種子を混合して適応性検定に供試する．その結果，どの選抜系統がどの地域で高い収量や品質を表すかを明らかにすることができる．このような特性検定や適応性検定は，系統選抜の最も重要なステップである．

6．イネ品種「どんとこい」の育成

独立行政法人・中央農業総合研究センター・北陸研究センター（元農林水産省北陸農業試験場）で育成され，1995 年に命名登録された水稲農林 336 号「どんとこい」の育成経過を紹介する．

この品種の育種が開始された当時（1983 年），わが国では食の高度化・多様化が進み，米の消費が激減する一方で，食味のよい品種の需要が急激に高まり「コシヒカリ」の栽培面積が急速に拡大していた.「コシヒカリ」は飯米の食味がきわめて良く，穂発芽しにくく，耐冷性が強いなどのすぐれた特性をもつ反面，稈が長すぎて倒伏に弱く，最も重要な病害の一つであるいもち病に罹りやすいなどの欠点がある.

そこで,「コシヒカリ」のすぐれた特性を備え，いもち病に強く倒伏に耐える品種の開発をねらいとして新品種の開発が計画された．育種の規模と選抜経過は表 11.1 に示すとおりである．1983 年「コシヒカリ」並の食味をもち，短強稈でいもち病にやや強い系統「北陸 122 号」(後に「キヌヒカリ」として命名登録) に，食味がよくいもち病に強い系統「北陸 120 号」を交配して 117 粒の交配種子をえた．同年の冬季に温室で 100 個体の F_1 植物を育て，翌 1984 年には F_2 と F_3 集団を世代促進し，1985 年に F_4 世代の雑種集団を圃場に展開した.

F_4 世代の雑種集団は 2880 個体を栽培し，草型や熟色がよく下葉の枯れ上がりが少なく穂重感のある個体を 73 個体選抜した．F_5 世代では 73 系統 (系統当 60 個体) を栽培し，系統内分離がなく表現形質のすぐれた 3 系統，各系統 5 個体づつを選抜した．次の F_6 世代では 3 系統群 15 系統を養成して，表現形質の固定程度といもち病の畑晩播検定などの結果に基づき 1 系統を選定し「収 4885」の系統番号を付けた．1987 年以降，生産力検定試験ならびに特

表 11.1　水稲品種「どんとこい」の育種規模と選抜経過 (上原ら，1995)

年次 世代	1983 交配	 F_1	'84 F_2	 F_3	'85 F_4	'86 F_5	'87 F_6	'88 F_7	'89 F_8	'90 F_9	'91 F_{10}	'92 F_{11}	'93 F_{12}	'94 F_{13}
栽培系統群数							3	1	1	1	1	1	1	1
栽培系統数						73	15	5	5	5	5	10	10	10
栽培個体数	117粒	100	1000	3450	2880	(60)	(50)	(50)	(50)	(50)	(50)	(50)	(60)	(60)
選抜系統群数							1	1	1	1	1	1	1	1
選抜系統数						3	1	1	1	1	1	1	1	1
選抜個体数					73	15	5	5	5	5	10	10	10	10
(配布点数)														
系統適応性検定試験								2	6					
特性検定試験								2	4	10	8	8	5	6
奨励品種決定調査										20	64	46	35	21
交配・系統番号	北陸交 58031						収 4885			北陸148号				

注) ( ) 内は系統当個体数

性検定試験，系統適応性検定試験などを行った．1990年F_9世代の系統に「北陸148号」という地方系統番号を付し，東北南部以南の府県に配布して奨励品種決定試験に供試した．その結果，兵庫県，三重県，京都府の3府県で奨励品種として採用されることとなり，1995年に新品種水稲農林336号「どんとこい」として命名登録された．

新たに育成された「どんとこい」の生育特性と収量性は表11.2に示すとおりである．生産力検定試験における生育特性，収量関連形質ならびに収量の調査結果では，コシヒカリと比較すると，出穂期は3日ほど遅く登熟日数が4日程度長いため，収穫が1週間程度遅くなる．稈は20 cm程度短くやや剛で強い．穂長はやや短く穂数もやや少ないが，粒着が密で千粒重が少し大きい．このため，全重は同程度であるが，藁重に対する玄米重の比率がやや高く収量がやや多い．

特性検定試験結果の要約を表11.3に示す．いもち病真性抵抗性に関する遺伝子*Pii*を持ち，圃場抵抗性に関しては葉いもち，穂・穂首いもちともやや強で「コシヒカリ」にまさる．白葉枯病抵抗性はやや強で同程度であるが，穂発芽性は中程度で「コシヒカリ」ほどに耐性はない．また，障害型冷害に対しては弱い．玄米品質ならびに飯米食味は「コシヒカリ」と同等である．

新品種「どんとこい」の育成では，コシヒカリの長稈で倒伏しやすく，いもち病に弱い欠点を改良することに成功した．この新品種は半矮性強稈で倒伏に強く，いもち病の真性抵抗性遺伝子*Pii*をもち圃場抵抗性もやや強となっているばかりでなく，玄米品質ならびに飯米食味はコシヒカリ並ですぐれている．しかし，穂発芽耐性と耐冷性は「コシヒカリ」には及ばない．

このように実際の育種では，特定の主導品種の優良形質を残して不良形質

表11.2　水稲品種「どんとこい」の生育特性と収量（上原ら，1995 一部改変）

品種名	出穂期 (月.日)	登熟日数 (日)	稈長 (cm)	穂長 (cm)	穂数 (本/m^2)	粒着密度	全重 (kg/a)	精玄米重 (kg/a)	同左比 (%)	玄米千粒重 (g)	玄米/藁比 (%)
どんとこい	8.9	45	75	17.3	367	密	151.7	61.5	103	21.3	69.5
キヌヒカリ	8.7	43	80	17.6	367	中	144.1	57.1	95	21.4	66.4
コシヒカリ	8.6	41	95	18.7	402	やや密	149.5	59.8	100	20.9	66.7

注）データは新潟・上越（育成地）での1990～1994年の5年間の平均値

表 11.3　水稲品種「どんとこい」の特性検定結果（上原ら，1995 一部改写）

品種名	いもち病遺伝子型	いもち病圃場抵抗性		白葉枯病抵抗性	穂発芽性	耐冷性（障害型）		玄米品質	飯米食味
		葉いもち	穂いもち			不稔歩合（%）	判定		
どんとこい	*Pii*	やや強	やや強	やや強	中	90.5	弱	中上	上中
キヌヒカリ	*Pii*	中	--	--	やや易	65.8	中	中上	上中
コシヒカリ	+	弱	弱	やや強	難	32.9	極強	中上	上中

注）いもち病圃場抵抗性のうち，葉いもちは新潟・上越，福島・相馬，愛知・山間，穂いもちは山形・最上，福島・相馬，愛知・山間，島根・赤名，白葉枯病抵抗性は長野・南信と島根の数年間の数年間の評価の平均.穂発芽性，耐冷性，玄米品質，食味は新潟・上越（育成地）における数年間の評価の平均.

だけを改良するのは至難の業である．その理由は，両親品種の交配により作られる雑種集団では，両親の間で対立遺伝子の異なる全遺伝子座に関して遺伝的分離が生じ，きわめて多種の遺伝子型が現れるためである．この膨大な数の遺伝子型の中から両親のもつ優良遺伝子をうまく組み合わせた理想的な遺伝子型を探し当てるのは容易ではない．

7．新品種の維持と増殖

純系改良方式により育成される新品種は，理論的には同質ホモ接合性集団とみなすことができる．しかし，実際に育成されるイネやコムギなどの自殖性作物の新品種は，完全な同質ホモ接合性集団となっているとは限らない．むしろ一部の遺伝子座の分離，あるいは自然交雑や自然突然変異などにより多少の遺伝的変異が残存しているとみられる．

（1）自殖性作物の原種生産

イネ，コムギ，ダイズなど自殖性作物の新品種の維持と増殖は，都道府県農業試験場などの公的機関と農業協同組合（JA）や採種組合などが協力して行われる．わが国では独立行政法人や都道府県の試験研究機関で育成され栽培奨励される作物品種の育種家種子（breeder's seed）は，都道府県農業試験場などの原採種担当者に渡され，原々種（foundation seed）として維持・増殖される．原々種は系統成培され，品種固有の特性の発現状況や遺伝的分離の程度などが厳重にチェックされ，品種固有の特性を持たない系統や分離系統は淘汰される．

原々種系統のうち品種固有の特性を表し遺伝的に固定している系統の種子が混合採種されて原種種子（registered seed）となる．原種生産では，集団栽培が行われ品種固有の特徴を表さない個体や他とは異なる形質を示す個体が厳密に淘汰される．原種は集団採種されて採種圃用種子となる．原々種と原種の維持・生産は都道府県の試験研究機関で行われることが多いが，採種圃は採種組合などにより運営されることが多い．採種圃で生産される保証種子（certified seed）が生産者に配布・販売される．

わが国では，イネ，コムギ，ダイズなどの主要農作物の原々種や原種の生産は公的機関で行われ，生産者による自家採種は少なく，種子更新率がきわめて高い．それにもかかわらず，長年栽培されている品種の特性に変化が見られることが少なくない．

（2）純系品種の固定度

純系改良方式により育成される自殖性作物の品種は，表現形質は固定していて理論的には同質ホモ接合体集団と見なすことができる．しかし，実際には多数ある量的形質遺伝子座（QTL）の全てが完全にホモ接合化している確率は小さく，一部の遺伝子座がヘテロ接合性である可能性があり，原々種や原種にはある程度の遺伝変異が残っているとみられる．また，長年にわたり原種生産を繰り返す間に自然突然変異や自然交雑などが起こり，原種集団に遺伝変異が蓄積されると考えられる．

香村（1979）は自らが育成して国内に広く普及した水稲品種「日本晴」の原々種系統を都府県の農業試験場から取り寄せて，愛知県農業総合試験場の圃場で栽培して主要形質の変異を調査し，表11.4に示す結果をえた．まず，いもち病真性抵抗性遺伝子 *Pia* をもつ系統と，もたない系統があることが分かった．茨城，群馬，富山，京都，和歌山，兵庫の各府県で維持・保存されている原々種系統はいずれも抵抗性遺伝子をもっていなかったが，福島，岐阜A，岡山，佐賀の原々種系統は *Pia* をもっていた．その他の都県で維持されていた原々種は *Pia* をもつ系統と，もたない系統に分かれた．多くの都府県で別々に維持されてきた原々種系統の中に，いもち病抵抗性遺伝子をもつ系

表 11.4　水稲品種「日本晴」の原々種にみられた形質変異（香村，1979）

生産地系統数	いもち抵抗性遺伝子 (+)	(*Pia*)	出穂期（月/日）	稈長（cm）	芒の多少 無	微	少	芒の長短 短	中	長	玄米品質 上中	上下	中上	中中	中下	備考
福島県	0	5	8/23±0	82±1.20		5			5			4	1			
茨城県	5	0	8/23±0	84±2.86		5			5			5				
栃木県	2	3	8/23±0	81±1.47		5			5			5				
群馬県	5	0	8/23±0.40	80±1.49		5			5			5				
埼玉県	4	1	8/23±0	78±1.33		5			5			3	2			
東京都	2	3	8/23±0	83±2.80		5			2	3		5				
山梨県	2	3	8/24±0.63	81±1.79		5			5			3	2			
富山県	5	0	8/24±0.75	82±2.33		5			5			4		1*		* 稃先色もち個体分離系統
愛知県 A	1	4	8/24±0.80	80±1.60		5			5			5				
愛知県 B	3	2	8/24±0.49	82±0.75		5			5			5				
岐阜県 A	0	5	8/23±0.40	82±2.28		5			5			3	2			
岐阜県 B	1	4	8/24±0.49	83±2.32		5			1	4		3	2			
三重県	4	1	8/24±0.49	84±1.72		5			4	1		5				
滋賀県	1	4	8/25±0.40	83±1.35		5			5			4	1			
京都府	5	0	8/24±0.63	82±1.50		5			5			4	4			
和歌山県	5	0	8/23±0.40	84±1.94		5			5			1	3	1		
兵庫県	5	0	8/24±0.40	84±1.02		5			5			1	4			
岡山県	0	5	8/24±0	84±1.72		5			5			1	3	1*		* 稃先色個体分離系統
山口県	4	1	8/24±0	82±1.74		5			5			5				
愛媛県	2	3	8/24±0.40	80±1.62		5			5			1	2	2		
福岡県	2	3	8/24±0.40	82±1.41		5			5			2	3			
佐賀県	0	5	8/24±0.40	84±0.98		5			5			1	4			
熊本県	2	3	8/24±0	84±1.17		5			5			4	1			
大分県	2	3	8/24±0.49	81±1.33		5			5			3	2			
宮崎県	1	4	8/23±0.49	79±1.02		5			5				3	2		

統と，もたない系統が混在することから判断すると，日本晴の育成地（愛知県）から最初に配布された育種家種子がいもち病抵抗性に関して分離していた可能性が高い．出穂期と稈長については，平均値の変動が 2 日および 6 cm で，変異係数の範囲がそれぞ 0～3.33 %および 0.91～3.37 %であり，原々種の生産地間に差異があるとはみられない．芒の多少や長短についてもはっきりとした差異があるとは言いがたい．玄米品質に関しては，原々種の生産地により多少のばらつきがあるようにもみられるが確定的ではない．香村（1979）は「日本晴」のもつ広域適応性の一つの要因として，品種内に残る遺伝的変異が考えられるとした．ところで，富山県と岡山県産の原々種系統のうち玄米品質の評価が中の中で芳しくなかった1系統は，いずれも稃先色ともち性に関して分離していた．これは明らかに他家受粉による遺伝的汚染とみられる．

第12章　開放受粉集団改良（OPP）方式

開放受粉集団改良方式（OPP：Open－Pollinating Population improving system）は，ライムギ，テンサイ，イネ科牧草類，熱帯果樹類などにおいて，一代（F_1）雑種を効率よく作成できない農作物の改良に用いられる．一代雑種品種が利用されているトウモロコシや野菜・花卉類などの作物でも，地方品種の改良や遺伝資源の保全などには，開放受粉集団の改良方式が用いられる．

多くの野生植物では，環境適応に必要な遺伝的多様性を確保するために，他殖率の高い開放受粉集団となっている．開放受粉集団は異質性とヘテロ接合性が高く遺伝的多様性に富み，それが自然界では適応戦略上の有力な武器となっている．ところが，栽培植物の場合，異質性やヘテロ接合性が高い開放受粉集団では，品種特性の均質性を確保することが難しい．

純系，一代雑種，栄養系などの改良においては，最終段階で作られる改良集団（新品種集団）の構造は，それぞれ，同質・ホモ接合性集団，同質・ヘテロ接合性集団，同質・ヘテロ（またはホモ）接合性集団となり，いずれも遺伝的に同質な集団となり，収量や品質の均質化をはかることができる．これに対して，開放受粉集団の改良により作り出される新品種は，異質・ヘテロ接合性集団となるため，農業特性の均質化がやや困難である．

1．集団構造と遺伝子頻度の変化

野生植物あるいは栽培植物を問わず，現実の開放受粉集団では，Hardy－Weinbergの法則が成り立つ完全な無作為交配は，起こりにくい．通常の開放受粉集団では，出穂・開花期などに大きな変異が存在することが多い．このため，出穂・開花期が異なる植物間では，交雑の機会が少なくなり，出穂・開花期の近い植物の間で同類交配の機会が多くなる．その結果，近親交配が進み，無作為交配からの歪みが大きくなる．

近親交配の程度は近交係数によって表される．近交係数（inbreeding coefficient) は，近親交配により個体がホモ接合体となる程度をあらわし，特定遺伝子座の二つの対立遺伝子が共通の祖先遺伝子に由来する確率として定義される．近交係数を f とすると，無作為指数 P は 1 − f となる．

二つの対立遺伝子 A_1 および A_2 の頻度をそれぞれ p および q とすると，無作為交配集団では，Hardy-Weinberg 法則により三種の遺伝子型 A_1A_1，A_1A_2，A_2A_2 の頻度は，それぞれ p^2，2pq，q^2 となる（第6章参照）．しかし，近親交配により細分化された集団では，近親交配した分だけヘテロ接合体が減少しホモ接合体が増加する．その結果，遺伝子型頻度は次のように変化する．

A_1A_1 の頻度：$p^2 + pqf = p^2(1 - f) + pf$

A_1A_2 の頻度：$2pq - 2pqf = 2pq(1 - f)$

A_2A_2 の頻度：$q^2 + pqf = q^2(1 - f) + qf$ ・・・・・・　(12 − 1)

すなわち，2pqf だけヘテロ接合体の頻度が減少して，pqf づつ 2 種類のホモ接合体の頻度が増加することになる．見方をかえると，無作為交配による部分（1 − f）では，Hardy-Weinberg 法則が成り立ち，近親交配の部分（f）では，遺伝子頻度に応じてホモ接合体が増加する．開放受粉集団においては，遺伝子頻度が一定であっても，近親交配の生ずる程度により遺伝子型頻度が変化し，集団の構造が変わる．

開放受粉集団の遺伝子頻度に変化をもたらす要因としては，機会的浮動，自然選択，移住，突然変異などが考えられる．

（1） 機会的浮動

開放受粉集団の世代交代にあたって，親集団から抽出される配偶子標本が一定の様式で接合して子集団を作り出すと見なすことができる．親集団から抽出される配偶子標本やそれらの接合により作られる子集団の規模が小さいと，機会的浮動（random drift）により遺伝子頻度が変化する可能性が高くなる．

たとえば，二つの遺伝子型が半々に含まれる親集団から 6 個体の植物を無作為に抽出すると，異なる遺伝子型がちょうど同数づつ取り出される確率は $_6C_3 \times 0.5^6 = \{(6 \times 5 \times 4)/(3 \times 2 \times 1)\} \times 0.5^6 = 0.3125$ となり，3 分の 1 程度に過ぎない．あとの 3 分の 2 は，親集団とは異なる遺伝型頻度の標本集団となる．6個体の全ての植物が一方の遺伝子型となることも1.5％以上（${}_6C_0 \times 0.5^6 = 0.0156$）の確率で起こる．植物の場合，標本集団が隔離されて増殖されれば，一方の遺伝子型に関して固定した集団として分化することもある．これが機会的浮動による遺伝子頻度の変化である．

（2）自然選択

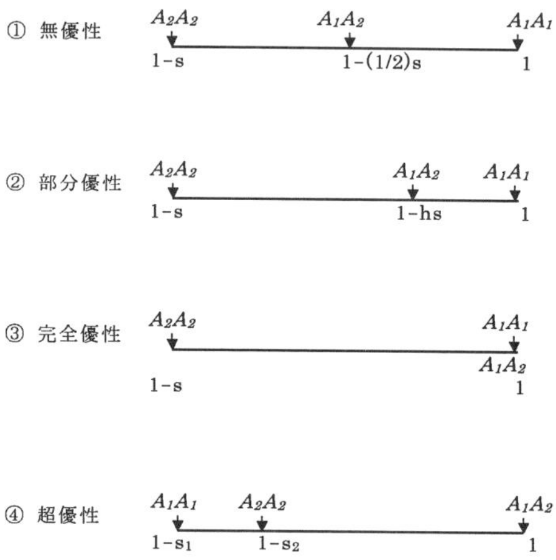

図12.1　優性の発現と遺伝子型の適応度

開放受粉集団内の個体間に生存率や稔実率に違いがあると，次世代に残す子孫数に差異が生ずる．次世代に対する子孫の寄与率は，適応度（fitness）あるいは適応値（adaptive value）などと呼ばれる．適応度の差異が個体遺伝子型の特定遺伝子の存否と関連があると，その遺伝子に対して選択が働くことになる．特定の遺伝子に選択圧が加わると，異なる遺伝子型の親が次世代に引き継ぐ遺伝子に不均衡が生じ，子孫集団の遺伝子頻度が親集団の頻度と違ってくる．このようにして選択により遺伝子頻度ならびに遺伝子型頻度が変化する．

実質的に自然選択は遺伝子型に働くため，遺伝子の優性度が問題となる．ここでは，遺伝子の通常の可視的な効果ではなく，適応度に関する優性度だけを問題とする．適応度に対する優性度は図12.1に示すとおりの4種に区分できる．

① 無優性（no dominance）の場合，適応度の高い方のホモ接合体A_1A_1の適応度を1として，適応度の低いホモ接合体A_2A_2の適応度を$1-\mathrm{s}$とすると，ヘテロ接合体A_1A_2の適応度は両親の中間で$1-(1/2)\mathrm{s}$となる．ただし，sは選択係数をあらわす．

② 部分優性 (partial dominance) の場合，適応度の高いホモ接合体 A_1A_1 と低いホモ接合体 A_2A_2 の適応度をそれぞれ 1，1 − s とすると，ヘテロ接合体は 1 − hs となる．ただし，h は優性度をあらわす．

③ 完全優性 (complete dominance) の場合，適応度の高いホモ接合体 A_1A_1 の適応度を 1 とすると，適応度の低いホモ接合体 A_2A_2 は 1 − s となり，ヘテロ接合体 A_1A_2 の適応度は 1 となる．

④ 超優性 (overdominace) の場合，適応度の最も高いヘテロ接合体 A_1A_2 の適応度を 1 とすると，ホモ接合体 A_1A_1 と A_2A_2 の適応度はそれぞれ $1 - s_1$ と $1 - s_2$ となる．

便宜的には，問題となる遺伝子に対する選択は，その遺伝子を含む遺伝子型が選択される形で働くと考える．この種の選択は，生存率や稔実率の低下，あるいは両者を通して作用する．選択の強さは選択係数 s として表される．選択係数 (selection coefficient) は最も適応上有利な遺伝子型との対比で，特定の遺伝子型の配偶子形成に対する寄与の低下の程度として表される．たとえば，有利な遺伝子型の寄与を 1 として，選択される遺伝子型の寄与を 1 − s とする．

このように遺伝子型に対して選択が働いた結果として，どのような変化が遺伝子頻度に起こるかを追ってみよう．たとえば，Hardy - Weinberg 平衡の成り立つ無作為交配集団の完全優性モデルでは，劣性ホモ接合体 A_2A_2 の適応度がほかの二つの遺伝子型 A_1A_2 と A_1A_1 よりも s だけ適応度が低いとすると，3 種の遺伝子型 A_1A_1，A_1A_2，A_2A_2 の適応度は，それぞれ 1，1，1 − s となる．そこで，遺伝子型ごとの配偶子への寄与は，それぞれ p^2，2pq，$q^2(1 - s)$ となることから次世代の遺伝子頻度 q_1 は，次の式で求めることができる．

$$q_1 = \{q^2(1 - s) + pq\} / (1 - sq^2) = (q - sq^2) / (1 - sq^2) \cdots\cdots\cdots (12 - 2)$$

したがって，両世代の遺伝子頻度の変化量 Δq は次式となる．

$$\Delta q = sq^2(1 - q) / (1 - sq^2) \cdots\cdots\cdots\cdots \quad (12 - 3)$$

（3）移　住

移住の効果は単純である．世代あたりの移住者率が m である大集団では，在来者の割合は 1 − m となる．ある遺伝子の移住者集団の頻度を q_m とし，在来者集団の遺伝子頻度を q_0 とすると，混合集団の遺伝子頻度 q は次式で求めることができる．

$$q = (1 - m)q_0 + mq_m = q_0 + m(q_m - q_0) \cdots\cdots\cdots\cdots \quad (12-4)$$

1 世代あたり移住により生ずる遺伝子頻度の変化は次式となる．

$$\Delta q = q - q_0 = m(q_m - q_0) \cdots\cdots\cdots\cdots \quad (12-5)$$

このように移住を受ける集団における遺伝子頻度の変化は，移住者率 m ならびに移住者集団と在来集団との間の遺伝子頻度の差 $(q_m - q_0)$ の積となる．

（4）突然変異

遺伝子座あたりの自然突然変異率は，10^{-5}～10^{-6} 程度できわめて小さいため，大規模集団の遺伝子頻度の変化に及ぼす影響はきわめて微弱である．さらに，当初ヘテロ接合体として出現する突然変異遺伝子が次世代で失われる確率は，50 %と高い．したがって，一回限りの単発の突然変異が大規模集団の遺伝子頻度に及ぼす影響は，ほとんど無視できる．

これに対して繰り返し生ずる突然変異は，大規模集団の遺伝子頻度に少なからざる影響を与える．ある遺伝子座の A_1 遺伝子が A_2 に突然変異する 1 世代あたりの頻度を u とする．ある世代の A_1 の頻度を p_0 とすると，次世代に A_1 が A_2 に変化する割合は up_0 となり，A_1 の頻度は $p_0 - up_0$ となる．

ところで，A_1 と A_2 の当初の頻度をそれぞれ p_0 および q_0 とし遺伝子が両方向に突然変異を起こす場合，世代あたりの A_1 から A_2 への変異率を u，A_2 から A_1 へに変異率を v とすると，A_2 遺伝子の頻度の増加分は up_0 となり，減少分は vq_0 となる．したがって，世代あたりの遺伝子頻度の変化 Δq は，$up_0 - vq_0$ となる．そこで $\Delta q = 0$ で平衡に達する．

$$q = u/(u + v) \cdots\cdots \quad (12-6)$$

2. 人為選抜による遺伝的進歩

農業上有用な特性の多くが量的形質であり，微少な遺伝的効果をもつ多数のポリジーンに支配されている．量的形質は遺伝様式が複雑であるばかりでなく，環境要因の影響により変動する．開放受粉集団の量的形質の変異分析や遺伝率の推定には，統計的手法が用いられる．多数のポリジーンの遺伝的効果と多くの環境要因の効果ならびに両者の複雑な働き合いにより発現する量的形質変異は，ほぼ正規分布に従うとみなすことができる．

開放受粉集団における量的形質の人為選抜の効果は，図 10.3 に示したモデルで表すことができる．まず，親集団の中から上位 100 s %（s は選抜係数）を選抜する．選抜集団の平均値 X_{sm} と親集団の平均値 X_m との差が選抜差 D（selection differential）であり，親集団の平均値 X_m と子集団の平均値 X_{pm} との差が遺伝的獲得量 $\varDelta G$（遺伝的進歩，genetic gain）となる．

$\varDelta G = (X_{pm} - X_m) = (X_m - X_{sm})\,h^2$ となる（第 10 章参照）．

アメリカ合衆国のイリノイ実験として有名なトウモロコシの長期選抜では，集団内の無作為交配と方向選抜を一世紀近くにわたって続けている（図 12.2）．この実験では，選抜開始時の油脂含有率は 4.7 %程度であった．油脂含量を高める方向の選抜（IHO）では，19 %近くにまで高まり，低める方向の選抜（ILO）では，ほとんど 0 %にまで低下した．また，油脂含量を高める実験では，50 世代目あたりから逆選抜を試みた結果（RHO），油脂含有率は急速に低下した．さらに，60 世代あたりから再び油脂含有率を向上させる選抜（SHO）を行い，含有率が高まることも確認した．

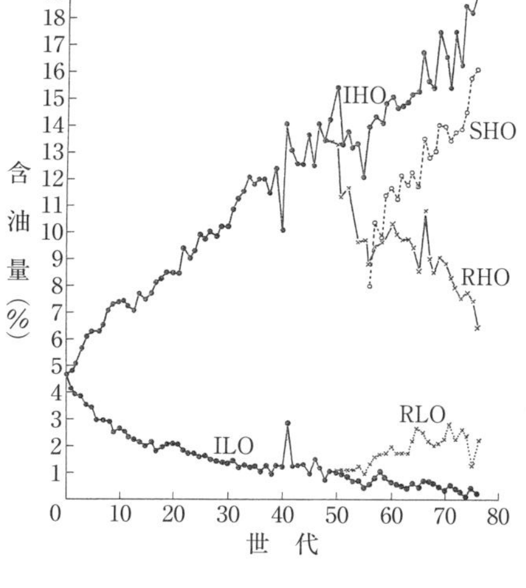

図 12.2　トウモロコシの油脂含有量の長期選抜効果（Dudley, 1977）

こうした長期選抜において，遺伝的進歩が長く持続する原因として，集団内の無作為交配による相同染色体上の連鎖遺伝子間の組換えにより，新しい遺伝子型が持続的に作り出されたことが考えられる．相同染色体上に複雑に連鎖する多数のポリジーンの組換えにより放出される遺伝変異のポテンシャルは甚大であることがわかる．

3．表現型による集団選抜

表現型の選抜による集団改良は，古くから集団選抜（mass selection）により行われてきた．遺伝率の高い形質の改良は，集団選抜により効果をあげることができる．選抜基本集団から表現形質に関して個体選抜を行い，選抜された個体を母本として開放受粉種子を採種して，次のサイクルの基本集団とする．このような集団選抜は遺伝率の高い形質には有効であるが，開放受粉による半きょうだい種子を用いるため遺伝率が半減するデメリットがある．しかし，1サイクル1年で循環選抜を進めることができる．数サイクルの循環選抜により改良される集団は，開放受粉品種として，そのまま利用することができる．

人工交配による種子生産が効率的に行えず，他殖性であるが一代雑種（F_1）品種の開発が困難な多くの牧草類，野菜，花卉，熱帯果樹などの地方品種の保存や改良には，集団選抜が広く用いられる．

アメリカ合衆国のコーンベルトなどに広く普及しているトウモロコシの一代雑種品種の親となっている近交系の開発には，中南米の農民たちの長年月にわたる意識的な集団選抜による改良が計り知れない貢献をしたとみられる．デント種，フリント種，フロアー種，ポップ種，スウィート種，もち種などの品種群は，中南米の農民の手による集団選抜により改良されてきた．トウモロコシばかりでなく，イネ，コムギ，ダイズなどの自殖性作物の地方品種の分化や改良にも，農民による意識的な集団選抜が大きく寄与してきたことは疑う余地もない．

4. 後代検定に基づく集団改良

後代検定による集団改良は，遺伝率の低い量的形質や雑種強勢に関する組合せ能力の改良などにとくに有効である．高い雑種強勢を表す組合せ能力は，親植物の表現型からは予想が困難である．そこで，高い組合せ能力をもつ親系統を育成するためには，F_1（後代）検定による組合せ能力の評価が不可欠である．

第10章で論述した単純循環選抜や相反循環選抜は，後代検定による集団改良の典型である．これらの循環選抜により改良された集団は，一代雑種品種の親系統の選抜基本集団として利用される． 開放受粉集団の改良のための後代検定には，開放受粉系統や半きょうだい系統が用いられるケースが多いが，自殖系統や全きょうだい系統が利用されることもある．

受粉様式を変えることにより，さまざまな種類の系統を養成することができる．

① 自殖系統（selfed line）･･･特定の親植物の自家受粉により生ずる子集団

② 全きょうだい系統（full-sib family）･･･特定父本の花粉を受粉して特定の母本から生まれる子集団

③ 半きょうだい系統（half-sib family）･･･一組の決まった父本の花粉を混合受粉して特定の母本から生まれる子集団

④ 開放受粉系統（open-pollinated family）･･･集団内の自由な交配により特定の母本から作られる子集団

これらの系統のうち，自殖系統や全きょうだい系統は共通の母父本から作られる子孫であるため，遺伝変異をフルに活用した改良が可能であるが，半きょうだい系統や開放受粉系統では，片親だけを共通にもつ子孫であるため，遺伝変異の半分しか育種に活かすことができない．

（1）表現形質の改良

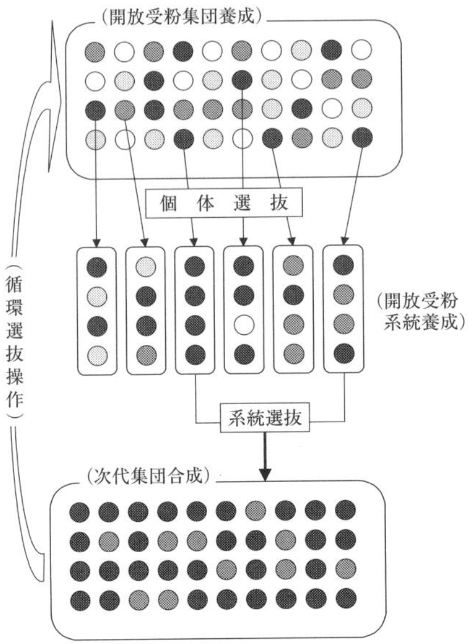

図 12.3　表現型の後代検定による集団改良

遺伝率の低い量的形質の改良には，表現型による集団選抜よりは，後代検定に基づく集団改良の方がより効果的である．まず，初代の基本集団から母本を選定し，開放受粉や半きょうだい交配により種子を得る．開放受粉系統や半きょうだい系統の表現形質を指標として有望系統を選抜する．選抜された系統の自殖種子または開放受粉種子を混合して，次の選抜サイクルの基本集団とする．1年目に母本選抜と交配，2年目に後代系統の養成と選抜の2年1サイクルの循環選抜により集団改良を繰り返すことができる（図 12.3）．

（2）組合せ能力の改良

雑種強勢（heterosis）の発現程度を表す組合せ能力（combining ability）は，親の表現型からは推測することは困難である．そこで，交配により一代雑種を作り，後代検定により雑種強勢の現れ方を調べなければならない．

組合せ能力を高めるための集団改良のモデルの一つを図 12.4 に示す．

① 初年目に開放受粉集団から選抜される母本に検定親となる父本の花粉を混合受粉して一代雑種種子を作る．同時に母本別に自殖種子を確保する．

② 2年目には，母本別に一代雑種を養成して，雑種強勢の現れ方を調べる後代検定を行う．高い雑種強勢を表す一代雑種の母本の自殖種子（開放

受粉種子あるいは残余種子）を混合して次世代の集団を養成する．

③　3年目には次世代集団を養成し，無作為交配または開放受粉を行い遺伝的組換えを促す．

④　3年1サイクルで循環改良を行うことができる．

改良の進んだ母本集団と検定親とした父本集団を交配して新品種とすることができる．新品種は開放受粉により維持される．

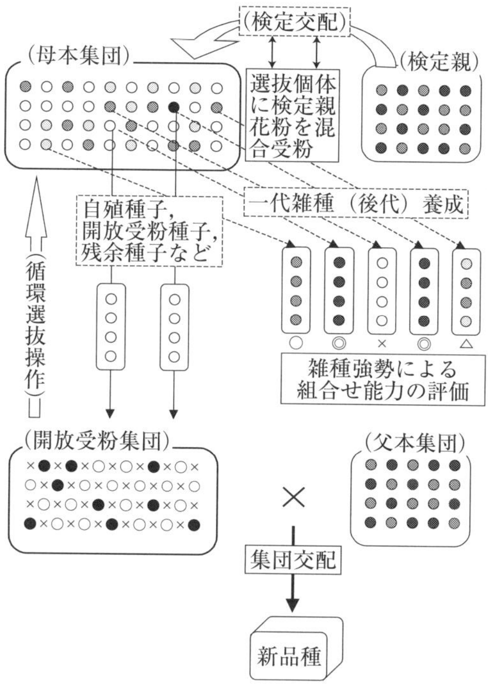

図 12.4　後代検定に基づく組合せ能力の集団改良

5. 合成品種の育成

合成品種（synthetic variety）の考え方は，高い雑種強勢を示す組合せ能力のすぐれた近交系や栄養系を選抜して，それらの間の多交配（polycross）により集団を合成して新品種とする．新品種は開放受粉により維持される．合成品種は維持・増殖の過程では，機会的浮動や同類交配などにより集団の遺伝的構成が変化するので，数世代ごとに再合成または更新するのがよい．

合成品種の育成は，図 12.5 のような手順で進められる．

①　1年目は選抜基本集団より母本を選抜して自殖（あるいは栄養繁殖）する．

②　2年目に自殖系統（または栄養系）を母本として，特定の共通父本をト

ップ交配（top cross）するとともに，母本別に自殖種子をとる．

③ 3年目にはトップ交配による母本系統別一代雑種を養成し，雑種強勢の現れ方により母本の組合せ能力を評価する．その結果に基づいて同時に養成されている自殖系統（または栄養系）を選抜する．

④ 4年目に選抜された母本の自殖系統と父本を混合して集団とし集団内多交配（polycross）を行う．この多交配集団を合成品種（synthetic variety）とする．

親系統の多交配集団を直接合成品種とするか，あるいは1〜2回の開放受粉を行ってから合成品種とするかは，作物の種類や必要種子量による．実際には，テンサイなどでは前者，イネ科牧草やクローバなどでは後者である．

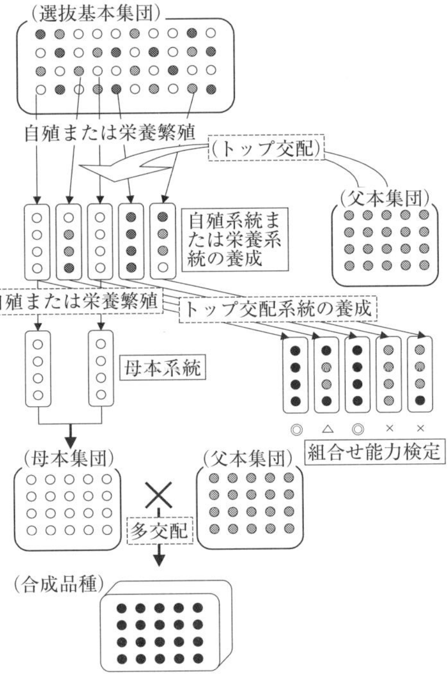

図12.5　合成品種の育成

第13章　一代雑種改良（HYB）方式

多くの野生植物は，進化や適応に必要な遺伝的変異を他殖により作り出している．野生植物が栽培化され育種により改良されると，自殖や栄養繁殖により，最もすぐれた遺伝子型だけが優先的に増殖されるようになる．しかし，栽培植物の中にも，トウモロコシをはじめとしてライムギ，テンサイ，野菜・花卉類など他殖性作物は多い．他殖性植物集団では，ヘテロ接合体が高い頻度で出現し，ヘテロ接合性優位の原理により雑種強勢が進化したと考えられる．

他殖性集団において無作為交配の下では，各遺伝子座の対立遺伝子の頻度を等しくすることにより，ヘテロ接合体の頻度を最高50％にまで高められるが，それ以上にはできない（第6章参照）．そこで，雑種強勢を最大限利用するには，全遺伝子座に関してヘテロ接合体が100％となる一代雑種（F_1 hybrid）を開発する必要がある．

1．雑種強勢（ヘテロシス）の効果

雑種強勢（heterosis, hybrid vigor）は，一代雑種（F_1）が両親を凌ぐ現象をいい，G.H. Shull（1914）により考案された用語である（Hayes, 1952）．雑種強勢については，多くの科学的研究が行われてきたが，その遺伝学的，生理学的，生化学的な機構は現在でも明らかにされていない．

C. Darwin以前にも，J.G. Koelreuter（1766）が植物（*Nicotiana*, *Dianthus*, *Verbascum*, *Mirabilis*, *Datura*など）の種間交配により現れる雑種強勢の科学的研究を行った．C. Darwin（1876）は，「野菜類の自殖と他殖の効果」という本の中で，植物の雑種強勢に論及した．彼の説明によると，種内の他殖は大きさ，成長力，生産性などを増大させるが，自殖や近親交配により減退するとした．しかし，この現象を雑種強勢として認識して，融合する配偶子間の差異に帰することができなかった．

1880年には，Bealという人が多年にわたり100マイルも離れて栽培されていた2種類のトウモロコシを1畦おきに植えて，一方の種類のトウモロコシの雄穂を開花前に除去し，その株に着く雑種種子をとり次世代の植物を育てた．その結果，雑種植物の収量は，両親株を50％以上も上回った．彼は二つの異なるトウモロコシ系統の交配により，雑種強勢が現れることを明らかにしたばかりでなく，現在でも一代雑種種子の商業生産に広く用いられている雄穂除去法を最初に考案した．

19世紀後半から20世紀初頭にかけて活動したトウモロコシ研究者の大部分が近親交配の有害効果は確認したが，他殖により現れる雑種強勢などの有益効果を強調しなかったのは興味深いことである．たとえば，Shamel (1905) の報告では，育種の主要な目的は近縁な植物間の他殖の有害効果の防止であるとした．

G.H. Shull (1908, 1909) の研究により，自殖や近親交配による負の効果から人工交配による雑種強勢の正の効果へと視点が移った．ここで雑種強勢に関する包括的な理解の基礎が築かれたと言える．1908年の論文「トウモロコシ圃場の構成」では，品種は雑種の複雑な混合物で，品種を構成する植物個体は異なる遺伝子型であるとされた．この論文のもう一つの結論として，近親交配による系統の間の変異は，遺伝的分離の結果であり，また，望ましい対立遺伝子と有害な対立遺伝子双方のホモ接合化の結果であり，特定の系統間 F_1 の収量は両親を超越するとした．1909年の論文では，後にトウモロコシ育種の標準的な操作手順となった多くの考え方が提案された．さらに，トウモロコシの自殖と他殖の効果に関する E.M. East (1908, 1909) の研究は，雑種強勢に関する概念の発展に貢献した．

Shull と East の研究により，二つの近交系交配（単交配）が収量改良の新たな道を開くかに見えた．しかし，近親交配による弱勢化が近交系の生育を貧弱なものとし，単交配による雑種強勢の商業的利用を妨げることになった．そこで，D.F. Jones は商業栽培にあたり複交配雑種（double cross hybrid）を利用することを提案した．複交配では，商業種子は単交配の F_1 同士を交配して生産されるため，近交系親の種子生産量の少ない欠点が克服できた．

今日，アメリカ合衆国で商業的に用いられている一代雑種トウモロコシのほとんど全部が単交配雑種 (single cross hybrid) であることは注目に値する．この複交配から単交配への変化は，1960年代に起こった．A.F. Troyer (1991) が示したとおり，複交配よりは単交配の方が一段と高い収量水準に達する．近年の近交系は数回の近親交配により開発され，近交系自体の種子生産を増加させる改良が加えられ，単交配雑種種子の商業生産に十分な収量が確保できるようになった．

アメリカ合衆国におけるトウモロコシの改良による収量向上効果は，図13.1に示すとおりめざましいものであった．開放受粉品種として改良されていた1800年代後半から1930年代頃までは，品種改良の効果は遅々としており，年代に対する収量の回帰係数は0.02程度にとどまっていた．ところが，1930年代から1960年代にかけて開発・改良された複交配による一代雑種品種の収量向上効果はめざましく，回帰係数は1.04に高まった．さらに，1960年代以降の単交配による一代雑種品種の時代には，収量向上効果を表す回帰係数は1.79にまで高まった．

他殖性作物であるトウモロコシの一代雑種品種開発による増収効果は，自殖性作物のコムギやイネの半矮性遺伝子を利用した草型改良による増収効果をはるかに凌ぐものである．こうした意味で，コムギやイネの改良による緑

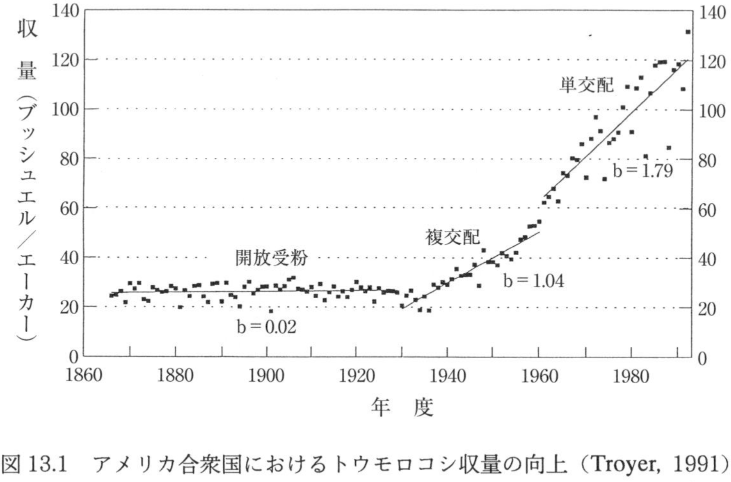

図13.1　アメリカ合衆国におけるトウモロコシ収量の向上（Troyer, 1991）

の革命以前に，もう一つの緑の革命がトウモロコシの一代雑種品種の開発により達成されていたと見ることができる．

一代雑種品種のもう一つの特徴は，品種の登録や特許などの法的保護がなくても，育種家の権利が独占できることである．このため，アメリカ，カナダ，オーストラリア，ヨーロッパなどの先進諸国では，トウモロコシやテンサイをはじめ，各種の野菜・花卉類などの一代雑種品種の開発が商業ベースで急速に進展した．

2．雑種強勢発現の原理

雑種強勢（heterosis）現象は，育種家により利用され，多数の作物や園芸作物の生産性の向上に役立てられてきた（写真9）．雑種強勢の効果は，多岐にわたる植物研究分野で評価・利用されてきたが，その遺伝的基礎は十分に明らかにされてはいない．農作物の育種に雑種強勢を活かすには，計量生物学的手法が用いられ，雑種強勢に関する平均的な遺伝効果が評価の対象とされ

写真9　トウモロコシの一代雑種に現れる雑種強勢（重盛　勲 氏：提供）
近交系母本系統 CHU11（左）と近交系父本系統 Na23（右）の交配による一代雑種（中央）に現れる雑種強勢．粒列数と着粒数とに顕著な雑種強勢が見られる．また，着粒密度にも雑種強勢が現れている．

た．穀実収量のような複合的特性に関係する個々の遺伝子座の効果を評価するような研究は行われてこなかった．遺伝子レベルでの雑種強勢の発現機構に関しては，二つの有力な学説がある．超優説と優性遺伝子連鎖説である．

(1) 超優性説

超優性説 (overdominance theory) では，特定遺伝子座の二つの対立遺伝子間の相互作用により雑種強勢が現れるとする．二つの対立遺伝子を A_1 および A_2 とすると3種の遺伝子型値 G(A_1A_1)，G(A_1A_2)，G(A_2A_2) の間に，次の関係が成り立つとき超優性があるという．G(A_1A_2) > G(A_1A_1)，G(A_2A_2)，すなわち特定の遺伝子座に関して，ヘテロ接合体 (A_1A_2) が二つのホモ接合体 (A_1A_1 と A_2A_2) のいずれをも凌駕する現象をいう．

L.J. Stadler (1939) はトウモロコシの *R* 遺伝子座では，ヘテロ接合体 *Rr* が2種類のホモ接合体 *RR* および *rr* のいずれよりも多くの部分に色素を発現することを指摘した．この他にも，1遺伝子座のヘテロ効果を示すような文献がある．しかし多くの場合，優性遺伝子の密接な連鎖による疑似超優性効果の可能性を否定することができない．F.H. Hull (1945) らがヘテロ接合優位の考え方を支持して超優性説を提唱した．しかし，彼の考え方は単純で二つのトウモロコシ近交系の交配による雑種が両親の合計値を超えることに基づいていた．この現象は完全に相加的に働く優性遺伝子だけでも証明できる．

稀にではあるが，単一遺伝子座に関する雑種強勢の例が報告されている．たとえば，D. Schwartz と W.J. Laughner (1969) はトウモロコシのアルコール脱水素酵素の活性に関する雑種強勢を明らかにした．

(2) 優性遺伝子連鎖説

優性遺伝子連鎖説 (linkage theory of dominant alleles) によれば，優性遺伝子が相反連鎖していると，遺伝子座ごとに超優性がなくても見かけ上雑種強勢が現れる．たとえば，*A* と *B* の2種の優性遺伝子が相反連鎖していて，*AA* 遺伝子型値2，*BB* 遺伝子型値3で，*A* が *a* に対しまた *B* が *b* に対して完全優性であるとすると，一方の親 *Ab*/*Ab* の遺伝子型値は2，他方の親 *aB*/*aB*

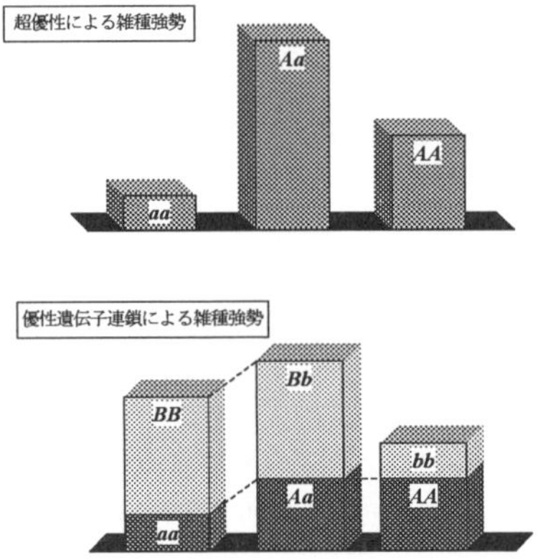

図 13.2　雑種強勢の発現に関する学説

の遺伝子型値は 3 となる．両者の一代（F_1）雑種は Ab/aB で遺伝子型値は $2+3=5$ となり，両親を凌ぐことになる（図 13.2）．

F. Keeble と C. Pellew（1910）によると，エンドウの二つの純系品種の雑種は，いずれの親よりも草丈が高かった．この場合，二つの異なる優性遺伝子が関係していて，一方の遺伝子が節間を伸ばし，もう一方の遺伝子が節数を増す効果を持っていた．

このような優性遺伝子が非常に密接に連鎖していると，1 遺伝子座の超優性と区別することができない．そこで，密接な相反連鎖による超優性に似た雑種強勢の現れ方を疑似超優性（pseudo-overdominance）と呼ぶ．

理論的には，優性遺伝子の連鎖による雑種強勢は，遺伝的組換えにより二重優性ホモ接合体 AB/AB を作り，雑種強勢を固定することが可能であると考えられる．しかし，農作物の収量などに関する雑種強勢は，多数の優性遺伝子が複雑に相反連鎖することにより発現しているとみられるため，雑種強勢の発現に関与する大部分（または全部）の遺伝子座を優性遺伝子に関してホモ接合体とすることはきわめて困難と考えられる．したがって，市販の一代雑種品種から両親の遺伝子型を再現する，いわゆるスパイ育種を行うことは不可能である．

3．組合せ能力の検定と評価

交配により雑種強勢を現す性質を組合せ能力（combining ability）という．高い雑種強勢を示す品種または系統同士は，組合せ能力が高いといい，わずかな雑種強勢しか示さない品種・系統は組合せの能力が低いという．品種や系統の組合せ能力は，親の表現形質からは推測することはできず，一代雑種を作って雑種強勢の現れ方を調べなければ，評価することはできない．

組合せ能力には，一般組合せ能力と特定組合せ能力とがある．一般組合せ能力（GCA : General Combining Ability）とは，いずれの品種や系統との交配でも高い雑種強勢を示す能力をいい，特定組合せ能力（SCA : Specific Combining Ability）とは，特定の品種・系統との交配でのみ高い雑種強勢を現す能力をいう．多数の近交系の組合せ能力を検定するには，総当たり交配とトップ交配の二つの方法がある．

（1） 総当たり交配法

n 系統（P_1，P_2，P_3，･･･ P_n）を 2 系統づつ組み合わせて総当たり交配を行う場合，正逆交配（P_i/P_j と P_j/P_i の双方）を含めると，n(n − 1) 種類の一代（F_1）雑種を作ることができる．正逆交配に差がない（$X_{ij} = X_{ji}$）と見られる場合には，n(n − 1)/2 種類の F_1 を作ればよい．

総当たり交配により作られる一代雑種のデータは，表 7.9 のようなダイアレル表にまとめることができる．この表の n 個の対角要素（X_{ii} や X_{jj} など）は，親の自殖系統であり一代雑種ではない．このような総当たり交配によるダイアレル表の値から，一般組合せ能力（GCA）と特定組合せ能力（SCA）とを区分して評価することができる．

i 番目の親（P_i）と j 番目の親（P_j）との F_1 の雑種強勢効果（X_{ij} − Xm）は，i 番目の親の GCA（Xm_i − Xm）と i 番目の親（Pi）と j 番目の親（P_j）との SCA（X_{ij} − Xm_i）とに分割できる．

$$(X_{ij} - Xm) = (Xm_i - Xm) + (X_{ij} - Xm_i) \cdots\cdots\cdots \qquad (13-1)$$

組合せ能力の評価には，表 7.9 に示すような n × n 個の全てのデータのある完全ダイアレルのデータは必要ない．組合せ能力の評価には，対角要素の親データは必要なく，正逆交配のある不完全ダイアレルまたは親ならびに逆交配データのない片側不完全ダイアレルのいずれかが用いられる．前者のデータの分散分析モデルを表 13.1 に示した．この分散分析の線形モデルは次式となる．

$$X_{ijk} = \mu + G_i + G_j + S_{ij} + R_{ij} + e_{ijk} \cdots\cdots \qquad (13-2)$$

表13.1　正逆交配のある不完全ダイアレル・データの組合せ能力の分散分析
（Griffing, 1956一部改写）

要因	自由度	偏差平方和の計算式	分散の期待値
一般組合せ能力（GCA）	$n-1$	$SS_{GCA}=\{r(n-1)^2/2(n-2)\}\times\Sigma_i\{(X_{i..}^2/rn-X_{...}^2/rn^2)+(X_{.i.}^2/rn-X_{...}^2/rn^2)\}$	$\sigma^2+r\sigma_R^2+2r\sigma_S^2+2r(n-2)\sigma_G^2$
特定組合せ能力（SCA）	$n(n-3)/2$	$SS_{SCA}=(r/2)\times\Sigma_{i<j}\{(X_{ij.}^2/r-X_{...}^2/rn^2)+(X_{ji.}^2/r-X_{...}^2/rn^2)\}-SS_{GCA}$	$\sigma^2+r\sigma_R^2+2r\sigma_S^2$
正逆交配差（REC）	$n(n-1)/2$	$SS_{REC}=(r/2)\Sigma_{i<j}(X_{ij.}/r-X_{ji.}/r)^2$	$\sigma^2+r\sigma_R^2$
誤差	$(r-1)n(n-1)$	$SS_E=\Sigma_{ij}\{\Sigma_k(X_{ijk}^2-X_{ij.}^2/r)\}$	σ^2

注）n：親の数，r：繰返し（交配あたり個体数）

このモデルでは，μ は全平均効果，G_i および G_j は親iと親jの一般組合せ能力（GCA），S_{ij} は親i×親jの特定組合せ能力（SCA），R_{ij} は親iと親jの正逆交配間差，e_{ijk} は誤差の効果をあらわす．

このように総当たり交配による組合せ能力検定では，GCAとSCAと同時に評価できる．しかし，親の数nが大きくなると組合せ数が急増して手におえなくなる．

（2）トップ交配法

通常の組合せ能力選抜では，検定する母本の数が多数にのぼるため，それぞれの母本に特定の共通父本を組み合わせるトップ交配（top cross）がよく用いられる．この方法では，遺伝的多様性をもつ集団や品種混合集団などの遺伝的基盤の広い共通父本を用いれば，GCAの高い母本を選抜できるし，特定近交系などの狭い遺伝的基盤の共通父本を用いれば，特定の近交系とのSCAの高い母本を選定することができる．

4．一代雑種（F_1）品種の開発

一代雑種品種（F_1 hybrid variety）の開発のモデルの一つを図13.3に模式的に示す．このモデルでは，母本となる近交系に共通の父本を交配して，トップ交配子孫にあらわれる雑種強勢の程度から母本系統の組合せ能力を評価す

る．この際，遺伝的多様性の大きい父本を用いれば，一般組合せ能力（GCA）を検定できるし，遺伝的多様性の小さい近交系などを父本とすれば特定父本との特定組合せ能力（SCA）を評価することができる．

第10章では，半きょうだい系統検定に基づく単純循環選抜ならびに相反循環選抜について述べた．ここでは半きょうだい系統の代わりにトップ交配検定（top－cross test）に基づく循環選抜について記述する．

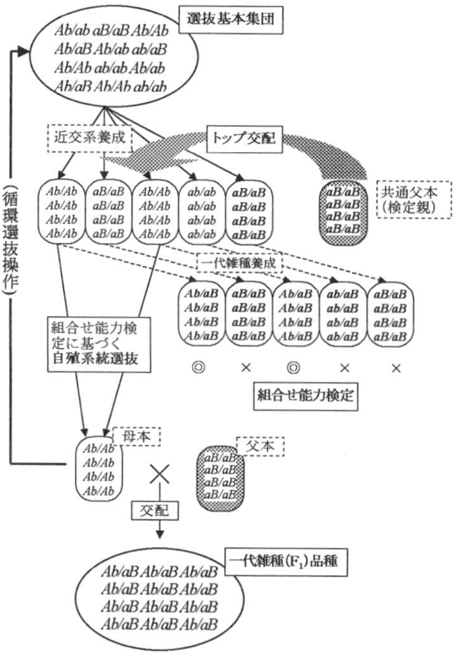

図 13.3　一代雑種（F_1）の開発

まず，遺伝変異に富む選抜基本集団から個体選抜により母本を選定して，自家受粉などにより近交系を作る．これらの近交系を母本とし共通父本をトップ交配して，母本系統ごとにトップ交配系統（一代雑種）を養成する．一代雑種（F_1）に現れる雑種強勢の程度から母本系統の組合せ能力を評価し，高い組合せ能力をあらわす母本系統を選定する．選定された母本系統と共通父本を交配して一代雑種（F_1）品種とする．

さらに，循環選抜により選抜基本集団を改良するには，選定された母本系統種子を混合して第2世代の基本集団を合成し，集団内の無作為交配により遺伝的組換えを促した上で，次の循環選抜の母本となる近交系を養成する．

基本集団の養成と個体選抜，母本近交系の分離・養成，トップ交配による組合せ能力検定と近交系選抜および基本集団の合成と集団内無作為交配を繰り返すことにより，選抜基本集団内の組合せ能力の高い遺伝子型の頻度を高めることができる．循環選抜により基本集団を改良する一方で，近交系を分離しトップ交配検定を行い，組合せ能力の高い母本を分離・育成することができる．

図 13.3 のモデルでは，雑種強勢の発現に二つの優性遺伝子 A と B とが関与していて，両者が密接に相反連鎖していることを想定している．そこで，母本となる近交系を分離する基本集団では，Ab/Ab，Ab/aB，aB/aB，ab/ab などの各種の遺伝子型が分離している．これらから自殖により Ab/Ab，aB/aB，ab/ab などのホモ接合性の近交系が養成できる．これらの近交系に共通父本を交配すると，さまざまな程度に雑種強勢のあらわれるトップ交配子孫を作ることができる．共通父本 aB/aB との交配により最も高い雑種強勢をあらわすのは Ab/Ab 型のホモ接合性母本である．したがって，Ab/Ab 型に関して固定した系統を選抜することにより，最も高い雑種強勢を示す母本を作り出すことができる．

5．単交配による一代雑種トウモロコシの育成

アメリカ合衆国などを中心に広く普及しているのは，二つの純系間の単交配による一代雑種トウモロコシである．ここでは，Hallauer (1987) が提示した純系改良と一代雑種品種の育成手順を例示する．

1 年目冬季：選抜基本集団から選抜された 500 個体を自家受粉して S_1 種子を得る．

1 年目夏季：500 近交系 $S_{0:1}$ を養成し，有望な近交系内で自家受粉して，S_2 世代に進める 180 個体を選抜する．

2 年目冬季：有望な $S_{1:2}$ 系統内の S_2 植物を自家受粉する．

2 年目夏季：有望な $S_{2:3}$ 系統内の S_3 植物を自家受粉して，S_4 世代に進める 40 個体を選抜する．

3 年目冬季：

a）有望な $S_{3:4}$ 系統内で S_4 植物を選抜し自家受粉する．

b）$S_{3:4}$ 系統を適切な検定親に交配する．

3 年目夏季：

a）有望な $S_{4:5}$ 系統内の S_5 植物を自家受粉する（近交系が均質であれば，集団として一括）.

b）反復試験により $S_{3:4}$ 系統の検定交配結果を評価する.

4 年目冬季：

a）検定交配結果に基づき選抜される有望な $S_{5:6}$ 系統内の S_6 植物を自家受粉する（この段階での冬季栽培は随意選択）.

b）選抜された $S_{5:6}$ 系統の検定交配を実施する.

4 年目夏季：

a）$S_{6:7}$ 系統を養成して，検定交配結果に基づき最終選抜を行う.

b）均質な近交系を一括して育種家種子とする.

c）単交配雑種種子を生産する.

5 年目夏季：

a）$S_{7:8}$ 系統を養成し育種家種子を増殖する.

b）反復試験により単交配雑種を評価する.

6 年目夏季：

a）選抜された近交系の種子を増殖する.

b）再評価のための単交配を行う.

c）反復試験により，前年度産の単交配雑種を評価する.

7 年目夏季：

a）人工交配または隔離栽培により選抜した近交系種子を大量増殖する.

b）拡大試験用に単交配種子を生産する.

c）前年度産単交配雑種を評価する.

8 年目夏季：

a）選抜近交系の純度を評価する.

b）母父本としての近交系の生産力を確認する.

c）商業利用可能な量の近交系種子を生産する.

d）商業 F_1 品種として有能な単交配雑種の反復試験を繰り返す.

9 年目夏季：

a）品種奨励のための生産力検定試験を実施する.

b) 有望一代雑種の小規模商業生産を開始する.

10年目夏季：一代雑種の成績と農家の受け入れ条件が商業生産に必要な基準に合えば市販用の雑種種子生産を最終決定する.

6. 一代雑種 (F_1) 種子の生産技術

一代雑種品種の種子は，母本近交系と父本近交系の間の人工交配により，毎年生産しなければならない．ホウレンソウやアスパラガスなどの雌雄異株作物では，隔離栽培条件で母本品種と父本品種とを混合栽培しておいて，雌株から採種すれば一代雑種種子を採種できる．また，トウモロコシなどの雌雄同株作物では，母本品種と父本品種とを畦を変えて栽植し，開花前に母本の雄穂除去を行えばよい．さらに，ウリ科野菜類のような雌雄同株作物やナス科野菜・花卉類のような両性花作物では，果実あたりの種子数が多いため，手作業による人工交配でも効率よく一代雑種種子を採種することができる．

トウモロコシの F_1 雑種種子 (F_1 hybrid seeds) 生産では，雄穂除去作業の省力化のために細胞質雄性不稔が効果的に活用された．しかし，アメリカ合衆国を中心に1970年に多発したごま葉枯病の激発により広く利用されていたTexas型雄性不稔細胞質の利用ができなくなった．

タマネギやイネなどは両性花植物である上に，1花当たりの種子数がすくなく人工交配に手間がかかるため，一代雑種種子の生産には，遺伝的雄性不稔の活用が効果的であり，細胞質雄性不稔を利用した採種体系が確立されている．

イネは両性花植物であり雌雄蕊が同じ花の中にある上に開穎して葯が裂開する前に自家受粉する．このため，細胞質雄性不稔利用による雑種種子の生産体系が開発されなければ，一代雑種イネ (hybrid rice) の実用化は不可能であった．雄性不稔を活用する採種体系でも他家受粉効率が低く，一代雑種種子の生産能率は低迷している．それでも，雄性不稔を活用した一代雑種イネの開発が進み，中国では栽培面積が2000万haを越えた (Yuan, 1998)．しかし，一代雑種種子生産効率，高い雑種強勢発現素材の開発，一代雑種品種の品質向上などの低迷により，中国における一代雑種イネの栽培面積が漸減している．

イネの細胞質雄性不稔を活用する一代雑（F_1）種子生産体系の原理は，新城（1984）により開発された．細胞質性雄性不稔の原理は，雄性不稔をもたらす細胞質と稔性を回復する核遺伝子との相互作用により説明されている．この原理を模式的にあらわすと図 13.4 のようになる．まず，雄性不稔をあらわす不稔系 A は，核にも細胞質にも花粉形成因子が欠損しているため，雄性不稔となる．これを母本として，細胞質に花粉形成因子をもつ維持系 B を父本として交配すると，花粉の細胞質（花粉形成因子）は次代に伝えられないため，雑種植物は全て雄性不稔となる．この原理により雄性不稔系 A を増殖することができる．一方，不稔系 A を母本とし核ゲノムに花粉形成因子を含む回復系 C を父本として交配を行うと，一代雑種（F_1）種子が生産できる．

中国の一代雑種イネは，indica 系品種間交配によるものが大部分で中・南部で栽培が多い．これらの indica 系一代雑種品種の種子生産には，海南島の野生イネ由来の野敗（WA）系雄性不稔細胞質と indica 系品種の稔性回復遺伝子が利用されている．

自殖性作物として改良が続けられてきたイネでは，雄性不稔を利用した一代雑種種子採種体系には，さまざまな困難がある．イネの花は開穎時間が 30 分ほどと短いばかりでなく，花粉の寿命は 5 分程度ときわめて短い．また，花粉の飛散距離も短く他家受粉しにくい上に，1 花に 1 種子しか結実しない．イネの雄性不稔利用の F_1 種子採種では，採種効率を高めるためにさまざまな工夫が行わ

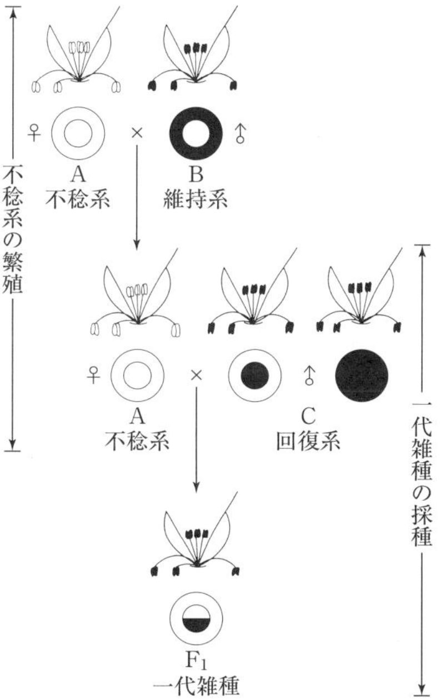

図 13.4　細胞質雄性不稔活用による一代雑種種子生産の原理

れているが，採種圃場での F_1 種子の収量は，自殖種子の数分の一から十数分の一程度に低迷している．

一代雑種イネは F_1 種子の採種効率が低いばかりでなく，高い雑種強勢を示す育種素材に恵まれていない上に，組合せ能力の改良が困難と考えられる．また，一代雑種イネに結実する種子は，F_2 世代の雑種種子であり遺伝的分離を伴うため，玄米品質の均質化が困難と考えられる．しかし，一代雑種イネは雑種強勢により初期生育が速く生物体量が大きいために，ホールクロップサイレージとしての発酵粗飼料用イネの生産などには適していると考えられる．

第14章　栄養系改良（CLO）方式

栽培植物の中には，栄養繁殖するものが多い．栽培圃場の環境は，人工的に管理され均質化されている．均質な生育環境で収量や品質を最高にするには，生育環境に最も適した遺伝子型を無性的に増殖するのが最も効果的である．耕地に生える雑草の中にも，栄養繁殖するものが少なくない．たとえば，水田の難防除雑草とされるミズガヤツリは，耕耘作業により切断された根から植物体を再生して盛んに繁殖する．

リンゴやモモなどのバラ科果樹類，柑橘類，マンゴ，アボガドなどの熱帯果樹類，ブドウなどの接木，サトウキビ，キャッサバ，サツマイモ，カカオ，パイナップル，サツキなどの挿木，ジャガイモやヤムイモなどの塊根茎，チューリップやユリなど花卉類の球根茎，イチゴなどの匍匐茎など栽培植物の栄養繁殖は多種多様である．さらに最近では，らん類のメリクロンやジャガイモのマイクロチューバなどの組織培養によるクローン増殖も実用化されている．

現在，栄養系改良方式（CLOne improving system）は，栄養繁殖性作物の改良方式とされているが，今後の組織・細胞培養技術の進展により苗状原基などの遺伝的に安定な組織・細胞の培養系が確立され，いわゆる人工種子の開発が可能となれば，生殖様式に関わらない新たな育種体系の構築が見込めるようになるであろう．

1．遺伝変異の誘発

栄養繁殖性作物では，有性生殖の可否により遺伝変異の誘発手段が異なる．有性生殖ができる場合，人工交配により豊富な遺伝変異を作り出すことができる．一方，有性生殖ができない場合には，体細胞突然変異や倍数性変異などが遺伝変異誘発の有力な手段となる．

（1）人工交配

多くの果樹類，花木類，球根花卉類，サトウキビ，サツマイモ，ジャガイモなどの作物は，有性生殖により種子ができるため人工交配により遺伝変異を作り出すことができる．クローン増殖されている作物は，ヘテロ接合性程度が高いため，クローン同士の交配による次（F_1）世代で直ちに遺伝変異があらわれる．人工交配により現れる一代雑種世代の変異をクローン増殖により固定できる．

（2）遺伝子突然変異

栄養繁殖性作物では，放射線や突然変異誘発物質などの変異原を生殖細胞に作用させ突然変異を誘発し，後代から変異体を分離する方法と，成長点などの栄養体の分裂組織に作用させ，枝変わりや変異セクターとして捕らえる方法とがある．前者の場合，変異母体のヘテロ接合性が高いことから *Aa* から *aa* に変化する劣性突然変異として，処理次代に突然変異体を獲得できる可能性が高い．また，後者の場合，枝変わりは接木や挿木として分離・増殖できるし，変異セクターからは組織培養により変異組織を分離・増殖し突然変異植物体を再分化させることができる．

農業生物資源研究所の放射線育種場に長年栽培され，長年にわたり ^{60}Co のガンマー線を緩照射された二十世紀ナシの枝変わりにより，黒斑病に強い新品種「ゴールド二十世紀」が育成された（後述）．また，キクの花蕾に放射線を照射して，花弁にあらわれる花色変異のセクターから組織培養を行い，種々の異なる花色のキク品種の開発に成功した（Nagatomi ら，1997）．

（3）染色体異常

染色体異常には，ゲノムがセットとして倍加する倍数性変異，ゲノム内の個々の染色体数が増減する異数性変異，ならびに染色体構造の変化などとがある．

わが国に輸入される果実バナナは，自然の同質三倍体で種無しとなっている．この原理を利用して種無し三倍体スイカが開発された（木原，1973）．人為的に誘発される同質倍数体の器官巨大化の変異は，花卉類の大輪化や牧草類のバイオマスの増大などに活かされている．

ヤムイモの１種であるダイジョ（*Dioscorea alata* L.）は，雌雄異株であるが有性生殖はまれにしか行われず，塊茎による栄養繁殖が行われている．それにもかかわらず，種内に二倍体から八倍体にわたる広範な倍数性変異があること（Simmons，1976）や塊茎分割によるクローン増殖課程でも突然変異が起こっているらしいこと（下口ら，未発表）などからみて，染色体あるいは遺伝子レベルの体細胞変異が発生する何らかのメカニズムが存在する可能性が考えられる．

サトウキビの改良には，異数性変異が役立てられている（Simmonds，1976）．サトウキビの基本染色体数は $x = 10$ とみられ，高品質で定評のある改良高貴種は，高次倍数・異数性で体細胞染色体数は $2n = 100$〜125 の変異を示している．元来の高貴種（*Saccharum officinarum*）は，$2n = 8x = 80$ の八倍性で，幅広い染色体数変異をもつ近縁野生種（*S. spontaneum*，$2n = 4x - 18x = 40$〜180）の有用遺伝子を取り込んで改良が行われてきた．近縁野生種のゲノムの影響により，高貴種のゲノム染色体数が半減しないまま非還元配偶子を作る母本回帰（maternal regression）と名付けられた現象がみられる．この母本回帰により，改良高貴種に対する野生種の寄与が 5〜10 %で，染色体数が $2n = 100$〜125 の範囲に留まっている原因が明らかにされた．

高貴種（$2n = 80$）を母本として野生種（$2n = 64$）を父本として交配を行い，引き続き高貴種を母本とし雑種植物を父本として，戻し交配を繰り返した場合の染色体数の変化は次の通りとなった．

①　最初の交配・・・高貴種 NN（$2n = 80$）/野生種 SS（$2n = 64$）
$= F_1$ 雑種 NNS（$2n = 80 + 32 = 112$）

②　１回目の戻し交配・・・NN（$2n = 80$）/ NNS（$2n = 112$）
$= B_1F_1$ 雑種 NN(S)（$2n = 80 + 56 = 136$）

③　２回目の戻し交配・・・NN（$2n = 80$）/ NN(S)（$2n = 136$）
$= B_2F_1$ 雑種 NN(S)（$2n = 40 + 68 = 108$）

この結果から，最初の単交配と戻し交配では，S種のゲノムの影響でN種は非還元配偶子を形成したが，2回目の戻し交配では，S種ゲノムの影響が減少して，N種は通常の還元配偶子を形成するようになったと解釈できる．

イヌサフランの種子や鱗茎に含まれるアルカロイドの1種であるコルヒチンは，細胞分裂の際に紡錘体の形成を阻むことにより，倍数性細胞を作る働きをもつ．そこで，成長点などの分裂細胞にコルヒチンを処理して，植物の染色体数を倍加することができる．二倍体（$2n = 2x$）の植物のコルヒチン処理により四倍体（$2n = 4x$）を作り，元の二倍体と四倍体の交配により三倍体（$2n = 3x$）を作出できる．また，三倍体に二倍体を交配すると，さまざまな種類の異数体を作り出すことが可能である．

このように栄養繁殖性作物では，染色体変異に伴う種子稔性の低下が問題とならないため，倍数性や異数性の染色体変異が育種的に活用される機会が多い．

（4） 培養変異

植物の細胞や組織の人工培養の課程では，培地に添加される植物ホルモンや培養により活性化されるトランスポゾンの影響などにより染色体変異や遺伝子突然変異が多発する．栄養繁殖性作物の細胞・組織培養の過程で発生する遺伝的変異は，変異細胞や組織から植物体を再分化させ，クローン増殖させることにより固定することができる．この点で栄養繁殖性作物の育種では，培養変異を効果的に活用できる．

農業生物資源研究所は日本原子力研究所ならびに沖縄県農業試験場と共同で，イオンビーム（加速された原子核）を花弁や葉片の培養細胞に照射して突然変異を起こし，変異細胞から植物体を再分化させた．再分化植物をクローン増殖して，1輪の花にいくつかの色が混じったり，花弁に筋条の模様の入るめずらしい観賞ギク品種の開発に成功した（日本農業新聞 2002. 11.13）．

組織培養に伴う遺伝的変異の発生をコントロールして，遺伝的変異を伴うカルス経由の培養系とそれを伴わない苗状原基経由の培養系を使い分ければ，画期的な栄養系改良方式を開発できると考えられる．

2. 栄養系（クローン）養成と選抜

栄養繁殖性作物では，交配，突然変異，あるいは組織・細胞培養など，いずれの方法で遺伝変異を誘発しても，選抜基本集団は異質・ヘテロ接合性となっていると考えられる．

図 14.1 には，2 遺伝子性分離を想定した栄養系改良方式のモデルを示した．さまざまな遺伝子型が分離している基本集団から，表現形質により個体選抜を行い，個体別のクローン（栄養系）を養成する．

養成クローンの特性を丹念に調べクローン選抜を行う．有性繁殖系統の選抜に比較して，クローン選抜には二つの際だった特徴がある．第一に，クローンは遺伝的に同質であり，遺伝的分離などによる選抜効率の低下は考えなくてよい．第二は，遺伝子の相加効果，優性効果，上位効果あるいは遺伝子間相互作用など，あらゆる種類の遺伝的効果を活用できる．

近交系改良方式では相加効果，一代雑種改良方式と開放受粉集団改良方式では，優性効果ならびに雑種強勢効果が主として選抜の対象とされる．これに対して栄養系改良方式では，いずれの遺伝子型もクローン増殖によりそのまま固定できるため，あらゆる種類の遺伝的効果も選抜に活かすことができる．

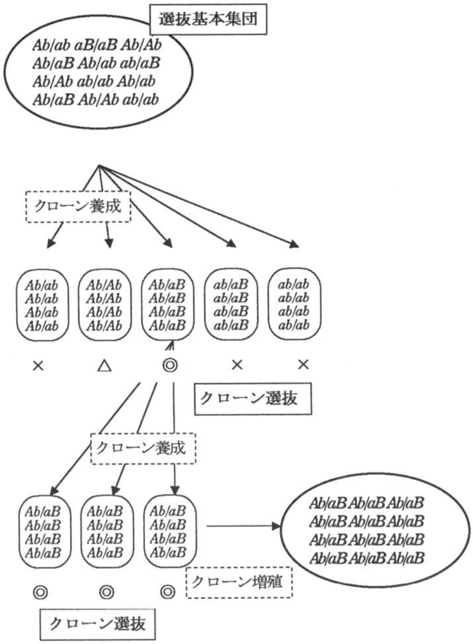

図 14.1　クローン（栄養系統）の養成と選抜

選抜基本集団の個体選抜では，色や形状などの遺伝率の高い質的形質を重点的に選抜する．遺伝率の低い量的形質の選抜は，クローンを養成した後，クローン平均値を選抜基準とし，また，反復のある実験などにより環境分散を縮小して，実質的に遺伝率を高めてから実施するのが得策である．

3．ジャガイモとナシの品種開発

（1）クローン選抜によるジャガイモ品種「Hampton」の育成（Hoopes & Plaisted，1987）

初年目：温室内で母本クローン NY48 に父本クローン NY51 を交配し，500 種子をえて組合せ番号を Q54 とした．交配種子を室温・低湿で保存した．

2 年目：温室で人工培地に播種，幼苗をポット（径 10 cm）で育て，335 個の塊茎を収穫し 5 ℃で保存した．

3 年目：1 × 1 m の間隔で塊茎を植え付け，表現形質による個体選抜により 116 株を選抜し 5 ℃で保存した．選抜率は通常より高かった．

4 年目：塊茎を分割してクローンとし，塊茎内部に欠陥のあるものは淘汰した．クローンごとに 10 株を 25 cm 間隔で栽植し，84 クローンを養成した．収穫時に 30 クローンを選抜した．塊茎内部の欠陥（ID），比重（SG），調理後の暗化（ACD），チップ色（CC）などに関して室内評価を行い，11 クローンを淘汰した．残りの 19 クローンのうち，ゴールデンネマトーダ（GN）に抵抗性の 17 クローンを選抜した．

5 年目：選抜された 17 クローンごとに 20 株（4 株× 5 塊茎）を育て，表現形質と収量性に関する選抜を行い，1 クローン Q54-15 を選抜し，GN，SG，ID，ACD ならびに CC に関する評価を行った．

6 年目：選抜クローン Q54-15 の 24 株（4 株× 6 塊茎）を養成して，収量性とともに，そうか病抵抗性を検定し，GN，SG，ID ならびに ACD を再度検定した．

7 年目：6 回反復の生産力検定と共に，そうか病，萎ちょう病，疫病などの特性検定を実施し，選抜クローン Q54-15 を NY63 と命名し，8 塊茎を原々種農場に送付した．

8 年目：NY63 の生産力を 4～6 回反復により 4 箇所で試験するとともに，

そうか病，萎ちょう病，疫病の抵抗性を確認した．成長点培養による *in vitro* 増殖を開始した．

9年～13年目：生産力，適応性，特性の検定を同時に繰り返えす一方で増殖を続けた．

14年目：選抜したクローンNY63を新品種Hamptonと命名し，American Potato Journal誌に発表した．

以上のとおり，栄養繁殖性作物としてのジャガイモは，人工交配のあとクローンの養成することにより遺伝的な固定は早いが，生産力，適応性，特性などの検定と塊茎の増殖に時間がかかるため，種子繁殖性作物と同じ位，あるいはそれ以上の年月が品種開発には必要である．

(2) 枝変わり突然変異によるナシ品種「ゴールド二十世紀」の育成

わが国では赤ナシに比較して青ナシの改良が遅れている．松戸覚之助により偶発実生から育成され，1898年に命名された「二十世紀」が鳥取県などを中心にして長い間主導品種となってきた．この品種の両親は不明であるが，果実の品質がよく収量が高い上に他の栽培特性もすぐれていた．しかし，最大の欠点は最も重要な病害である黒斑病に弱く，この病害防除に多大の労力と経費が使われ，二十世紀ナシ栽培は黒斑病との闘いとまで言われてきた．さらに，消費者の健康，安全性，環境問題などに対する関心の高まりの中で，抵抗性育種が緊急の課題となった．

ナシの黒斑病抵抗性には明瞭な品種間差異があり，長十郎に代表される抵抗性品種は劣性ホモ接合性であり，二十世紀をはじめとする感受性品種は，全てヘテロ接合性であることが明らかにされている．理論的には，存在するはずの優性ホモ接合性の感受性品種は，確認されていない．

このようなナシ黒斑病抵抗性の遺伝様式から，1個の優性感受性遺伝子を突然変異により劣性抵抗性遺伝子に変化させれば，感受性品種を抵抗性品種に変えることができるとみられた．そこで，放射線育種場では，1962年の創設当時から ^{60}Coを線源とするガンマーフィールドに青ナシ品種「二十世紀」の苗木を線源から37～98 mの間に約4 m間隔で放射状に栽植し，ガンマー線の緩照射を開始した．線源に近い4樹はガンマー線によるとみられる生育障害が著しかったので，再移植し線源からの至近距離は53 mとなった．この地点における照射線量率は，線原交換直後の1981年時点で13.83 R/日（20時間）であった．

病害病除用の殺菌剤散布を控えた1981年に，至近距離に植えられた木に黒斑病の病徴のみられない1枝（$\gamma-1-1$）を発見した（真田ら，1986）．この枝を実生台木に接木して繁殖し，黒斑病菌（*Alternaria alternata*）の胞子懸濁液を人工接種し抵抗性検定を行った．その結果，芽状突然変異により$\gamma-1-1$が獲得した抵抗性は，既存の感受性と抵抗性品種の中間程度であることが分かり，感受性品種の「二十世紀」に比較するとかなり強度の抵抗性をあらわすことが明らかにされた．

写真10　放射線照射による人為突然変異で開発された黒斑病抵抗性ナシ品種（寿和夫氏：提供）
ナシ品種「二十世紀」（上）とその芽条突然変異から育成された黒斑病抵抗性の新品種「ゴールド二十世紀」（下）の黒斑病感染状況．

そこで，1986年から当時の農林水産省果樹試験場と27の関係都道府県の試験研究機関の協力により，特性検定試験ならびに適応性検定試験を実施して，圃場条件でも二十世紀に比べ明らかに強い黒斑病抵抗性を示すことが確認された（写真10）.

日本ナシの黒斑病被害を早急に軽減する目的で，1990には「二十世紀」の特徴を備え黒斑病に抵抗性を示す新品種「ゴールド二十世紀」と命名され，ニホンナシ農林15号として品種登録された（寿ら，1992）.

親品種「二十世紀」と新品種「ゴールド二十世紀」の黒斑病の圃場抵抗性は，表14.1，果実品質と収量は表14.2のとおりであった．これらのデータから明らかなとおり，ニホンナシ新品種「ゴールド二十世紀」は，親品種「二十世紀」に比較して，黒斑病抵抗性が明らかに強く病害が軽微で収量が高い上に，果実重，果肉硬度，ブリックス，酸度などには変化が認められなかった.

表14.1　ニホンナシ「ゴールド二十世紀」の黒斑病抵抗性（寿ら，1992）

試験年度	品種名	受粉花数 (A)	収穫果実数 (B)	感染果実数 (C)	収穫率 (B/A)	感染率 (C/A)
1989年	ゴールド二十世紀	50	43	0	0.86	0
	二十世紀	50	23	29	0.46	0.58
1990年	ゴールド二十世紀	75	63	0	0.84	0
	二十世紀	51	24	31	0.47	0.61

表14.2 「ゴールド二十世紀」の果実品質と収量（寿ら，1992）

試験年度	品種名	果実重 (g)	果肉硬度 (lBs)	ブリックス (%)	酸度 (pH)	収量 (kg)
1987年	ゴールド二十世紀	350	3.52	11.0	4.81	5.2
	二十世紀	349	3.86	11.2	4.74	2.8
1988年	ゴールド二十世紀	325	4.03	10.3	4.46	6.5
	二十世紀	323	4.26	10.9	4.80	3.6
1989年	ゴールド二十世紀	270	4.04	10.7	4.61	15.0
	二十世紀	310	4.52	10.6	4.65	8.4

4．クローン増殖

栄養系改良方式では，ホモ・ヘテロ接合性を問わず，いかなる遺伝子型でも直ちに固定してクローンを養成でき選抜効率は高い．しかし，選抜された有望クローンの特性，生産力，適応性などの評価とクローンの増殖に多大の時間を要する．

近年の組織培養技術の急速な進展により細胞や組織の培養による効率的なクローン増殖技術の開発が望まれた．しかし，脱分化細胞塊のカルスを経由する培養系は，遺伝子突然変異や染色体異常が多発するため，遺伝的に安定なクローン増殖には使えない．脱分化過程を経ない遺伝的に安定な培養系としてはラン科植物のPLB（protocorm-like body）やハプロパプスやメロンの苗条原基などがある．

（1）PLB由来メリクロン

ラン科植物種子の発芽後，種・属に固有な形のひも状あるいは枝状に肥大した原塊体を形成する．やがて，原塊体の先端や一部に芽を形成して茎葉となる．シンビジウムなどでは，茎頂培養により原塊体類似小球（PLB : Protocorm-Like Body）を形成する．PLBは適当な条件で培養を続けると，分裂を繰り返して多数の幼植物体を再分化する．このようにして，増殖された幼苗は，分裂組織由来栄養系の意味のメリクロン（mericlone）と呼ばれる．

メリクロンによるラン類の大量増殖は，1970年代から実用化が急速に進展して，シンビジウムはもとより，デントロビウム，バンダ，ファレノプシスなどでも培養法が開発され，さらに，培養困難とされていたカトレア，エビネ，シュンラン，カンランなどの増殖にも次々に活用された（表14.3）．

（2）苗状原基

Tanakaら（1983）は染色体数（2n＝4）の最も少ない実験植物として知られていたハプロパプス（*Haplopappus gracilis*）の茎頂を液体培地中で2回転/分の回転培養して，金平糖状の緑色集塊が形成されることを発見し，苗条原

基 (shoot primordium) と呼んだ．この緑色集塊から再分化する植物のゲノム構成がきわめて安定していることを明らかにした．

その後，各種の植物で苗状原基が誘導され，遺伝的に安定な培養・増殖系として広く支持されるようになった．大澤 (1994) によると，メロンの茎頂を BA 1 mg/l と NAA 0.01 mg/l を添加した MS 液体培地中で 1 カ月程度回転培養を行い，伸長した茎葉を切除して基部のこぶ状部だけを残して培養を継続すると，緑色集塊が誘導される．こうして誘導された苗状原基は，数年以上も分裂を続け，植物体の再分化能を持っていた．

表 14.3　ラン科植物のメリクロンに使用される部位 (坂本，1992)

ラン科植物の種類＼培養部位	新芽茎頂	新芽側芽	休眠芽	花潜芽	花茎腋芽	花茎頂芽	新葉	根	花器	新球茎頂
カトレア	●	●	●				●	●		
ファレノプシス	●	●	●	●	●	●	●	●		
デンドロビウム	●	●	●	●	●					
シンビジウム	●	●	●						●	
パフィオペディルム	●	●	●							
バンダ	●	●	●		●					
アスコセンダ	●	●	●		●					
エピデンドラム	●	●	●	●	●					
ミルトニア	●	●	●	●	●					
オンシジウム	●	●	●	●	●				●	
オドントグロッサム	●	●	●	●	●					
エピフロニチス・ビーチ	●	●	●	●	●					
エビネ	●		●							
サギソウ	●									●
シュンラン	●	●	●							
カンラン	●	●	●							

5．ウイルスフリー種苗の生産

サツマイモ (塊根)，ジャガイモ (塊茎)，ヤムイモ (担根体)，イチゴ (匍匐茎)，チューリップ (球根)，ユリ (鱗茎)，サトウキビ (茎)，バナナ (吸枝)，リンゴやバラ (枝) などの栄養繁殖性作物は，種々のウイルス病に感染する．これらの農作物がウイルス病に感染すると，重症の場合，斑点やモザイク状の局所的病斑をあらわし生育が阻害されたり，全身が萎縮あるいは黄化したりして枯死にいたる．また，目だった症状をあらわさない場合でも，寄主植物体内に潜在して収量を低下させたり品質を劣化させたりすると考えられる．

(1) ウイルスフリー化の原理

植物体に感染した病原ウイルスが生殖細胞 (卵細胞や花粉) を通して子孫に伝えられる可能性は小さい．しかし，栄養繁殖の場合，体細胞に潜むウイルスが次世代のクローンに伝達されるため，一度病原ウイルスに感染すると，それから増殖されるクローンは何世代にもわたってウイルスに汚染される．

栄養繁殖性作物のクローン品種は，栄養繁殖を繰り返す間にウイルスに感染する可能性が高い．ウイルス感染によりクローン品種の劣化が起こる．このような栄養繁殖に伴う継代感染のみならず，虫媒や接触伝染により伝播し特効薬がないため，ウイルス病害の防除はきわめて困難である．

アメリカ合衆国の P.R. White (1943) は，TMV (Tobacco Mosaic Virus) に感染したタバコの根端には，ウイルスが存在しないことを発見した．フランスの G. Morel と C. Martin (1952) がモザイクウイルスに感染しているダリアの成長点を摘出し，人工培養してモザイク症状をあらわさないウイルスフリー植物の作出に成功した．

ウイルスフリー化の原理は，次のように考えられている．感染ウイルスは細胞間連絡により周辺細胞に感染するが，感染速度に比べ茎頂細胞の分裂速度がはるかに速いため，ウイルスは感染・増殖できない．また，維管束組織が十分に発達していない茎頂には，ウイルスが到達しにくいとも考えられる．

こうした研究が起爆剤となり，わが国では森ら (1969) がサツマイモ，ジャガイモ，イチゴ，ニンニク，カーネーション，キクなどの茎頂培養により，ウイルスフリー種苗の生産技術を確立した．

（2） 茎頂培養によるウイルスフリー植物の作出

茎頂は最先端の半球形状の成長点とそれから分化した数枚の葉原基からなる．茎頂サイズが小さいほどウイルス除去の可能性が高まるが，人工培養が困難になる．ウイルスフリー化の成功率を最大にできる茎頂サイズは，寄主作物や病原ウイルスの種類により多少異なるが，おおむね 1 mm 以下にするのが望ましい．ウイルスフリー植物の作出や種苗の生産には，ウイルス検定を欠かすことができない．表 14.4 に示すようなさまざまなウイルス検定法が考案されている．

茎頂培養によりウイルスフリー植物が作出されても，順化や増殖の過程でウイルスに再感染する可能性が高い．そのため，病原ウイルスの感染経路を解明しておき，再感染を防止する努力が必要である．また，毎年あるいは隔

表 14.4　主なウイルス検定法（大澤，1994 一部改写と追加）

検定法	病原ウイルス検出の原理
外観判定法	ウイルス病の発生しやすい環境で植物を栽培し，モザイク症状，黄化，萎縮など病原ウイルスの特徴的な病徴の自然発生を観察して，ウイルスの存否を確認する.
接種検定法	鮮明な病徴をあらわす指標植物に病原ウイルスを人工接種し，発病を確かめる.
電子顕微鏡観察法	リンタングステン酸（1～2%）溶液により新鮮な組織切片を染色して，透過型電子顕微鏡下で，病原ウイルスの有無や形状を直接観察する.
ELISA 法	ウイルス特有の抗原抗体反応を利用して，ウイルス抗血清と被検植物の汁液を反応させて，特異反応の有無を調べる．ウイルス RNA の濃度が不十分であったり，多様な RNA が混在すると，検出精度が落ちるため，ある程度限定的にしか利用できない.
RT − PCR 法	病原ウイルスに特異的な塩基配列を探し，そこを認識できるプライマーを合成しておいて，寄主植物から抽出した RNA と反応させ，レトロポリメラーゼ連鎖反応（RT-PCR）によりウイルス RNA に対応する DNA を合成・増幅することにより，病原ウイルスを検出する.

年ごとにウイルスフリー種苗に更新することが重要である．妙田ら (2002) は，ヤムイモの 1 種であるダイジョ (*Dioscorea alata* L.) の成長点培養から作出したウイルスフリー植物を節部切片培養により，*in vitro* で増殖してウイルスフリー種苗を生産する効果的なシステムを提案した.

実用化が進んでいるジャガイモのウイルスフリー種苗の生産技術は，独立行政法人・種苗管理センターの原々種の生産に活用されている．さらに，*in vitro* のマイクロチューバによる増殖技術との連結により，効率的なウイルスフリー種苗の生産が見込める.

ウイルスフリー化の効果は，ウイルス病害の回避に直接的に役立つばかりでなく，副次的にはイチゴでは 20～40 %の増収，カーネーションでは切り花数の増加や品質の向上，サツマイモでは表皮色の鮮明化などによる品質向上，ネギではかなりの増収があらわれた (大澤，1994).

ウイルスフリー植物はウイルス病害に抵抗性があるわけではないので再感染の可能性はきわめて高い．この弱点を克服するには，ウイルスフリー化した植物に弱毒ウイルスなどを前接種して強害ウイルスの感染を予防したり，あるいは組換え DNA 技術により，病害ウイルスの外被タンパク質遺伝子を導入して抵抗性を付与するなどが考えられる．こうすることにより，ウイルスフリー種苗の付加価値を一層高めることができる.

第 15 章　選抜系統の特性検定

一般には，農作物の品種や系統を特徴づける形状や性質を特性というが，特性検定でいう「特性」とは，特別の環境や技術により評価するものに限定される．たとえば，病害虫抵抗性や耐冷性の検定には，病害虫や冷害が発生しやすい環境が必要であるし，品質・成分や加工適性の評価には，特別な装置や分析技術が必要である．

わが国では，国の助成事業として，主要農作物の特性検定試験が実施されている (表 15.1)．特性検定試験地は病害や災害の出やすい環境にあるばかりでなく，特性検定に必要な施設や技術を備えた試験研究機関の本・支場が選定される．病虫害の発生状況が変化したり，時代の要請が変化して新たな病虫害や災害が重要になったりすると，特性検定試験地の改廃が行われる．

1．病害虫抵抗性

病害虫抵抗性は，作物育種において最も重要視される特性である．主要病害虫に対する抵抗性の評価は，作物育種に不可欠な情報であるばかりでなく，品種登録にも必要である．

植物が病害虫に対抗する性質には，免疫性，抵抗性，耐性の 3 種類がある．

①　免疫性 (immunity)・・・植物体外のクチクラ層の発達や毛じの発生などの物理的機構や体内の生理的免疫機構の発達などにより病虫害を免れる性質である

②　抵抗性 (resistance)・・・病害虫の増殖を阻害する物質による生理的あるいは遺伝的性質である．とくに遺伝的抵抗性は，多くの作物において病害虫防除に活かされてきた．今後とも環境にやさしい技術として重要視されていくものと考えられる．

③　耐性 (tolerance)・・・病害虫に侵されても耐え，あるいは回復する性質である．

農作物の病害虫に対する抵抗性には，植物の体内条件や栽培環境条件によ

表 15.1　農林水産省による農作物の特性検定試験
(農林水産技術会議事務局，2002 より抜粋)

作物の種類	特性検定内容	特性検定場所
水稲	いもち病抵抗性	北海道・中央，秋田，福島・相馬，愛知・山間，山口・徳佐，熊本・高原，
	白葉枯病抵抗性	長野・南信，宮崎
	縞葉枯病抵抗性	岐阜，愛知
	耐冷性	青森・藤阪，福島・冷害，長野
麦類	赤さび病抵抗性	北海道・中央
	赤かび病抵抗性	北海道・北見，長野，福岡
	小粒菌核病抵抗性	北海道・上川
	うどんこ病抵抗性	長崎
	オオムギ縞萎縮病抵抗性	栃木・栃木，山口
	耐雪寒性	岩手
	耐凍上性	長野・中信
	耐湿性	三重
ダイズ	シストセンチュウ抵抗性	北海道・十勝，長野・中信
	立枯病抵抗性	岩手
	モザイク病抵抗性	山形，長野・中信
	紫斑病抵抗性	福島
アズキ	茎疫病抵抗性	北海道・上川
	ウイルス病抵抗性	新潟
サツマイモ	ネコブセンチュウ抵抗性	静岡・海岸砂地
	黒斑病抵抗性	長崎
ジャガイモ	ウイルス病抵抗性	北海道・中央
	シストセンチュウ抵抗性	北海道・北見
	そうか病抵抗性	北海道・北見
	塊茎腐敗病抵抗性	北海道・十勝
	青枯病抵抗性	長崎
ラッカセイ	茎腐病抵抗性	茨城
テンサイ	そう根病抵抗性	北海道・北見
	耐湿性	北海道・中央
	抽だい耐性	北海道・十勝
サトウキビ	葉焼病抵抗性	鹿児島・大島
	黒穂病抵抗性	沖縄
トウモロコシ	ごま葉枯病抵抗性	長野・中信
	すす紋病抵抗性	長野・中信
果樹類	リンゴ黒星病抵抗性	北海道・中央
	リンゴ斑点落葉病抵抗性	青森・りんご
	カンキツそうか病抵抗性	静岡・柑橘
	カンキツかいよう病抵抗性	三重，愛媛・果樹
	カンキツウイルス病抵抗性	鹿児島・果樹

注）北海道・北見：北海道立北見農業試験場，青森・りんご：青森県りんご試験場など．

って誘発される生理・生態的抵抗性と，植物の遺伝子により発現する遺伝的抵抗性とがある．前者は当代限りの抵抗性で遺伝しないが，後者は環境の変化にも比較的安定で，コムギ，イネ，ダイズ，ジャガイモ，野菜類などの病害虫の防除にきわめて大きな貢献をしてきた．

（1）真性抵抗性と圃場抵抗性

遺伝的抵抗性には，真性抵抗性と圃場抵抗性とがある．真性抵抗性（true resistance）は，病害虫の発生しやすい人為的環境や人工接種などにより評価される強度の抵抗性である．病虫害が発生するか否かという不連続的，質的抵抗性（qualitative resistance）とも言える．真性抵抗性は1～少数の作用の大きい主働遺伝子により発現し，遺伝的操作が容易で育種的にも利用しやすい．

主働遺伝子による真性抵抗性に対しては，病害虫の寄生性の変化が頻繁に起こり，新しい病原菌レース（rece）や害虫のバイオタイプ（biotype）が次々に発生する．レースやバイオタイプの違いにより抵抗性反応が顕著に変化することから垂直抵抗性（vertical resistance）とも呼ばれる．

真性抵抗性の検定は，特定レースの病原菌や特定バイオタイプの害虫を人工培養・飼育して，温室や網室などの環境で育てた植物に人工接種して行われる．この検定に用いる病原菌レースや害虫バイオタイプは，育種対象地域において流行しているか，あるいは流行が予想されるものでなければならない．

圃場抵抗性（field resistance）は，生育環境において植物が発現する病害虫に侵されにくい性質，あるいは病害虫に侵されても被害が少なくてすむ性質であり，病勢の進展を抑える性質ともいえる．被害の発生程度が連続的であり，量的抵抗性（quantitative resistance）とも呼ばれ，いずれのレースやバイオタイプに対してもある程度の抵抗性を示すことから水平抵抗性（horizontal resistance）と呼ばれることもある．病原菌が寄主植物体内に侵入して発病させる性質が病原性であり，侵入した病原菌が寄主体内で増殖する力が病原力である．

圃場抵抗性の検定は，病害虫の発生しやすい圃場や病害虫を撒布するなどの方法で発生を促した圃場で行われることが多い．この場合，検定圃場で優越しているレースやバイオタイプをきちんと把握しておかなければならない．真性抵抗性が発現している状況では，圃場的抵抗性の評価は困難である．真性抵抗性が発現していて圃場抵抗性が評価できない場合には，真性抵抗性を持たない素材との交配により雑種集団を養成し，その中の感受性植物の被害程度から圃場抵抗性を推定することができる．

(2) 病原性の分化と真性抵抗性の崩壊

真性抵抗性は主働遺伝子による高度の抵抗性で作物育種に利用しやすいため，多くの作物でさまざまな病害虫の防除に活用されてきた．たとえば，コムギのさび病やイネのいもち病では，多数の真性抵抗性遺伝子が発見され育種に利用されてきた．しかし，新たな抵抗性遺伝子をもつ品種が広く普及すると，その抵抗性遺伝子を特異的に侵害する新たなレースが出現し急速に流行して，開発した抵抗性品種が罹病する，いわゆる抵抗性の崩壊が繰り返されてきた．

イネのいもち病抵抗性の育種では，中国品種や indica 系品種と日本の優良品種との交配により，幾多の抵抗性品種が育成された．とくに，中国品種茘支江のいもち病抵抗性遺伝子 (***Pik***) を導入して開発された抵抗性系統「関東53号」と当時の主導品種「農林29号」との交配により育成された「クサブエ」は，収量が高く品質もすぐれいもち病に高い抵抗性をもつ品種として大きな期待がかけられた (伊藤ら，1961)．1960年以降栃木県をはじめとする9県で奨励品種に採用され，栃木県の栽培面積は23,000 ha 近くに達し急速に普及した．しかし，1963年には栃木県北部の山間部で「クサブエ」にいもち病が激発し，一部の地域では収穫できない状態にまで達した (伊藤，1967)．

これを契機にして，いもち病抵抗性の崩壊のメカニズムが植物病理学的に解明され，真性抵抗性遺伝子を特異的に侵害する新たないもち病菌レースの急速な蔓延によることが明らかにされた (山崎・高坂，1980)．

(3) 判別品種による病原菌レースの分類

有性世代を持つ担子菌類であるコムギのさび病菌類やアマのさび病菌と同様に，不完全菌類とされていたイネのいもち病菌でも，Flor (1956) の提案した遺伝子対遺伝子説を前提として，清沢らによるイネの抵抗性遺伝子分析と後藤らによるいもち病レースの判別体系の構築が精力的に進められた（山崎・高坂，1980）.

わが国におけるいもち病菌レースの分類は表 15.2 に示す判別品種を用いて行われている．この判別体系では，9 種の判別品種が使われている．これらの

表 15.2　イネのいもち病レースの判別体系と優越レース
(Yamada ら，1979；山田ら，1976 一部改変合成)

判別品種	新2号	愛知旭	石狩白毛	関東51号	ツユアケ	フクニシキ	ヤシロモチ	Pi No.4	とりで1号	1976年分離株数 (2245株)
抵抗性遺伝子	*Pik-s*	*Pia*	*Pii*	*Pik*	*Pik-m*	*Piz*	*Pita*	*Pita-2*	*Piz-t*	
コード番号 ＼ レース	1	2	4	10	20	40	100	200	400	
001	S	R	R	R	R	R	R	R	R	86
003	S	S	R	R	R	R	R	R	R	1318
005	S	R	S	R	R	R	R	R	R	1
007	S	S	S	R	R	R	R	R	R	326
013	S	S	R	S	R	R	R	R	R	5
017	S	S	S	S	R	R	R	R	R	5
031	S	R	R	S	S	R	R	R	R	19
033	S	S	R	S	S	R	R	R	R	245
035	S	R	S	S	S	R	R	R	R	4
037	S	S	S	S	S	R	R	R	R	39
101	S	R	R	R	R	R	S	R	R	12
102	R	S	R	R	R	R	S	R	R	1
103	S	S	R	R	R	R	S	R	R	133
107	S	S	S	R	R	R	S	R	R	8
113	S	S	R	S	R	R	S	R	R	1
131	S	R	R	S	S	R	S	R	R	2
137	S	S	S	S	S	R	S	R	R	1
303	S	S	R	R	R	R	S	S	R	33
307	S	S	S	R	R	R	S	S	R	2
331	S	R	R	S	S	R	S	S	R	1
333	S	S	R	S	S	R	S	S	R	1
401	S	R	R	R	R	R	R	R	S	1
403	S	S	R	R	R	R	R	R	S	1

注）S：感受性反応，R：抵抗性反応

うち「新 2 号」,「愛知旭」および「石狩白毛」は，わが国で古くから栽培されてきた地方品種，あるいは，それらの交配により改良された品種である．これらの抵抗性遺伝子（*Pia* や *Pii* など）は，日本に長い間分布し続けていると推察される．その他の 6 品種は近年の育種により外国品種から，いもち病抵抗性遺伝子を導入して育成された．したがって，*Pia* や *Pii* などの抵抗性遺伝子をいわば在来とみれば，*Pik*，*Piz*，*Pita* などの遺伝子は外来と言えよう．

この判別体系では，9 判別品種を 3 群にわけ，それぞれに 1 桁，2 桁，3 桁の八進法によるコード番号を付している．イネの病斑から分離される菌株を判別品種に接種し，感受性反応（S）を示す判別品種のコード番号を加えた数値をレース名とする．たとえば，特定の分離菌株が判別品種のうち「新 2 号」と「愛知旭」のみに感受性反応を示す場合，両品種のコードを加えると，1 + 2 = 3 となるので菌株はレース 003 に属すると判定する（写真 11）．

写真 11　イネのいもち病抵抗性検定圃場における判別品種の罹病状況
判別品種新 2 号（コード番号 001），愛知旭（コード 002），石狩白毛（コード 004）が罹病していることから，検定圃場で優越する菌系は，007（001 + 002 + 004）であることが分かる．

Yamada ら (1976) は当時の日本の各地で分離したいもち病菌 2245 株のレースを判別し，表 15.2 の最右列に示すとおりの結果をえた．この結果から当時は「新 2 号」と「愛知旭」だけを侵すレース 003 が最も優越していたことがわかる．

(4) 真性抵抗性の育種的利用

コムギの黒さび病では，*Sr 1* から *Sr 37* までの一連の番号を付した抵抗性遺伝子座が発見されており，*Sr 7* と *Sr 8* の遺伝子座には 2 種類，*Sr 9* 座には 7 種類の抵抗性遺伝子があること，また，赤さび病では *Lr 1* から *Lr 34* までの遺伝子座が発見され，*Lr 2* と *Lr 3* 座にそれぞれ 3 種類，*Lr 14* と *Lr 22* の各遺伝子座には 2 種類の抵抗性遺伝子があることが知られている．さらに，黄さび病では *Yr 1*～*Yr 16* の遺伝子座があり，*Yr 3* 座に 3 種，*Yr 4* 座に 2 種の抵抗性遺伝子が発見されている (Knott, 1989)．

イネのいもち病に関しては，清沢らの長年にわたる研究により，*Pia*, *Pii*, *Pik*, *Pita*, *Piz*, *Pib*, *Pit* などの遺伝子座が発見され，*Pik*, *Pita*, *Piz* の遺伝子座には，それぞれ 4，2，2 種類の対立遺伝子が存在することが明らかにされている (清沢，1980)．また，白葉枯病では *Xa 1*～*Xa 14* の遺伝子座が発見され，*Xa 1* と *Xa 12* には抵抗性に関する 2 種類の対立遺伝子があることが知られている (金田，1991)．

イネの吸汁害虫のトビイロウンカに対する抵抗性については，*Bph 1*, *bph 2*, *Bph 3*, *bph 4*, *bph 5*, *Bph 6*, *bph 7* の 7 種類の抵抗性遺伝子，セジロウンカ抵抗性については，*Wph 1*, *Wph 2*, *Wph 3*, *wph 4*, *Wph 5* の 5 種類，ツマグロヨコバエに関しては，*Glh 1*～*Glh 7* の 7 種類の遺伝子が発見されている (金田，1991)．

主働遺伝子による真性抵抗性の育種的活用には，次のよう方法が考えられる．

①　異なる抵抗性品種の交替栽培･･･病原菌レースや害虫のバイオタイプの発生予察を行い，優越が予想されるレースに対する抵抗性品種を交替して栽培することにより，大きな被害を免れることができる．

② 主働抵抗性遺伝子の集積・・・一つの品種に異なる抵抗性遺伝子を集積すれば，病原菌レースの変化に伴う抵抗性の崩壊は起こりにくくなると考えられる．この場合，全遺伝子を侵すスーパーレースが出現しないという前提条件が必要である．最近急速に進展しているDNAマーカーによる選抜技術を駆使すれば遺伝子集積も容易になると考えられる．

③ 多系（混合）品種の開発と利用・・・多系品種（multiline）は，コムギやイネなどの自殖性作物の空気伝染性病害の抑制に有効とされる（Borlaug, 1959）．わが国では，ササニシキを反復親とする戻し交配法により，異なるいもち病抵抗性遺伝子を導入した同質遺伝子系統「ササニシキBL」シリーズが育成され，これらを組み合わせて，わが国で最初の多系品種「ササロマン」として登録された（佐々木ら，2002）．

（5） 圃場抵抗性の活用

圃場抵抗性は多数のポリジーンによる量的形質で，発生病虫害の進展や流行を抑える作用をもつとみられている．また，病害虫の寄生性の変化などにも比較的安定していて，持続的に利用できる抵抗性と考えられている．

イネのいもち病圃場抵抗性は，ダイアレル分析や分散分析の結果，数個の複数遺伝子により発現し，比較的高い遺伝率をもつことが明らかにされた（東，1995）．最近では，QTL解析により，圃場抵抗性遺伝子の所在が明らかになっている（Wang ら，1994；Fuji ら，2000；Miyamoto ら，2001）．圃場抵抗性遺伝資源として古くから注目されてきた陸稲品種「戦捷」の圃場抵抗性に関するQTL解析が行われ，第4染色体の中央部に最大の活性ピークがあり，第11ならびに第12染色体にもはっきりとした活性ピークのあることが明らかにされた（加藤ら，2002）．

2．環境ストレス耐性

環境ストレスに植物が耐える性質をストレス耐性（stress tolerance）という．ストレス耐性は回避性と狭義の耐性に区分できる．前者は生育期間の変化や生態的な棲み分けなどにより障害を避ける性質であり，後者はストレスに反応して植物体の生理的条件を変化させたり，ストレス耐性タンパク質を作出したりして対抗する性質である．

物理的要因の中では，温度や水分に関するストレス耐性が重要である．実際の農作物の育種では，温度ストレスでは，イネの耐冷性，コムギの耐寒性や耐凍性，寒地型牧草類の耐暑性など，水分ストレスに関してはコムギやダイズの耐湿性，陸稲の耐旱性などが重要である．

（1）耐　冷　性

低温による植物の生育障害は，二つに大別される．0～20 ℃の低温域で発生する冷温障害ならびに 0 ℃以下の低温で起こる凍結障害とがある．前者に耐える性質が耐冷性であり，後者に耐える性質が耐凍性である．耐冷性（cold tolerance）は，イネ，ダイズ，トウモロコシなどの夏作物，耐凍性（tolerance to freezing injury）はコムギ，オオムギ，果樹類などで問題となる．

イネの冷害には，障害型冷害と遅延型冷害があり，両者が併発することも少なくない．東北地方の冷夏に発生しやすい障害型冷害は，イネの生育期で最も低温感受性の高い穂孕期から出穂・開花期に 20 ℃以下の低温に遭遇して花粉形成や受粉・受精が損なわれ，稔実が低下する．また，遅延型冷害では，北海道などにおいて低温期間が長引き，イネの生育が著しく遅延し，いもち病の併発などにより出穂に至らず収穫皆無の状態になる．

作物の耐冷性の検定は，人工気象室などの制御環境の下で低温処理する方法，寒冷地や高冷地などの自然低温下で栽培する方法，あるいは，耐冷性と関連する形質により間接評価する方法などがある．イネの耐冷性検定には，冷水掛流し法がよく用いられる（写真12）．苗の活着から出穂まで長期にわたって冷水処理を行う「長期冷水掛流し法」では，遅延型と障害型耐冷性を同時に検定することができる．早生品種の幼穂形成期から晩生品種の出穂期にわたり冷水を掛け流す「中期冷水掛流し法」では，系統当たりの個体を少なくして多数の系統の障害型冷害を大まかに検定できる．さらに，品種・系統を熟期別に分け，穂孕期 5 日間深水（50～60 cm）で冷水（16 ℃）処理する「短期冷水掛流し法」は，障害型冷害の検定に向いている．

写真 12　イネの耐冷性検定圃場（坂井　真 氏：提供）
イネの障害型冷害に対する耐冷性検定では，20℃以下の冷水かけ流し圃場に選抜系統を長期間栽培し，冷害による種子稔性の低下の程度を調べる．冷水の流入側から流出側に向かって生ずる水温の勾配を利用して，稔性低下程度を変化させ，品種・系統の耐冷性を判定する．

（2）耐　凍　性

凍結障害（freezing injury）は，氷点下の低温により植物の細胞や組織に含まれる遊離水の凍結あるいは融解に伴う原形質の破壊と脱水による細胞の死滅を招く．植物組織の凍結には，細胞内凍結と細胞外凍結とがあり，前者は致命的な障害となりやすく，後者に対しては植物がある程度の耐性を発揮することができる．

酒井（1982）によれば，外気温が氷点下になると，植物体表面に付着している塵やバクテリアが核となって氷晶が形成される．この氷晶が組織内細胞間隙の水分の凍結を促す．細胞間隙水分の凍結に伴って細胞内の水分が細胞壁を通して細胞間隙に移動して細胞外凍結が進む．このようにして細胞内の水分が失われ細胞内溶液が濃縮される．

耐凍性の検定には，圃場検定と人工気象室内検定とがある．圃場検定では，気候の年次変動を想定して数回に播種時期を変えて栽培し，被害のでにくい播種期の被害程度を標準にして耐凍性を相対評価する．人工気象室内検定では，4 ℃で 2 週間程度低温順化した後，− 10 ℃程度の低温で凍結処理を行い，0 ℃で解凍して生存率や回復程度により耐凍性を判定する．

（3）耐　旱　性

植物が水分不足に耐える性質を耐旱性（drought tolerance）という．植物では水分が不足すると葉の含水量が低下し気孔が閉じ炭酸ガスの供給が止まり，光合成が抑制されて生育阻害や収量低下が起こる．

耐旱性には，植物体の形態的特徴ならびに細胞の生理状態が関わっている．形態的耐旱性は，根重比率，深根性，クチクラ層の発達，気孔の数や開度などと関係があり，構造的耐旱性とも呼ばれる．一方生理的耐旱性は，細胞内貯蔵物が多く浸透圧が高まることにより乾燥に耐える性質で，原形質的耐旱性とも呼ばれる．旱害の発生は生育時期により大きく異なることから早熟性や種子休眠性などにより被害を回避することもできる．

耐旱性の検定は原則的に圃場で行われる．旱害の発生しやすい生育段階で乾燥させて，萎れ具合や種子稔性などを調査する．移動式ガラス屋根で自然降雨を遮断して圃場を乾燥させたり，水分供給を制限した上で密植して，水分ストレスを高めて検定を行ったりする．耐旱性に密接に関連する形質を比較する間接的な検定法もある．たとえば，陸稲の耐旱性は塩素酸カリ（$KClO_3$）に対する感受性と密接に関連していることが明らかにされている（山崎，1951）．

（4）耐　湿　性

植物が土壌中の過湿や水分過剰に耐える性質を耐湿性（wet endurance）という．また，大気の過湿や水浸漬に伴う穂発芽耐性も耐湿性の 1 種と見なすことができる．

土壌中の水分過剰により酸素が不足すると，根の呼吸が阻害され吸水力や養分吸収力が低下し生育阻害が起こる．高温下で土壌が過湿になると，有機酸集積，脱窒，ガス発生などにより間接的な生育障害がでることもある．

わが国の水田裏作の麦栽培や転換畑でのダイズ栽培では，湿害が深刻な問題となるが，遺伝資源の欠如などの理由で耐湿性育種はほとんど行われていない．

耐湿性の検定には，圃場検定と幼苗検定とがある．圃場検定では水分傾斜のある長い畝に作物を栽培し，過湿ストレスの少ない高い位置の株と過湿ストレスの多い低い位置の株の生育差を比較する．また，幼苗検定では，湛水，畑の両条件で作物を栽培して幼苗の生育を比較する．

（5）耐　塩　性

塩類（NaCl，$NaSO_4$，$CaCl_2$，$MgCl_2$ など）の濃度が高くなりすぎると，植物の生育が阻害される．干拓地，デルタ地帯の水田，乾燥地の塩類集積畑などで作物を栽培すると塩害が問題となる．塩類濃度が高いと，根の周辺の浸透圧が高まり吸水阻害が起こり，乾燥と類似の水分ストレスがかかる．また，吸収される塩類の直接害や体内塩濃度の上昇に伴う代謝異常や養分移動阻害などの間接害も併発する．さらに，Na や Mg の過剰吸収により必須養分の K の吸収が阻害され生育不良をまねく．

植物の耐塩性（salinity tolerance）のメカニズムとしては，葉面積の縮小や気孔数の減少などの形態変化，可溶性成分の集積などによる浸透圧調節，必須要素の選択的吸収能力の維持・向上，細胞の高塩濃度耐性などが考えられる．

耐塩性の検定には，塩害発生地での圃場検定と人工的な室内検定とがある．イネの耐塩性には顕著な品種間差異があり，indica 系の地方品種 Pokkali や Magnolia などの耐塩性遺伝資源が見いだされている．また，近年になって，また，タバコでは細胞選抜により NaCl に対して耐性のあるカルスから耐塩性植物が再分化した．

3. 品質・成分特性

農作物の品質に関する利用上の特性として，形や色などの外観形質，輸送や貯蔵に関連して流通特性，製品歩留まりや加工・調理の難易に関連する加工・調理適性，栄養や味に関連する消費特性が考えられる．

(1) 外観形質

形状，大きさ，色などの外観形質は，農産物の品質の重要な要素である．たとえば，イネの場合，玄米の形状，大小，光沢などの外観形質は，玄米を搗精しえられる白米の収率（搗精歩合）と密接に関連している．玄米は品種固有の形状，大きさ，色沢をもち，完熟した完全玄米の割合を整粒歩合とする．整粒歩合が高いと，搗精歩合も高くなる．遺伝的原因や不良環境の影響でデンプンの蓄積が順調に進まず，玄米の中央，腹部，基部，全体が白濁して透明化しない心白，腹白，基白，乳白などの不完全粒が多いと，整粒歩合が低下し搗精歩合が落ちる．

パン，麺，菓子などに加工されるコムギでは，穀実の外観形質が製粉歩留との関連が大きい．原麦の形状，色沢，皮離れの難易などが上質粉率や製粉歩留に影響する．また，ビール原料としてのオオムギでは，穀皮の表面のいわゆる「ちりめんじわ」の多少が麦芽溶質総量としてのエキス収量に関係が深い．

豆腐，みそ，しょうゆ，納豆などの原料となるダイズでは，粒大，整粒歩合，へそ色などが加工品の品質を左右する．

農産物の品質は遺伝的効果とともに，生育環境の影響を受けて変化する．したがって，品質改良の育種では，最終産物の品質に関連の深い外観形質のうち，遺伝率が比較的高く計測の容易な形質を慎重に選定して，選抜指標とすることが重要である．

(2) 流通特性

イネ，コムギ，ダイズなどの禾穀類やまめ類は，乾燥子実を保存・流通させるため，穀実の水分含量が品質保持に大きく影響する．自然乾燥と開封状態で保存する場合，保存される子実の水分含量は大気の湿度に左右される．現在では人工乾燥や貯蔵の技術が発達し，高い鮮度で長期間保存ができるようになっている．品質・食味のよさで定評のあるコシヒカリは，収穫後の種子休眠性が強く，これが年越し米の品質・食味の保持に寄与している可能性が考えられる．

野菜や果実などの生鮮食品の流通には，後熟性や日持ち性がとくに重要である．前者は果菜類や果実類が収穫後成熟する性質である．たとえば，バナナやトマトは後熟性を利用して，やや未熟の青い果実を収穫し輸送中に色づかせる．後熟には植物ホルモンの1種であるエチレンが関与している．生物工学技術によりエチレン合成遺伝子の発現に関与するmRNAをアンチセンスDNAでブロックしてエチレン合成を抑え，日持ちするGMトマトが作られ話題となった．

わが国のリンゴの主導品種となっている「ふじ」は，独立行政法人果樹研究所リンゴ研究部(旧農林水産省果樹試験場東北支場)で育成され，きわめて日持ち性のすぐれた高品質品種である．「ふじ」のような日持ち性のよい品種の開発と冷蔵保存技術の進歩により，鮮度の高いリンゴを年中食べることができるようになった．

梅雨期の多雨・多湿の条件で収穫を余儀なくされる国産小麦の品質は穂発芽や赤かび病の感染などにより著しく損なわれる．穂発芽により穀実中のアミラーゼ活性が高まりデンプンが部分的に分解され，アミログラムにより測定される小麦粉糊の最高粘度が著しく低下し低アミロ化が起こる．低アミロ化耐性を高めるには，穂発芽しにくい品種の開発が望まれるが，現在までのところ，よい遺伝資源が発見されていない．

ジャガイモやタマネギなどの塊球茎作物では，休眠性が貯蔵性と関わりが深い．休眠性が強い品種は貯蔵性にすぐれる．

(3) 加工適性

農産物の加工は作物の種類や加工の仕方により，原料となる農産物に必要とされる加工適性（processing suitability）が異なる．イネでは玄米を搗精して得られる白米の収率を搗精歩合といい，通常 90 %程度である．搗精歩合の 1〜2 %の差は大きく，無視できない．玄米のタンパク質やミネラルは，種皮の部分に多く含まれるため，白米にすると大部分は失われてしまう．白米のタンパク質含有量が高いと炊飯米の食味は悪くなり，醸造用のかけ米としても好ましくない．このため食味向上や醸造には搗精度の高い米が利用される．

炊飯特性としては，白米の加熱吸水率や胚乳デンプンの糊化温度などが重要視される．醸造用の酒米では，大粒性と心白発生率が重要である．

コムギは多くの工程を経て製品に加工される．小麦粒から小麦粉を作るまでを一次加工工程，小麦粉からパン，めん，菓子などの最終製品を作るまでを二次加工工程という．前者では，小麦粉の収率である製粉歩合，後者では製パン，製めん，製菓加工適性が重要になる．コムギの用途別加工適性に関連する特性を比較すると表 15.3 の通りになる．

国産小麦はグルテン含有量などの点でパンよりはめんの製造に適している．一次加工適性としての製粉特性との関連では，原麦の粒大や形状などの外観形質，整粒歩合，容積重，千粒重，胚乳歩合，ガラス化率などの物理的特性が重要である．小麦粒の形や表面形状は容積重や千粒重と密接に関連してお

表 15.3　小麦粉の加工特性（佐々木，1982 に一部追加）

特性項目	パン	めん	菓子類
小麦粉の性質（グルテンの質）	強〜（準強力）	（準強）〜中力	（中）〜薄力
タンパク質含有量（%）	12〜14	8〜10	7〜8
硬質結晶粒子の多少	＋＋＋	＋＋〜＋	−
グルテン含有量（%）	34〜52	24〜36	14〜26
小麦粉粒度	粗	細	細
デンプン含量	少	中	多
ファリノグラム値（VU）	70 以上	30〜70	30 以下
エキステンソ値（cm^2）	140〜160	60〜80	50〜60
アミログラム値（BU）	350〜600	600〜800	600〜800
最高粘度	250 以上	350 以上	350 以上

り，容積重は製粉歩留と高い相関関係にある．

二次加工特性としての製めん適性のうちで小麦粉生地の物理的特性がとくに重要視される．生地の硬さの経時的変化を調べるファリノグラフでは，強・薄力性と吸水率，生地の伸長度と伸長抵抗力を測るエキテンソグラフでは，生地の腰の強さ，小麦粉糊の粘度変化を調べるアミログラムでは，低アミロ化などによる品質劣化程度などを評価することができる．

醸造用オオムギの加工適性も複雑である．ビールの試作には最低でも30～50 tの大麦が必要であり，10 haほどの栽培面積がいる．このため，実際の育種場面では，醸造適性に関連する諸特性を点検する．原麦品質に関連しては，外観品質をはじめ，容積重，千粒重，整粒歩合などを丹念に調査する．麦芽特性の中では，発芽率や発芽勢などの発芽特性，40～45 %吸水率に達する浸漬時間，全原麦量に対する完全麦芽の収率などが評価される．また，麦芽中のβアミラーゼ活性をあらわすジャスターゼ力，デンプン消失の遅速をあらわす糖化時間なども調べられる．さらに，麦芽汁中の全窒素に対する可溶性窒素率であるコールバッハ値などの醸造効率に関連する特性が評価される．標本量の少ない初期世代では粒大，形状，とくに「ちりめんじわ」と呼ばれる表面のしわの発生程度が調査される．

ダイズでは豆腐，みそ，しょうゆ，納豆，煮豆などの用途別に加工適性に関連する特性が異なる．粒大，整粒歩合，千粒重，容積重などは共通的特性であるが，豆腐用には高タンパク質性，納豆用には小粒性，煮豆用には大粒性や種皮色などが重要な特性となる．

(4) 消費特性

消費特性 (consuming requirement) の中では，食味や含有成分がとくに重要視される．米の食味は炊飯米の物理的特性ならびに含有成分と複雑な関係にある．重回帰分析により，官能試験の食味値をタンパク質含量，アミログラム最高粘度，同最低粘度，崩壊値，ヨード呈色反応値などから予測・推定することができる (竹生，1969)．

近年になって販売されるようになった食味計は，米の水分や有機・無機成分の含有量を近赤外線の吸収・反射などの光学的な方法で計測し，それらを原因（独立）変数とし，官能試験の総合評価値を結果（従属）変数として重回帰式を作り，食味値を推定しているものと考えられる．

炊飯米などの食味の評価は，最終的には人の舌による官能試験に頼らざるをえない．官能試験は決まったパネラーにより標準的な手順に従って炊飯米の外観（光沢），香り，味，粘り，固さなどを評価したうえ総合評価値を出す．わが国では，農林水産省（1968）が定めた「米の食味試験実施要領」に従い，穀物検定協会が毎年生産される品種を産地ごと評価して食味ランキングを決め公表している．

イネ育種では，初期世代の系統の採種量が少なく，官能試験による食味評価は行えない．そこで，100 m*l* 程度の小型ビーカーに白米サンプルを入れ大型蒸し器で数十点を炊飯し，炊飯米の光沢を肉眼で観察して評価する（藤巻・櫛渕，1975）．最近では，炊飯米の表面光沢を光学的に計測する食味計も開発されている．

果樹類や果菜類の育種では，糖度，酸度，香り，チャやタバコの育種では，うまみや香味など官能試験の必要な消費特性は少なくない．

（5） 成分特性

食物や飼料の3大栄養成分は炭水化物類，タンパク質類，油脂類である．

①炭水化物

人の食料や家畜の飼料の中でエネルギー源として最も重要な炭水化物は，穀物類の子実やいも類の塊根茎にデンプンとして蓄積されている．デンプンはブドウ糖が長く直鎖状に結合したアミロースと多く分岐鎖をもつアミロペクチンとからなる．アミロペクチンのみからなるのがもちデンプンであり，アミロースとアミロペクチンが一定の割合で混在するのがうるちデンプンである．

イネの場合，日本品種のうるち米デンプンは17～24％のアミロースを含んでいる．わが国でご飯として常食されているのはうるち米で，アミロース含有量が低い方が炊飯米の粘り気が強く食味がよいとされている．うるちデンプンともちデンプンとでは，加工適性も異なり，米菓などの加工工程も違っている．

イネのうるち・もち性は1遺伝子座の対立遺伝子に支配されており，うるち遺伝子（*Wx*）はもち遺伝子（*wx*）に対して優性である．このほか，うるち性の複対立遺伝子には，アミロース含量の違いにより，***Wx-a*** および ***Wx-b*** の2種類の対立遺伝子が知られている（Sano, 1984）．さらに，うるち・もち性を支配する遺伝子座とは別に，アミロース含量を低下させる遺伝子座が発見されており，アミロース含量を5〜10％程度にまで低下させる劣性遺伝子（*du*）が人為突然変異により誘発されている．この遺伝子のホモ接合体は，玄米全体が白濁して半透明となり，うるち米ともち米の中間にみえるため，半もちあるいは中間もちと呼ばれることもある（Okuno ら, 1993）．この遺伝子は弁当やむすびなどの冷飯米の食味改良に活かすことができる．

もち性はトウモロコシ，オオムギ，アワ，キビ，ヒエ，ハトムギ，ソルガムなどのイネ科作物に広く存在する．また，アマランサスやジャガイモなどのイネ科以外の作物でも発見されている．しかし，コムギにはもち性が発見されていなかった．数年前になって，当時の農林水産省東北農業試験場の Yamamori ら（1994）は，3組の同祖染色体上のうるち遺伝子の産出するタンパク質を2次元電気泳動により分別する技術を開発した．この技術を用いて，3組の同祖染色体上の全ての遺伝子座がもち性になったもちコムギの開発に成功した（Yamamori ら, 1994；Kiribuchi-Otobe ら, 1997）．

②タンパク質

化学的性質によりタンパク質は次のように類別できる．

アルブミン（albumin）･･･細胞や体液中に広く含まれる一群の単純タンパク質．語源は卵白に由来し，水，稀酸，アルカリおよび中性アルカリ塩溶液に溶解する．

グロブリン（globulin）･･･動植物界に広く分布するタンパク質で，元来50％飽和の硫酸アンモニウムで塩析される血清タンパク質の総称である．アルカリまたは中性の希薄な塩類溶液に溶ける．植物性グロブリンとしては，ダイズのグリシニン，インゲンマメのファセオリンなどの種子貯蔵タンパク質がよく研究されている．

グルテリン（glutelin）･･･穀物中に含まれる単純タンパク質の一つで，純水，中性塩類溶液およびアルコールには不溶性であるが，稀酸および稀アルカリに溶ける．コムギのグルテン（gluten）中のグルテニン（glutenin）が最もよく知られた例である．グルテリンはコムギやオオムギの種子にプロラミンと共に多く含まれるが，トウモロコシやエンバクの種子にはグルテリンは少なく，プロラミンが多く含まれる．イネの種子ではプロラミンが少なくグルテリンが大部分を占める．

プロラミン（prolamin）･･･イネ科植物種子の胚乳に特徴的に含まれ，アルコール可溶性の単純タンパク質でグルタミンとプロリンに富み，リジンが少ない．コムギのグリアジン，オオムギのホルデイン，トウモロコシのゼイン，ライムギのセカリンなどがよく知られている．

食用穀物種子の貯蔵タンパク質のうち，難消化性のプロラミンの含有率が食料資源としての価値を左右する．トウモロコシ種子の貯蔵タンパク質は，50～60％のプロラミンを含む．ところが，トウモロコシの突然変異系Opaque 2は，プロラミンの含有率が30～40％と半減して，オオムギの水準に近づいている．また，オオムギの突然変異系統Mutant 1508は，5～10％のプロラミン含有率でイネに近い水準に達している．種子貯蔵タンパク質のプロラミン含有率からみると，トウモロコシよりオオムギ，オオムギよりイネがより高い改良水準にあるとみることができる（Axtell，1981）．

イネ玄米では，種皮の部分には多くのタンパク質が含まれるが，白米には7～11％程度のタンパク質が含まれるに過ぎない．白米のタンパク質含有量は，品種間差異よりも窒素質肥料の与え方や栽培法による影響が大きい．最近では，白米中の可消化タンパク質グルテリンの含有量が低下した突然変異が発見され，これを利用した腎臓病患者向けの病体食米の開発が試みられている．

ダイズ種子は40％にも及ぶ貯蔵タンパク質を含んでいる．ダイズ種子の貯蔵タンパク質は，11Sグロブリンと7Sグロブリンの二つのサブユニットからなる．前者は含硫アミノ酸量が高く，後者はマンノース側鎖をもつ糖タンパク質である．これら2種類のグロブリン・サブユニットの構成には，品種間差異がみられ，7Sサブユニットが欠失した品種「毛振」などが発見されている(喜多村・原田，1988).

ダイズ種子には，不飽和脂肪酸を酸化して独特の臭気を発生する酵素リポキシゲナーゼが含まれている．この酵素を生産しないダイズは，油脂の品質劣化が起こりにくくなり，保存性が向上し加工食品の味の向上効果が期待できる．リポキシゲナーゼには，3種類の同位酵素(*L1*，*L2*，*L3*)が存在する．これらの酵素を欠く変異体が広範な品種探索により発見され，それらを活用したリポ欠ダイズ品種の開発が進められている(喜多村ら，1992).

③ 油　脂

ダイズ，ナタネ，ヒマワリ，ラッカセイ，ゴマなどの油料作物の油脂の脂肪酸組成は，作物ごとに特徴がある．たとえば，ナタネ油にはエルシン酸やエイコセン酸などの健康によくないとされる飽和脂肪酸が多く含まれている．一方，アマやエゴマなどの油には飽和脂肪酸が少なく，健康によいとされるリノレイン酸やリノール酸などの不飽和脂肪酸が多く含まれる．ダイズ油にもリノール酸が豊富である(表15.4).

ナタネに多く含まれるエルシン酸は，パルミチン酸(16：0)→ステアリン

表15.4　油料作物の含油率と油の脂肪酸構成 (海妻，1987)

作物の種類	パルミチン酸 (16：0)	ステアリン酸 (18：0)	オレイン酸 (18：1)	リノール酸 (18：2)	リノレイン酸 (18：3)	エイコセン酸 (20：1)	エルシン酸 (22：1)	含油率 (%)
洋種ナタネ	4.0	1.5	17.0	13.0	9.0	14.5	41.0	45.0
和種ナタネ	2.9	1.1	33.6	17.9	9.4	11.5	23.5	−
サフラワ	7.2	2.1	9.7	81.0	0.0	0.0	0.0	−
ダイズ	11.5	3.9	24.6	52.0	8.0	0.0	0.0	16.6
アマ	6.9	3.6	16.0	15.0	58.5	0.0	0.0	−
オリーブ	13.6	3.2	74.0	7.0	0.9	0.0	0.0	−
ラッカセイ	11.4	3.3	54.7	25.7	0.0	2.3	2.6	49.6
トウモロコシ	12.0	2.3	28.3	56.6	0.8	0.0	0.0	18.5
ヒマワリ	6.6	4.0	15.5	73.9	0.0	0.0	0.0	−
ゴマ	7.5	4.8	39.4	44.9	1.8	0.0	0.0	53.2
エゴマ	6.1	1.5	18.8	20.3	53.3	0.0	0.0	44.8
ワタ	17.5	2.8	17.9	61.9	0.0	0.0	0.0	26.0

注）カッコ内の数字は，炭素数と二重結合数

酸 (18 : 0) →オレイン酸 (18 : 1) →エイコセン酸 (20 : 1) →エルシン酸 (22 : 1) という経路で合成される．カナダの Stefansson ら (1961) は春まきナタネ品種 Liho がエルシン酸含有量に大きな変異を持つことを知り，その中から無エルシン酸系統の選抜に成功した．無エルシン酸性は 2 対の劣性遺伝子 (e_1, e_2) により発現する．これらの劣性遺伝子はオレイン酸がエイコセン酸に変化する反応をブロックすると考えられている．

ほかの油料作物についても健康の維持・増進との関連で，油脂類の成分の評価と改良が今後ますます重要になると考えられる．

第16章　環境適応性と安全性の評価

農作物の品種・系統の収量や品質などの農業上重要な特性は，多数のポリジーンにより発現し，多くの環境因子の影響を受けて連続的に変動する．したがって，新しい品種や選抜系統（品種・系統と略称）の適応性の評価は，異なる環境の地域に実際に栽培して収量や品質の変化を調べなければならない．実際の適応性検定では，多くの地域の成績を平均して品種・系統のポテンシャルを評価する．

組換えDNA技術により開発されるGM作物（genetically modified crop）については，実際の圃場栽培を行う前に作物のゲノムに組み込まれた外来遺伝子ならびにその直接・間接作用が栽培圃場を含む生態系にどのような影響を与えるかを注意深く調べる必要がある．たとえば，GM作物の雑草化や導入遺伝子の流出の可能性などを確認しておかなければならない．

1．環境適応性と遺伝子型×環境相互作用

農作物の品種や系統の環境適応性は，生育環境による特性値の変化として評価される．広い環境で安定して高い収量をあげる品種・系統は，環境適応性が大きく，限られた環境でしか高い収量をあげられない品種・系統は，環境適応性が小さいとみる．異なる遺伝子型の品種・系統の特性値が生育環境の違いにより異なる変化を示すとき，遺伝子型と環境要因の間に相互作用（GE interaction）があるという．

2種類の遺伝子型（*G1* と *G2*）を異なる環境（E1とE2）で栽培したときの収量の変化を調べ，図16.1のようになったとする．

①　相互作用がない（no interaction）･･･ E1とE2のいずれの環境においても，遺伝子型 *G1* が遺伝子型 *G2* に対して同程度に優位

②　量的相互作用（quantitative interaction）がある ･･･ E1とE2のいずれの環境においても，遺伝子型 *G1* が遺伝子型 *G2* に対して優位であるが，環境E2において両者の差異が拡大する．

③　質的相互作用 (qualitative interaction) がある・・・環境 E1 においては遺伝子型 *G1* が優位であるが，環境 E2 では順序が逆転して遺伝子型 *G2* が優位となる．

現実の農作物育種では，交差型の質的相互作用が問題となり，環境の違いにより遺伝子型の順位が逆転する．非交差型の量的相互作用の場合，遺伝子型の順序は変化しないため，両環境において *G1* が *G2* に優るといえる．

農作物の異なる遺伝子型の品種・系統を異なる環境で r 回反復して栽培したとき，i 番目の品種・系統の j 番目の環境における表現型値は次式であらわすことができる．

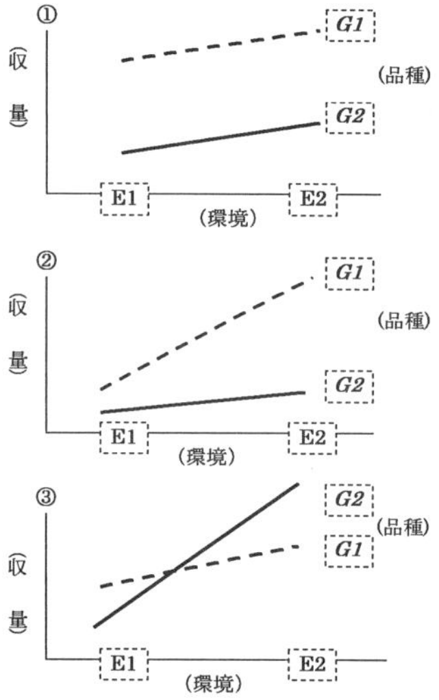

図 16.1　遺伝子型×環境の相互作用

$$X_{ijk} = \mu + G_i + E_j + (GE)_{ij} + R_k + \varepsilon_{ijk} \quad \cdots\cdots \qquad (16-1)$$

この式では，μ が総平均効果，G_i が遺伝子型効果，E_j が環境効果，$(GE)_{ij}$ が遺伝子型と環境の相互作用，R_k が反復の効果，ε_{ijk} が誤差効果を示している．この線形モデルでは，異なる遺伝子型の品種・系統を場所，年次，栽培法などの環境条件を変えて行う実験計画の下で，収量などの特性値を測定し，分散分析により GE 相互作用に起因する分散の有意性を統計的に検定することができる．

さらに，環境平均値に対する品種・系統平均値の一次回帰分析により，GE 相互作用分散を環境平均値に対する回帰による分散（環境の変化で説明できる分散）と回帰によらない分散（環境の変化に対応しない分散）とに分割することができる．

Fox ら (1977) は，図 16.2 に示したような GE 相互作用分析のプロトコールを提示した．これによると，まず，所定の実験計画に基づき場所や年次を変えて行われる適応性評価データの分散分析を行う．その結果，GE 相互作用分散が統計的に有意な場合，さらに解析を進め，遺伝子型の反応が環境により逆転する交差型質的相互作用の有無を調べる．質的相互作用がなく量的相互作用のみであれば，適応性の高い遺伝子型を推定することが可能となる．質的相互作用が存在する場合には回帰分析を行う．その結果，環境平均に対する回帰が統計的に有意であれば，それに基づいて遺伝子型の適応性の広狭を評価できる．回帰が有意でなければ，地域環境との相互作用を分析する．それが有意であれば，奨励地域のグルーピングが可能となる．

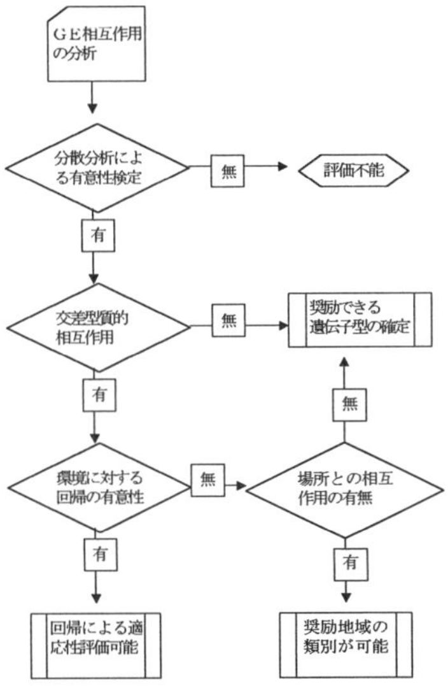

図 16.2　GE 相互作用分析のプロトコール（Fox ら，1997）

2. 分散分析による環境適応性評価

品種・系統の環境適応性を評価するには，比較品種と選抜系統をセットにして年次，場所，施肥水準などの栽培環境を変えて，乱塊法などの反復付きの実験計画により収量などの特性値を計測し，分散分析により品種・系統と環境（とくに栽培場所や施肥水準）との相互作用の有無を調べる．

c 種類の品種・系統をセットとして，p 箇所で y 年次にわたり r 回反復の乱塊法で適応性評価を行う場合，i 番目の系統，j 番目の場所，k 番目の年次，l 番目の反復の特性値（X_{ijkl}）は，次のような線形モデルで表すことができる．

$$X_{ijkl} = \mu + V_i + P_j + Y_k + R_l + (VP)_{ij} + (VY)_{ik} + e_{ijkl} \quad \cdots \quad (16-2)$$

この式の右辺の各項は次の意味を表している．

μ ：全体の平均効果

V_i ：品種・系統の主効果・・・ 品種・系統の遺伝子型効果

P_j ：栽培場所の主効果・・・ 場所の差異に基づく環境効果

Y_k ：栽培年次の主効果・・・ 年次の違いによる環境効果

R_l ：反復の主効果・・・ 反復の違いによる環境効果

$(VP)_{ij}$ ：系統×場所の一次相互作用・・・品種・系統特性値の場所による変動

$(VY)_{ik}$ ：系統×年次の一次相互作用・・・品種・系統特性値の年次による変動

e_{ijkl} ：誤差の効果・・・反復とその他の要因の相互作用や年次×場所の相互作用などを含む.

この線形モデルに基づく分散分析と分散の期待値は，表16.1の通りになる．この分析では，系統の主効果分散は，系統間の遺伝的差異を反映し，場所の主効果分散が栽培場所の土壌肥沃度や気候の違いを示し，年次の主効果分散は，主として気象の年次間差異の効果をあらわす．反復の主効果分散は試験圃場の地力差の反映であり，生物学ならびに農学的意味は少ない．しかし，反復を設けることにより，反復間の分散を誤差分散から分離できるとともに，その他の要因の相互作用を誤差として活用することにより，実験の精度を高めることができる.

このほか，供試材料，栽培法，実験規模，調査特性の種類などにより異なる実験計画を考えることができる．いずれの実験計画においても，品種・系

表16.1　場所・年次を変えた乱塊法による系統適応性評価実験の分散分析

要因	自由度	偏差平方和の計算式	分散	分散の期待値
系統	c−1	$SS_c = \Sigma_i X_{i\cdots}^2/pyr - CF$	$V_C = SS_c/(v-1)$	$\sigma^2 + yr\kappa_{CP}^2 + pr\kappa_{CY}^2 + pyr\kappa_C^2$
場所	p−1	$SS_P = \Sigma_j X_{\cdot j\cdot\cdot}^2/cyr - CF$	$V_P = SS_P/(p-1)$	$\sigma^2 + yr\kappa_{CP}^2 + cry\kappa_P^2$
年次	y−1	$SS_Y = \Sigma_k X_{\cdot\cdot k\cdot}^2/cpr - CF$	$V_Y = SS_Y/(y-1)$	$\sigma^2 + pr\kappa_{CY}^2 + cpr\kappa_Y^2$
反復	r−1	$SS_R = \Sigma_l X_{\cdots l}^2/cpy - CF$	$V_R = SS_R/(r-1)$	−
系統×場所	(c−1)(p−1)	$SS_{CP} = \Sigma_{ij} X_{ij\cdot\cdot}^2/yr - CF - SS_C - SS_P$	$V_{CP} = SS_{CP}/(c-1)(p-1)$	$\sigma^2 + yr\kappa_{CP}^2$
系統×年次	(c−1)(y−1)	$SS_{CY} = \Sigma_{i\cdot k\cdot} X_{i\cdot k\cdot}^2/pr - CF - SS_C - SS_Y$	$V_{CY} = SS_{CY}/(c-1)(y-1)$	$\sigma^2 + pr\kappa_{CY}^2$
誤差	(r−1)(cpy−1) + c(p−1)(y−1)	$SS_E = SS_T - SS_C - SS_P - SS_Y - SS_R - SS_{CP} - SS_{CY}$	$V_E = SS_E/\{(r-1)(cpy-1) + (p-1)(y-1)\}$	σ^2
合計	cpyr−1	$SS_T = \Sigma_{ijkl} X_{ijkl}^2 - CF$		

注） $CF = (\Sigma_{ijkl} X_{ijk})^2/cpyr$

統の環境適応性との関連では，品種・系統と環境要因との相互作用分散が重要な意味を持つ．とくに，品種・系統と場所の相互作用は，地域適応性の評価に有効である．すなわち，品種・系統×場所の分散成分 κ_{CP}^2 が 0 でなく有意に大きい場合，それが栽培場所の環境により異なる反応を示すことになり，品種・系統の地域適応性が異なることがわかる．そこで，品種・系統の地域適応性の違いを回帰分析などにより詳しく解析する必要がある．

3．回帰分析による広域適応性の評価

品種・系統の地域適応性の評価では，分散分析（ANOVA：ANalysis Of Variance）により系統×場所の相互作用が統計的に有意で，かつ場所により系統の特性値が逆転する交差型の質的相互作用が存在する場合，回帰分析が有効である．

品種・系統×場所（地域）の相互作用分散が有意のとき，系統の環境（地域）適応性の広狭を評価するには，Finlay と Wilkinson（1963）の方法による回帰分析が行われる．この方法では，p 箇所の栽培地における全系統の平均収量（$\Sigma_{ikl} X_{ijkl}$ / cyr = X.j../ cyr）を生育環境における平均的生産力とみなして横軸にとり，生育環境ごとの品種・系統の平均生産力（$\Sigma_{kl} X_{ijkl}$ / yr = X_{ij}../ yr）を縦軸に目盛る．そして，生育環境の平均生産力に対する品種・系統ごとの生産力の回帰係数（b_i）を求める（図 16.3）．両者の関係から系統の環境適応性を次のタイプに区分することができる．

① 広域適応（高位安定）型･･･最も望ましいタイプで，全生育環境（地域）で安定して高い生産力を表し，広域適応性があるとみられる．

② 特定域適応型･･･生育環境の平均生産力の変化に伴って系統の生産力が変動する．しかし，高い生産性を示す環境が存在する．この場合高い生産をあげられる環境が限定される．

③ 特定域逆適応型･･･生育環境（地域）の平均生産力とは逆の変化を示す．このようなケースは現実にはあまり多くは考えられない．

④ 低位安定型･･･いずれの環境でも低い生産力を示し，最も望ましくないタイプと言える．

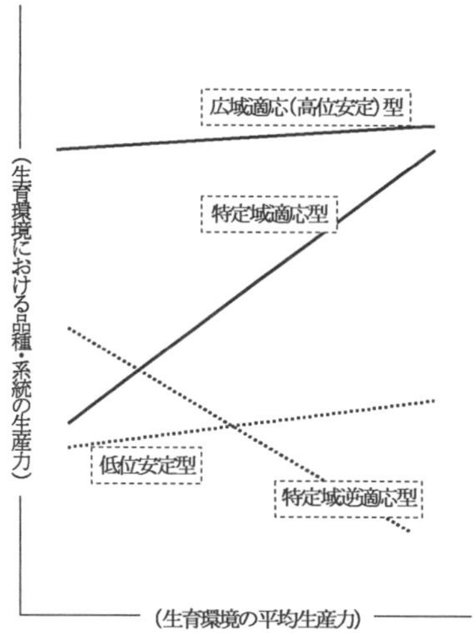

図 16.3　環境平均生産力に対する品種・系統生産力の回帰による環境適応性の評価

これらの環境適応性を品種・系統の生産力（X_i.../ pyr）と回帰係数 b_i を使って区分すると，図 16.4 のようになる．

第一のタイプ（右端）は最も望ましい広域適応型で，回帰係数が小さく品種・系統の生産力が高く，いずれの地域環境でも高い生産力を示す．このような広域適応性をもつ系統は，地域を指定せずに栽培奨励することができる．第二のタイプ（左端上）の特定域適応型では，品種・系統の平均生産力はきわだって高くはないが回帰係数が大きく，環境生産力（土壌肥沃土など）の高い地域に限定して栽培奨励することができる．その他の特定域逆適応型や低位安定型は，いずれの環境でも生産のあげにくい品種・系統であり，現実には利用価値が少なく，普及奨励ができない．

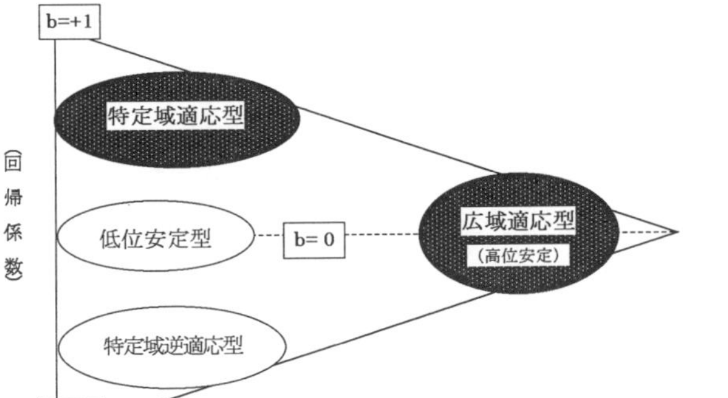

図 16.4　品種・系統の平均生産力と環境平均に対する回帰係数との関係による環境適応性の類別

4. 育成系統の地域適応性検定

イネ，コムギ，ダイズなどの主要農作物の育種では，雑種後期世代になって地方系統番号を付した系統（地方番号系統）を数～十数箇所の地域試験地（都道府県の農業試験場など）に配布し，熟期などを勘案して各地域の奨励品種と比較して，配布系統の生産力と関連特性が調査される．

わが国の国公立機関が進めている公的な作物育種では，農林水産省が補助金を出して独立行政法人の試験研究機関の育成する地方番号系統の適応性評価のため「系統適応性検定試験」ならびに都道府県が農家に栽培奨励する品種を決めるための「奨励品種決定試験」を実施している．これらのデータを活用して品種の命名登録に必要な「新品種決定に関する参考成績書」を作成したり，種苗登録（第 17 章参照）に必要な資料を作成したりしている．

わが国の水稲育種は，6 つの独立行政法人（北海道農業研究センター，東北農業研究センター，作物研究所，中央農業総合研究センター・北陸研究センター，近畿中国四国農業研究センター，九州沖縄農業研究センター）ならびに 7 つの指定試験地（北海道・上川，青森・藤阪，宮城・古川，福井，愛知・山間，宮崎，鹿児島）で行われ，陸稲育種は 1 つの指定試験地（茨城）で実施されている．これらの育成地の選抜系統は，28 の系統適応性検定試験地に配布される．2002 年度における選抜系統の配布先と配布系統数は表 16.2 の通りである．たとえば，農業技術研究機構・作物研究所で選抜された系統は，富山，長野，栃木，千葉，静岡，滋賀，岡山，広島・高冷地，鳥取の 9 箇所に配布され地域適応性が調べられている．これらの系統の熟期などにより配布先や配布系統数は毎年変化する．

系統適応性検定試験や奨励品種決定試験で調査されるのは，生育特性としては出穂期，稈長，穂長，穂数，倒伏程度，主要病害虫の発生状況など，収量・品質関連特性としては，全重，玄米収量，玄米千粒重，玄米品質，食味などである．

主要な農作物については，水稲と同様に「特性検定試験」，「適応性検定試験」，「奨励品種決定試験」の全国ネットワークが構築されている．

表 16.2　水・陸稲の系統適応性検定試験の配布先と配布系統数（作物研究所，2002）

試験地＼育成地	上川	北海道	藤坂	東北	古川	北陸	福井	作物研	愛知山間	中国	九州	宮崎	鹿児島	茨城	計	試験可能な熟期幅
北海道・道南	50														50	きよかぜ～しおかぜ
北海道・中央		50													50	農林20号～マツマエ
青森			25	20	5	5									55	シモキタ～ムツニシキ
岩手（本場）			15	15	15	5									50	フジミノリ～ササニシキ
山形・庄内			5	20	20	5									50	アキヒカリ～コシヒカリ
福島			10	10	20	5	5								50	アキヒカリ～コシヒカリ
（陸稲）														5	5	
新潟			10	5	10	20	10								55	アキヒカリ～アキニシキ
富山				5	5	20	15	10							55	越後早生～日本晴
長野			5			15	10	10	10						50	アキヒカリ～ニホンマサリ
栃木				5		5	10	15	10						45	初星～日本晴
（陸稲）														6	6	ワラベハタモチ～農林糯26号
千葉水田作			5	5	5	5	7	8					10		45	フジミノリ～農林26号
千葉畑作														6	6	陸稲～ツキミモチ
静岡								10	10	10	10	5			45	ニホンマサリ～ミズホ
滋賀						5	10	15	10				5		45	越路早生～ハツシモ
岡山								10	5	15	10	5			45	日本晴～アケボノ
広島・高冷								5	20	15			5		45	アキヒカリ～峰光
鳥取							15	10	10	10					45	コシヒカリ～ヤエホ
愛媛									5	15	5	5	15		45	フジヒカリ～アケボノ
高知									5	10	10	10	10		45	フジヒカリ～ニシホマレ
福岡										15	15	15			45	
大分											15	20			35	
熊本本場・阿蘇											20	15	5		40	
熊本阿蘇（陸稲）														5	5	
鹿児島本場											20	15	5		40	早期：巴まさり～コシヒカリ，普通
鹿児島大隅														6	6	期黄金錦～瑞豊ハタフサモチ
沖縄				7	7	7	7		7				10		45	
計	50	50	75	92	87	97	89	93	92	90	105	90	65	28	1103	

5．GM 農作物・食品の安全性評価

組換え（GM）作物と農産物の安全性に関しては，二つの種類の評価が必要である．一つは組換え DNA 技術で作出された GM 作物の環境（生態系）への影響評価であり，もう一つは GM 作物から生産される農産物や食品・飼料の人畜に対する安全性の評価である．

組換え植物の開発から実用化・商品化までの安全性チェックの流れを図 16.5 に示した．まず，組換え植物を作る実験的段階では，文部科学省による「組換え DNA 実験指針」を遵守して実験を行い，文部科学省内の専門委員会の審査を受ける必要がある．組換え植物が農作物の場合，農林水産省の定

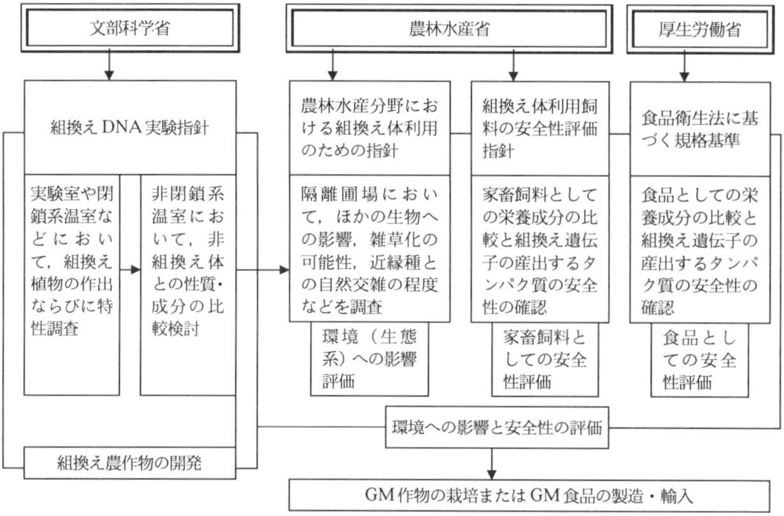

図 16.5　組換え農作物の開発から実用化までの流れ
（農林水産技術会議事務局，2001 を一部改変）

める「農林水産分野における組換え体利用のための実験指針」に沿って，GM 作物の栽培環境ならびにそれを含む生態系に対する影響を的確に評価する必要がある．この場合も指針に沿った手順と施設でデータをとり，必要な知見と情報を添付して農林水産省の専門委員会の審査を受ける．

生態系への影響評価を終えて実用栽培される GM 作物から生産される農産物ならびに加工食品などは，食品の人体に対する安全性や飼料の家畜に対する安全性がチェックされる．家畜飼料については，農林水産省の「組換え体利用飼料の安全性評価指針」に従って農林水産省の審査，また，食品については食品衛生法に基づく「食品ならびに食品添加物などの規格基準」に基づいて，厚生労働省の審査を受けることが義務づけられている．

（1） GM 作物の環境影響評価

現在地上に生息する全ての生物は，長い年月にわたる進化の過程で遺伝変異と自然選択を繰返し，生育環境に最も適応した遺伝子型だけが生き残ってきたと考えるべきである．また，栽培植物は野生の面影を残さないほどに改変され，もはや自然界では生き残れなくなってしまっている．この意味で栽培植物は自然生態系の中では，生物的隔離状態にあると見なすことができる．

Agrobacterium tumefaciens に寄生するプラスミドの感染による組換えDNAは，自然界でも起こっている現象であり，組換えDNA自体が新たな人為操作とは言えない．自然でも組換えDNAにより病原バクテリアの薬剤耐性遺伝子などが種の壁を越えて移行している可能性は否定できない．したがって，生物種の壁を越えて遺伝子を移行すること自体に危険が潜んでいて，科学フィクションに登場するような人智を越えた機能をもつ新生物が出現して増殖する可能性は考えられない．

ところで，組換えDNA技術によりバクテリアの遺伝子を導入して育成された除草剤耐性ダイズや虫害抵抗性トウモロコシは，アメリカ合衆国，カナダ，アルゼンチンなどで大規模に栽培されるようになっている（第5章参照）．このようなバクテリアなどの遺伝子を人為的に導入し開発されたGM作物を野外圃場で栽培することは，植物進化上でも，また作物改良の歴史の中でも未経験の出来事である．このため，栽培圃場を含む耕地生態系ならびにその周辺の自然生態系に対して，GM作物の栽培が与える影響を注意深く調査する必要がある．

組換えDNA実験の危険性の認識とその防御対策を検討する国際会議が1975年にアメリカ合衆国サンフランシスコ郊外のアシロマで開催された．この会議は新技術の開発により発生する危害に対して科学者が自らリスクを回避するための提案を行った点で画期的といえる．アシロマ会議を契機としてGMO（Genetically Modified Organism）がもたらす可能性のある危害，すなわちバイオハザードやGMOが周囲の環境におよぼす直接・間接的影響についての研究がにわかに注目されるようになった．

1986年には，農業および環境における組換えDNA技術由来生物の安全使用のための最初の国際的枠組みが「組換えDNAの安全性に関する考察」として発表された．この中では，既往の知見や研究成果を分析・検討した結果，組換えDNA技術は，従来からの育種技術と本質的に異なるものではなく，環境や健康に対する安全性に関する多くの知見の蓄積もあり，組換えDNA技術により作出される GM 作物やその生産物などの安全性評価のための特別立法を必要とする科学的根拠はないとされた．

GM 作物の場合，周囲生態系への影響については二つの可能性が考えられる．その一つは，GM 作物自体が人の手で管理された栽培環境から逃亡して雑草化する可能性である．もう一つは，GM 作物と周辺に生育する近縁野生植物との自然交雑により，GM 作物に組み込まれた外来遺伝子が流出する可能性である．GM 作物の雑草化の可能性は小さいとみられるが，GM 作物からの遺伝子流出の可能性は大きく，生態系への影響も深刻なものとなる場合も想定される．

ところで，東南アジアでは栽培イネ（*Oryza sativa*）と容易に交雑する野生イネ（*Oryza rufipogon*）が栽培圃場の周辺の水路などに自生していて，両者の間で自然交雑が頻繁に起こっているばかりでなく，野生イネ（あるいはその栽培イネとの自然交雑種）が栽培イネの圃場の雑草となっている（森島，2001）．たとえば，除草剤耐性遺伝子を組み込んだ GM イネを開発して，東南アジアで栽培するとしよう．GM イネの除草剤耐性遺伝子は，早晩野生イネ集団に浸透し除草剤耐性の野生イネが発生する．そして，除草剤耐性の野生イネが栽培圃場の雑草として繁茂するようになれば，その除草剤はもはや利用できなくなる．

GM 作物の生態系への影響は，文部科学省が定める「組換え DNA 実験指針」ならびに農林水産省の「農林水産分野における組換え体利用のための指針」に基づき段階的に行われる．

タバコモザイクウイルス（TMV）の外被タンパク質遺伝子を導入して開発された TMV 抵抗性 GM トマトの生態系への影響評価を例として実験の流れを追うと図 16.6 のようになる（浅川ら，1992）．

第一段階の閉鎖系実験は，実験室内や隔離温室内で行われ，組換え体の生育状況をはじめ，結実性，花粉稔性，有毒成分産出性，導入遺伝子の発現などが調査された．

第二段階の非閉鎖系実験は，通常温室内などにおいて数十個体規模で行われ，閉鎖系実験で調べる項目に加えて自然交雑率，花粉飛散程度などを調べ

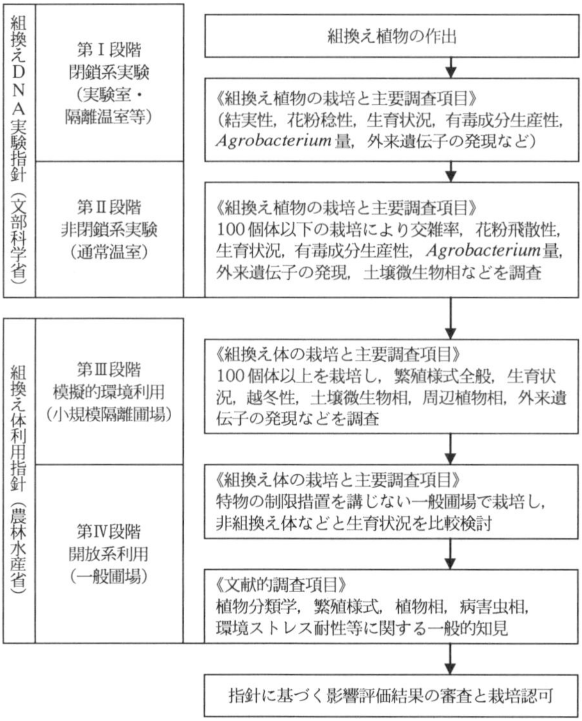
組換えDNA実験指針（文部科学省）
第Ⅰ段階
閉鎖系実験
（実験室・
隔離温室等）
第Ⅱ段階
非閉鎖系実験
（通常温室）
組換え植物の作出
《組換え植物の栽培と主要調査項目》
（結実性，花粉稔性，生育状況，有毒成分生産性，
Agrobacterium量，外来遺伝子の発現など）
《組換え植物の栽培と主要調査項目》
100個体以下の栽培により交雑率，花粉飛散性，
生育状況，有毒成分生産性，Agrobacterium量，
外来遺伝子の発現，土壌微生物相などを調査
組換え体利用指針（農林水産省）
第Ⅲ段階
模擬的環境利用
（小規模隔離圃場）
第Ⅳ段階
開放系利用
（一般圃場）
《組換え体の栽培と主要調査項目》
100個体以上を栽培し，繁殖様式全般，生育状
況，越冬性，土壌微生物相，周辺植物相，外来遺
伝子の発現などを調査
《組換え体の栽培と主要調査項目》
特物の制限措置を講じない一般圃場で栽培し，
非組換え体などと生育状況を比較検討
《文献的調査項目》
植物分類学，繁殖様式，植物相，病害虫相，
環境ストレス耐性等に関する一般的知見
指針に基づく影響評価結果の審査と栽培認可

図16.6　GM作物の環境影響評価のための栽培試験の流れ図
（TMV外被タンパク質遺伝子を導入したGMトマトの例,浅川ら,1992を参照作成）

た．ここまでは文部科学省の「組換えDNA実験指針」に沿って評価が行われた．

第三段階としての模擬的環境利用の評価は百～数百個体の規模で組換え体の生育状況，繁殖様式全般，耐寒性・越冬性，導入遺伝子の発現状況などが調べられた（写真13）．

最終段階の開放系利用実験では，特別の措置を講じていない一般圃場で生育状況が調査された．このほか，文献的調査として実験に用いられたトマトの由来や分類学上の位置，平均的な自然交雑率，越冬性，周辺植物相などの情報が収集された．

写真13　組換え作物の模擬的環境利用実験の行われる隔離圃場
（農業環境技術研究所：提供）

GM作物の最初の野外実験は，模擬的環境を利用して行われる．人によるGM作物の移動・盗難や動物の生態系の攪乱を防止するため，外周を人工柵で囲い，その中に樹木などの自然物で隔離したいくつかの圃場が設けられている．

（2）GM食品の安全性評価

太古の採集狩猟民は有毒・不快成分を含む植物を避け，あるいは加工により解毒・低毒化して食料とし，また，農耕民は無毒な変異体を選抜して栽培植物の改良をはかってきたと考えられる．

このようにして日常食されている多くの食品の安全性は，数万年にわたる人類の歴史の中で知恵と経験により確認されてきたと言える．一方，近年になり人為的に合成されるようになった食品添加物などについては，化学的分析や生物的評価などの科学的な方法により安全性が確かめられてきた．

ところで，組換えDNAにより開発されるGM作物やGM微生物から生産されるGM食品は，二つに類別できる．一つは食品添加物や抽出成分などのように組換え遺伝子の産物だけが純粋な有機物質として人の口に入る「間接的GM食品」であり，もう一つは穀物や野菜・果物などとして組換え体を直接食べる「直接的 GM 食品」である．前者では，組換え遺伝子自体は食品中には混入しないが，後者では，組換え遺伝子ならびにその産物が食品中に混入する．したがって，両者の間には安全性の評価・確認の仕方に多少の違いがでてくる．また，一般の人々の受け入れ方にも差異がある．

わが国では，GM 食品の安全性は GM 作物の環境影響評価と同様に，安全指針に沿った確認が行われていた．しかし，2001 年以降は食品衛生法により安全性の確認が義務づけられ，安全性が確認されていない食品の流通と販売が禁止されている．

組換え DNA 技術を使って生産される食品添加物としては，α－アミラーゼ，キモシン，リパーゼ，リボフラビンなどがあり，いずれも安全性が確認されている (鎌田，2001)．これらの酵素やビタミン類は，組換え微生物や組換え植物が生産する成分であり，組換え生物体から純粋な化学物質として抽出されたものであり，混入物がない限り組換え DNA 以外の技術で生産されるものと本質的に異なるものではない．

なお，組換え DNA は自然界でも起こっているという事実を根拠にして，人為的に作出される組換え体と同じものが自然界に存在する場合，GM 生物により生産される食品添加物などの間接的 GM 食品の安全性確認は省略できる．

穀物，野菜，果実など組換え体を直接口に入れる食品の安全性の確認では，実質的同等性の概念が重要になる．実質的同等性 (substantial equivalence) とは，GM 食品と非組換え食品とを比較して，組換え遺伝子の効果 (副次的作用も含む) 以外，構成成分や栄養成分などの食品特性に関して GM 食品が非 GM 食品と実質的に違いがない状態をいう．実質的同等性は，安全性確認の必要条件であって十分条件にはならない．

GM 食品の安全性の確認にあたっては，組換え DNA 技術が使われたか否かではなく，外来遺伝子の由来や特性，寄主生物種や食品原料となる GM 作物の特性などに関する知見を総合して判断を下すことがとくに重要になる．

GM 食品の安全性評価には，遺伝子の機能発現に関する分子生物学的な知見が重要である．遺伝子自体は，全ての生物細胞に普遍的に存在し，私たちは物質としての DNA を日常口に入れている．したがって，組換え DNA により作物に導入され食品に混入する外来遺伝子自体が問題になるのではなく，その遺伝子の情報が転写・翻訳されて作られるタンパク質の生物的機能が問題となる．タンパク質には，酵素としての機能を発揮するもの，毒性をもつものやアレルゲンとして作用するものなどがある．

そこで，外来遺伝子が食物として利用されたことのある生物に由来するのか，あるいは利用されたことのない生物に由来するのかをまずチェックする必要がある．いずれにせよ，転写の有無とタンパク質が合成されるか否かが点検され，タンパク質が合成される場合，そのタンパク質の毒性，アレルゲン性，酵素活性などを調べる必要が生ずる．合成タンパク質に酵素活性がある時には，代謝機能，代謝産物，食品としての安全性などを検討する必要がある．外来遺伝子により作られる酵素により合成される産物が安全性確認済みの食物には含まれておらず，従来の知見では安全性が確認できないものであれば，急性毒性試験では有毒でなくても慢性毒性試験を実施する必要がある．

現在の組換え DNA 技術では，外来遺伝子をゲノムの所定の位置に一定数組み込むことができない．したがって，外来遺伝子の挿入位置により，非組換え体では働いていた遺伝子が機能を失ったり，サイレントであった遺伝子が発現したりする可能性をまったく否定することはできない．このため，実質的同等性の確認が必要になる．

外来遺伝子が作るタンパク質は，胃腸の中で分解・消化されアミノ酸として吸収される．そこで，外来遺伝子の作るタンパク質については，人工胃・腸液による消化実験が行われる．そのタンパク質が従来の食品に含まれていない場合，既知の有毒タンパク質やアレルゲンタンパク質との構造的類似性や実験動物による急性毒性やアレルゲン性の試験が行われる．

最近では，生物工学技術，とくに組換え DNA 技術の進展により，さまざまな遺伝子組換え食品や食品添加物が生産され，販売されるようになっている．人や動物にとって本来食物は異物であり誰にでも絶対的に安全な食物はない．従来の食品の安全性を人の知恵と経験で確かめ高めてきたのと同様に，GM 食品の安全性は人の英知と科学技術により確認していく必要がある．

第 17 章　品種登録と種苗増殖

農作物の品種は，最も重要な農業生産資材であるばかりでなく，品種の育成には長い年月，高度な技術，多大の経費が必要である．また，国際間ならびに地域間の競争が激化している昨今，国際競争力の高い農産物や加工製品の生産には，すぐれた特性をもつ品種の育成がきわめて重要である．このため，工業製品の開発における特許と同様に，作物品種の権利も適正に保護されなければならない．

農作物の品種の登録には，品種の育成者の権利を保護するための種苗法に基づく種苗登録と新品種の普及・奨励および種苗生産を促進するための農作物品種命名登録規程に基づく命名登録（いわゆる農林登録）とがある．種苗登録は，いわば植物特許とも言えるもので，育成者の権利が種苗法により保護される．また，特許料に相当する実施料を種苗販売業者から徴収することができる．

品種の登録が行われ，普及奨励を円滑に行うには，種苗の供給が不可欠となる．種苗の増殖は，作物の繁殖様式と不可分の関係にある．種子繁殖性作物は，種子増殖による種苗の生産が行われるし，栄養繁殖性作物では塊茎根，球茎根，挿木，接木などの通常の無性繁殖体による増殖のほか，組織培養によるメリクロン，マイクロチューバ，苗条原基などによるクローン増殖が一部の作物では行われている．

1．種苗登録による育成者の権利保護

わが国では，主要な農作物の育種が国や都道府県の国公立の試験研究機関で行われ，奨励・普及も公的機関が主体的に実施してきた．また，旧食糧管理法の下では，米麦など主要農作物の種苗の生産や流通が公的機関により行われ，その価格も食糧の価格と連動していた．このため，品種や育成者の権利が意識されることが少なく，野菜類や花卉類などの種苗を除き，現在でもイネ，コムギ，ダイズなどの主要な農作物の種子は，市場原理に基づく価格

形成が行われていない.

しかし，欧米などの先進諸国では古くから民間育種が盛んで，作物品種と育成者の権利問題に関する関心が高かった．国際的には，植物の新品種保護のための国際条約（UPOV）の批准国が増加し，新品種保護の考え方が世界的に広まった．また，1992年に採択された生物多様性条約（CBD）では，農作物の地方品種などの遺伝資源の原産国主権や農民の権利などの問題が論議され，さらに，最近では生物工学技術や分子生物学の発展に伴い，遺伝子特許の問題なども論争の的になっている.

わが国でも，作物育種における民間活力の重要性と品種や遺伝資源の権利意識の高まりに呼応して，1978年には名称登録に重点をおいていた旧農産種苗法が改正され，育種家の権利保護のための種苗法が制定された．また，UPOV条約の改正，生物多様性条約の批准ならびに生物工学技術の発展など，諸般の情勢変化に対応して1998年には種苗法の一部改正が行われた.

現行の種苗法では，全ての栽培植物（種子植物類，しだ植物類，せんたい類，多細胞藻類など）ならびに政令で指定するきのこが種苗登録の対象とされている.

種苗登録の用件としては，次の5項目が満たされる必要がある.

① 区別性（distinctiveness）･･･既存品種と形状，品質，耐病虫性などの重要な形質で明確に区別できること

② 均一性（uniformity）･･･同世代の植物の形質が十分に類似していること

③ 安定性（stability）･･･通常の増殖法で増やした植物の形質が安定していること.

④ 未譲渡性･･･出願日から1年より以前に出願品種の種苗や収穫物を譲渡していないこと．だたし，外国での譲渡は国内の出願日から4年（永年性植物は6年）以内であること.

⑤ 名称の適切性･･･登録出願品種の名称が既存品種や登録商標と紛らわしいものでないこと.

これらの要件のうち，区別性，均一性および安定性は，登録出願品種に関わる要件である．種苗登録しようとする品種は，既存の品種とはっきりと区

別でき，その品種内の植物個体の形質がよく揃っていて，通常の繁殖法により増殖される子孫に親の形質が安定的に遺伝することが必要である．ここで注意する必要があるのは，有用性（または優秀性）は登録の要件とはならないことである．有用性は種苗登録ではなく，次に述べる農林登録で担保されることになる．

種苗登録の出願は，農林水産大臣に対して行う．出願に必要な書類としては，登録出願品種の特性などを記載した説明書および植物体の写真などである．種苗登録には，栽培試験，現地調査ならびに資料調査に基づく特性審査と名称の適否，未譲渡性の確認および出願者の適切性などが審査される．

種苗法による品種登録が行われると，育成者権（breeder's right）が発生する．育成者権をもつ者は登録品種（従属品種や明確に区別できない品種などを含む）を業として利用する権利を専有できる．したがって，育成者権をもつ者以外は，許諾を得ないで登録品種を業として利用することができない．ここで「業」とは種苗の生産や販売を目的とするビジネスをいう．「従属品種」とは，登録品種のごくわずかな特性のみを変化させて育成された品種をいう．種苗法の施行規則では，変異体の選抜，戻し交配育種，遺伝子組換え，細胞融合などにより育成される品種は，ごくわずかな特性のみを変化させた結果であるとされ，従属品種として区別し，これらには親品種の権利が及ぶ．しかし，従属品種といえども，それらの開発には通常の育種と変わらない，あるいはそれ以上の労力と時間を必要とする．したがって，育種の方法と結果の違いにより育種者権の及ぶ範囲を変えるのはきわめて不合理と言わざるをえない．

育成者権の存続期間は，果樹，林木，観賞樹などの永年性植物では25年，それ以外の植物では20年と定められている．育成者権をもつ人は，登録品種を独占的に種苗の生産や販売などに利用することができる．また，登録品種の種苗などの利用を他者に許諾して利用料を得ることができる．

例外として育成者権は次の場合には行使できない．

①　育種その他の試験研究のための品種の利用・・・新品種育成のための使用や登録品種の特性調査のための種苗増殖．

② 農業者の自家増殖・・・農業者が登録品種の種苗を用いて収穫物をえて，自己経営においてさらに種苗として用いること．ただし，特別に契約を締結した場合と省令で定める19種の草花類，3種の観賞樹（アジサイ，バラ，ポインセチア），1種のきのこ（シイタケ）には育成者権が及ぶ．

2. 農林番号登録と新品種の奨励普及

わが国の国公立の試験研究機関が育成する農作物の品種登録制度は，昭和の初期年代にはじまり，最初の登録は小麦「農林1号」が1929年，水稲「農林1号」が1930年に行われた．その後，70年以上にわたり命名登録された農林番号品種は，2002年現在88種類の作物1640品種に達し，わが国の農業の発展に計り知れない貢献をしてきた（表17.1）．農林番号登録は一種の名称登録であるが，登録品種の優秀性を国が保障し普及・奨励をはかる制度でもある．

農林番号登録にあたっては，育成者が各作物の育成系統ごとに「新品種決定に関する参考成績書」を作成し，試験研究機関を通して農林水産省に設置された農作物新品種命名登録審査会に提出する．この審査会は作物育種の専門家，農業団体や消費者団体の代表，ジャーナリスト，言語の専門家などにより構成され，育成機関から提出される複数の品種名（農林番号品種に付けるニックネーム）の中から登録特許・名称に抵触しないことを前提に，品種の由来や特性を踏まえ，言葉としての適切な名称を選定する．審査結果に基づき，農林水産大臣から新品種登録証書が交付される．

農林登録品種の種苗の品質管理と普及・奨励を目的として，都道府県ごとに奨励品種を選定し，それらの原々種や原種の生産を公立試験研究機関が行うこととなっている．イネ，コムギ，ダイズなどの主要農作物に関しては，主要農産物種子法により奨励品種の決定や種子生産の責任が都道府県に課せられ，事業に必要な資金の一部を国が補助している．

奨励品種決定調査は基本調査と現地調査とから成り立っている．基本調査は原則として3年にわたり実施され，初年目の予備調査には，各育成地から送られてくる全系統を供試するが，望ましくない系統は，2年度以降の本調査

表 17.1　農林水産省育成農作物品種数（農林水産省，2002）

作物名	登録品種数	作物名	登録品種数
水稲	429	ヤーコン	1
陸稲	59	エンドウ	9
小麦	156	シカクマメ	1
皮麦	35	インゲンマメ	1
裸麦	33	ミカン	14
二条大麦	20	タンゴール	8
エンバク	10	タンゼロ	3
ハトムギ	3	ブンタン	4
サツマイモ	57	キンカン	1
ジャガイモ	46	リンゴ	17
ダイズ	124	モモ	24
アズキ	14	スモモ	2
ラッカセイ	14	ナシ	22
ソバ	2	カキ	10
アマランサス	1	クリ	7
ナタネ	47	ブドウ	20
ハッカ	11	ビワ	4
ヒマワリ	1	パインアップル	4
ジョチュウギク	1	ウメ	2
イグサ	7	オウトウ	1
アマ	4	チューリップ	24
チョマ	2	ツツジ	3
ワタ	9	ユリ	7
コンニャク	4	キク	7
テンサイ	24	ツバキ	3
サトウキビ	16	イタリアンライグラス	19
ゴマ	1	オーチャードグラス	9
チャ	49	チモシー	6
クワ	20	トールフェスク	3
イチゴ	20	メドウフェスク	2
トマト	30	ペレニアルライグラス	6
ピーマン	2	ハイブリッドライグラス	1
ナス	3	スムーズブロムグラス	1
トウガラシ	3	バヒアグラス	4
キュウリ	5	ダリスグラス	1
メロン	5	ローズグラス	2
スイカ	3	ギニアグラス	3
ユウガオ	1	カラードギニアグラス	2
ハクサイ	2	アカクローバ	5
キャベツ	2	シロクローバ	5
タカナ	1	アルファルファ	7
ナバナ	1	トウモロコシ	62
タマネギ	8	ソルガム	14
アスパラガス	1	飼料かぶ	3
総計	88作物	1,640品種	

には供試しない．調査データは育成地に報告され，予備調査で成績のよくない系統は，次年度以降配布を中止する．数平方メートル規模の試験区を設け，予備調査は 2 回反復，本調査は 3～4 回反復の乱塊法などにより施肥水準を変えた試験（標肥区と多肥区など）が行われることが多い．

調査される生育特性は，作物の種類により異なるが，イネでは出穂期，成熟期，稈長，穂長，穂数，倒伏程度，病害虫の発生状況など，収量・品質関連では，全重，玄米重，玄米重比率，玄米千粒重，玄米品質などが調査される．一方，現地調査は予備試験を通過して本試験に編入された有望系統について行われる．都道府県内の自然・経済条件を勘案して設定される奨励品種適応地域ごとに，栽培試験圃場を設定する．現地試験は農業改良普及センターの農業改良普及員が担当して，栽培管理は農家に委託し，生育調査や収量・品質調査は担当普及員と農業試験場の奨励品種決定試験担当者が協力して実施する．

都道府県ごとに開催される奨励品種審査会では，試験研究機関，農業改良普及センター，農業団体，民間育種関係団体の関係者，実需者，学識経験者などの意見を聞き，奨励品種を決定する．

奨励品種の採否にあたっては，収量，品質，病害虫抵抗性，その他の特性を勘案した総合評価で，既存の奨励品種より明らかに優れているか，あるいは栽培・利用上有用な特性があり普及の意義があると認められる上に，普及地域の需要を満たす十分な種子量が確保されていると判断される場合，育成系統を新たな奨励品種として決定する．

3．種苗の増殖

新品種の普及には，円滑な種苗の供給が必要である．種苗増殖では，増殖効率と共に，増殖種苗の品質（固有特性と純度）の維持がきわめて重要である．新品種固有の特性をよく知っている育種家自身により管理されている育種家種子（breeder's seed）は，遺伝的純正度の高い系統として維持される．品種固有の特性をもつ系統から原々種（foundation seed）が作られ，それから原種（registered seed）が生産され，さらに，一般に市販される保証種子（certified seed）が生産される．

種苗増殖は繁殖様式と深く関わっている．種子繁殖性作物でも，自殖性か他殖性かにより種苗増殖の方法が異なる．

（1）自殖性作物の種苗増殖

イネやコムギなどの自殖性作物の種苗増殖は，通常種子繁殖により行われる．自殖性作物の純系品種は，理論的には全ての遺伝子座がホモ接合化していて，単一の遺伝子型の集団とみることができる．しかし，現実には未固定の遺伝子座の分離ならびに自然交雑（イネやコムギでは4％以下）や自然突然変異（遺伝子座当たり 10^{-5} 程度）による遺伝的分離，あるいは物理的な混入などにより遺伝的純度が低下する．

したがって，育種家種子の維持・管理では，数～十数の株別の自殖系統が養成され，分離系統や品種固有の特性をあらわさない系統が淘汰される．また，原々種の系統栽培や原種の集団栽培では，作物の育種や栽培の専門家の注意深い観察により，品種固有の特性を示さない個体や異なる特性をもつ系統や個体が除去される．さらに，農業団体や農家に委託して行われる保証種子の採種栽培では，異なる特性をもつ個体を除去するとともに，他品種種子の機械的混入などをさけるための細心の注意をはらって収穫・調整作業が行われる．

遺伝資源の保存の場合と同様に，原種の増殖・更新にあたっては，集団規模を十分に大きくする必要がある．そうしないと，標本抽出に伴う機械的浮動による集団構成の変化が起こる．そこで，低温貯蔵施設を活用した長期保存により数年ごとに原々種を更新することが多くなっている．

わが国では，イネやコムギなどの自殖性作物の場合，新たに育成された品種の育種家種子は，奨励品種として採用する都道府県の農業試験場の原種担当者に譲渡され，系統栽培により維持される場合が多い．そのほか系統混合法，集団栽培法，株保存法，低温貯蔵法などがある．

①　系統栽培法･･･系統別に栽培して，分離系統や変異系統を淘汰するとともに，品種固有の特性を備えた系統を選抜し，その中から代表的な個体を

選抜して次世代の系統種子とする．また，選抜系統の残余種子を混合して原々種とする．

② 系統混合法・・・原々種集団の中から個体選抜を行い，次年度に系統養成を行い，分離や変異のみられる系統を淘汰し，収量性の高い上位約半数の系統を選抜し，混合採種して原々種とする．

③ 集団栽培法・・・原々種集団の中から変異株を除去し，集団採種して原々種とする．

④ 株保存法・・・原々種を個体別にポット栽培し，温室などで越冬させ，集団採種して原種とする．

⑤ 低温貯蔵法・・・系統栽培法や集団栽培法などにより採種した原々種を数年間低温貯蔵し，数年ごとに原々種の増殖を行う．

イネやコムギなどの主要作物の種子に関しては，主要農産物種子法の規程により農林水産省の行政部局ならびにその傘下の独立行政法人・農業技術研究機構の試験研究機関をはじめ，都道府県の行政部局と試験研究機関，全国種子協会とその下部組織，農業協同組合，種子生産組合，種子生産農家などの官民組織が協力して，生産と流通を進めている．

(2) 他殖性作物の種苗増殖

他殖性作物の種苗増殖については，トウモロコシや野菜・花卉類などのような一代雑種品種と牧草類などの開放受粉品種や合成品種とでは異なる方法がとられる．

一代雑種品種では，親となる二つ（または，それ以上の複数）の近交系を別々に増殖する．トウモロコシなどのデント×フリントの単交配による一代雑種品種では，デント種の近交系とフリント種の近交系を自殖性作物の純系品種と同様な方法で維持・増殖する．ただし，自殖性作物の純系とは異なり，他殖性作物の自殖系統の維持・増殖にあたっては，袋掛けなどによる株ごとの厳重な隔離，あるいは人工交配による自家受粉が必要である．通常は数年ごと数十個体を栽植し，雌穂に袋掛けを行って自殖系統の花粉を混合して授粉し採種する．その際，異型とみられる個体は除去する．

開放受粉品種や合成品種の育種家種子の維持・増殖では，機械的浮動などによる集団構成の歪みをさけるために，最低100個体，できれば数百個体の集団を養成することが望ましい．この場合，母本とする雌株列と父本とする雄株列を予め決めておいて，近親交配をさけるために，各列の1個体づつを対にして行う並立交配がよく行われる．

風の強さ，地形，障害物の有無などによって異なるが，トウモロコシの花粉は最大で水平距離としては2000 m，垂直15 m付近まで飛散することが知られている．花粉原から50〜75 m付近で花粉汚染が最大となり，圃場の中央の株は周辺株よりも外来花粉による汚染が減少することが確認されている．わが国では，開放受粉品種や合成品種の原・採種圃の隔離距離は，200 mが一応の基準とされているが，平坦な地形で障害物のない場所では，300 m以上の隔離距離をとる必要がある．

一代雑種品種の採種圃では，母本系統と父本系統の開花期を一致させることが採種効率を高める上で重要である．そこで，両親系統の開花期が異なる場合には，播種期を変えて出穂・開花期を合わせることが必要である．通常母本系統を適期に播種し，父本系統の播種期を変えて出穂・開花期を合わせる．出穂期は気温の違いなどにより変動するので，父本系統の播種期を2回以上に分散させることもある．わが国の採種圃栽培では，父本系統1畦に対して母本系統を3畦を交互に栽植する．アメリカ合衆国における単交配雑種の採種圃では，母父本の栽植比率は3：1，2：1あるいは4：1などが普及している．

採種圃の栽植密度は，一代雑種種子の生産効率に大きな影響を及ぼす．生育量の少ない系統は密植し，父本系統は株間を狭くして母本系統よりも栽植密度を高める．また，花粉量の少ない系統は1株2本立てとすることもある．母父本系統とも幼苗時，出穂前，収穫前の3回程度圃場を見回り，葉色や草型の異なる異型株を探して除去する．一代雑種品種の採種栽培では，受粉制御，とくに母本系統の自家受粉や同類交雑を防ぐことが重要である．

中国で大規模に栽培されている一代雑種イネ（F_1 hybrid rice）の一代雑種種子の生産には，細胞質雄性不稔を活用した採種体系が開発され利用されている.

(3) 栄養繁殖性作物の種苗増殖

栄養繁殖により種苗を増殖する農作物は多い. ジャガイモ, サトイモ, ナガイモ, コンニャクの塊茎, サツマイモ, サトウキビ, イチゴ, チャや花木類の挿木や取木, 果樹類の接木, 球根花卉類の球根茎など栄養繁殖の方法はさまざまであるが, クローン増殖という点では共通している.

有性的な種子繁殖と異なり, 無性的な栄養繁殖は遺伝的組換えによる遺伝変異は伴わないが, 自然発生的な染色体異常あるいは遺伝子突然変異などによる体細胞変異が発生する可能性は少なくない. したがって, クローン増殖だから遺伝変異はないという前提で増殖を行うのではなく, 変異は起こるという前提で種苗増殖にあたることが大切である.

栄養繁殖による種苗増殖では, 増殖効率とウイルス病の感染が重要な問題となる. このため, ジャガイモ, サトウキビ, チャなどの栄養繁殖作物の原々種や原種の生産は, クローン増殖に適した環境や施設をもつ独立行政法人・種苗管理センターが国の支援を得て行っている.

主要な食料作物の一つとなっているジャガイモに例をとると, 多くの国々で種いもの増殖過程の全部または一部を国などの公的機関が実施している. アメリカ合衆国, カナダ, 韓国などでは, 原々種の生産は国や州の大学や試験研究機関で行われ, 原種や保証種子の生産は国や州の機関の指導下で, 民間機関で実施されている.

わが国のジャガイモの種苗生産は, 1927 年以来国庫補助事業として都道府県に委託して行われてきた. 1947 年には当時の農林省が春・夏作ジャガイモの種いも生産のため直轄の原々種農場を全国に 7 箇所 (北海道中央, 十勝, 後志, 胆振, 青森上北, 群馬嬬恋, 長野八ヶ岳) 設置し, 1967 年には秋作ジャガイモのための原々種農場を長崎・雲仙に追加した. これらの農林水産省の原々種農場は, 2000 年の機構改革により独立行政法人・種苗管理センターとなった.

種苗管理センターで生産されるジャガイモの原々種は, 委託栽培の原種圃

表 17.2　ジャガイモの原採種体系（入倉，1985一部改変）

種苗の区分	増殖段階	生産機関	備考
基本系統	組織培養	原々種農場	ウイルスフリー化
ウイルスフリー系統	網室内養成	同上	一次増殖
基本種	基本圃	同上	同上
原々々種	増殖圃	同上	同上
原々種	配布圃	同上	同上
原種	原種圃	原種農場（委託）	二次増殖（防疫検査）
配布種いも	採種圃	採種組合（民営）	三次増殖（防疫検査）

に配布され，さらに，原種圃で生産される種いもは採種組合などの民営採種圃の種いもとなる．採種圃で生産される種いもが一般農家に配布される．基本系統の養成から基本種，原々々種，原々種，原種，配布用種いものいずれの段階でも健全な種いもを生産するためには，主要病害，とくに，ウイルス病に罹病した個体を除去して，健全な種いもを厳重に選抜して増殖するのが基本である．現在では，成長点培養などの組織培養によるウイルスフリー化技術が普及している（表 17.2）．

4．組織培養によるクローン増殖

自然界の植物は，種子などによる有性生殖体や塊茎，球根，根茎など無性生殖体により繁殖する．農作物の栽培では，自然繁殖のほか，接木，挿木，取木，葉挿，株分けなど，さまざまな方法で人為的に増殖される．最近では，らん類のメリクロンやジャガイモのマイクロチューバなど組織培養技術によるクローン増殖が実用化されている．また，成長点や単細胞に由来する苗条原基や多芽体などを活用して，人工種子の開発も期待される．

植物の茎葉根などの器官から植物体を再生させるクローン増殖では，稀に発生する自然突然変異を除けば，原則として親と同一の遺伝子型が再生されるとみることができる．しかし，人工培地を使う組織培養により成長点や組織・細胞から植物体を再分化させるクローン増殖では，体細胞変異の発生に注意する必要がある．とくに，カルスから再分化する植物体には，遺伝子ならびに染色体レベルの体細胞突然変異が多発することが明らかにされている．このため，組織培養によるクローン増殖では，遺伝的安定性の高い経路で植

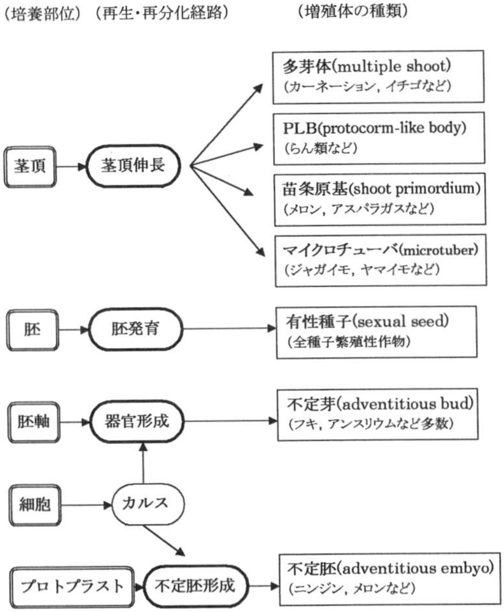

図 17.1　植物体の再生経路と増殖（大澤，1994 一部改写）

物体を再生させることが重要になる．大澤（1994）によると，組織培養による植物体の再生経路は四つに大別される（図 17.1）．

①　茎頂伸長・・・植物の茎頂は分裂組織と第 1，第 2 分化葉原基からなる．茎頂培養では，1 茎頂から 1 個体の植物を再生する方法と，第 1，第 2 葉の腋芽原基から複数の植物個体を再生する方法（腋芽誘導）とがある．いずれの方法も成長点から植物体を再生させるので，原則的には遺伝的変異は発生しないと考えられる．後者の腋芽誘導には，イチゴなどの多芽体をはじめ，らん類などの増殖に有効な PLB（Protocorm-Like Body），メロンなどの茎頂の回転培養により誘導される苗条原基（shoot primordium），ジャガイモなどの腋芽にできるマイクロチューバ（microtuber）などが含まれる．

ところで，茎頂培養は遺伝変異の少ない安定したクローン増殖法の一つであるばかりでなく，植物体に感染した病原ウイルスを排除して，ウイルスフリー植物を育成する手段として活用されている．植物成長点などの分裂の盛んな細胞には，病原ウイルスが寄生していない．そこで，ウイルスの感染していない成長点細胞から無菌的に再生される植物体は，ウイルスフリーとなる．この方法でイチゴ，カーネーション，ジャガイモ，サツマイモなどの多種類の栄養繁殖性作物では，ウイルスフリー種苗の実用生産が行われている．

② 胚発育・・・通常，胚は植物体上で発育して種子を形成する．植物体から胚を切り出して人工培地上で無菌的に培養すると，種子形成が行われず植物体が再生する．茎頂培養とは異なり，胚培養により再生し増殖される植物は，親植物の次世代の植物である．種子は最も遺伝的に安定で効率的な繁殖体であるから通常の種子繁殖のできる植物の増殖には，胚培養は有効な手段とはならない．遠縁交配などにより胚が順調に発育しない場合，人工培養による胚救済（embryo rescue）が行われる．西ら（1959）はハクサイとキャベツの種間雑種胚を人工培養して，新作物ハクランの開発に成功した．

③ 器官形成・・・組織や細胞の人工培養により本来発生しない部位から不定芽や不定根を再分化させることを器官形成という．器官形成には，オーキ

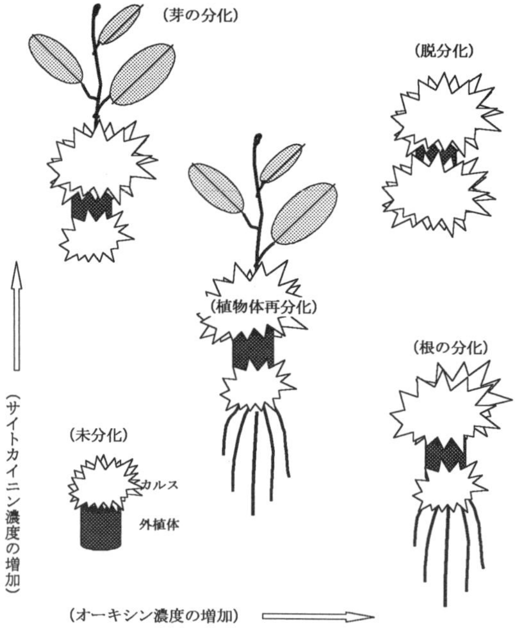

図 17.2　組織培養における器官分化の模式図

シンやサイトカイニンなどの植物ホルモンのバランスが大きな影響を与える(図 17.2). さまざまな種類の植物で不定芽誘導が可能であるが, 外植体を採取する親植物の品種, 生育段階, 部位などにより再分化の効率が変化する. 培養細胞などから器官形成を誘導する過程では, 脱分化によりカルスが形成され, カルスから器官が再分化する場合が多い.

④　不定胚形成・・・組織や細胞の人工培養により, 球状ないしハート形の極性をもつ胚状体を誘導して植物体を再分化させることを不定胚形成と呼んでいる. 多くの植物種で不定胚形成の例が報告されているが, 農作物の種類により誘導の難易度が異なる. 大澤 (1994) によると, 不定胚誘導の比較的容易な作物は, ニンジン, パセリ, セルリー, タバコ, オレンジ, ブドウ, コーヒー, ワタ, アルファルファなどがあり, 不定芽誘導に成功していない作物として, トマト, ダイコン, イチゴ, スイカ, ホウレンソウ, タマネギ, サトイモ, アズキ, クワ, キウイフルーツなどがあげられる. また, 不定芽誘導が困難とされていたが成功した例には, イネ, コムギ, トウモロコシ, ダイズ, サツマイモ, ライムギ, メロンなどの主要な農作物が含まれる. 作物の種類ごとに不定芽誘導条件が異なるが, 忍耐強く条件を探すことにより, 大抵の農作物で不定芽誘導が可能と考えられる.

組織培養によるクローン増殖では, 茎頂や胚などの通常の植物器官から再生する植物体には, 遺伝変異がほとんど発生しない. また, 胚軸やプロトプラストなどから直接器官形成や不定胚形成により再分化する植物にも遺伝変異は少ない. しかし, 細胞などからカルスを経由して再分化する植物体には, 多くの遺伝変異が現れる.

組織培養に伴う遺伝変異, とくに脱分化してカルスとなり再分化する植物体に遺伝変異が多発する原因としては, 人工培地に加える植物ホルモンの影響による突然変異やカルス形成時の細胞分裂異常による染色体変異などが考えられている. 大澤ら (1994) はメロンの不定芽誘導過程で生ずる倍数性変異体の発生状況を調べた. 培養開始当初は全部の細胞が二倍体であったが, 培養日数の経過とともに二倍体細胞の割合が減少し, 三倍体から八倍体にいたる倍数性細胞が増加した. しかし, 培養細胞から再分化した植物は, 二倍体と四倍体のみであった．

また，ヤムイモの１種であるダイジョ種内には，三倍体から八倍体（2n＝3x〜8x）の倍数性変異が存在し，カルスから再分化する植物体に倍数性変異が生ずる可能性が考えられている．

さらに，Hirochika ら（1993，1996）はタバコやイネの培養細胞で活性化するレトロトランスポゾン（retrotransposon）を発見し，それらの単離と構造解明に成功した．人工培養条件で活性化するレトロトランスポゾンは，ゲノムの中を移動して構造遺伝子や発現調節領域などに侵入し，突然変異を誘発して培養変異の原因の一つとなっていると考えられる（写真７参照）．

5．DNA 分析による品種鑑定

作物のゲノムを構成する DNA のうち生育や繁殖に不可欠なタンパク質を作る構造遺伝子領域やそれらの発現調節領域は，全体の DNA の数〜数十％を占めるにすぎない．これらの領域の DNA が変化すると，遺伝子の発現が変化し，表現形質に変化が現れる．その他の大部分の DNA はジャンク DNA とも呼ばれ，存在理由も機能も全く不明である．

数億年にわたる植物進化の過程では，自然界の放射線や紫外線により植物ゲノムの DNA は繰返し変化してきたと考えられる．ジャンク DNA に生ずる変化は，植物の形態や機能には影響を及ぼさず自然選択を受けないため，長い年月の間に多くの変異が集積したと考えられる．

作物の品種や系統の識別に利用される DNA 多型は，ジャンク DNA に蓄積された変異である．DNA 多型（DNA polymorphism）とは，ゲノム上の特定の位置にある DNA 断片の塩基配列の変化をいう．染色体上の特定遺伝子座の複対立遺伝子は，１種の DNA 多型である．

Jeffreys ら（1985）により考案された DNA 指紋法では，親子鑑定や犯罪捜査のために DNA 構造の特異性，すなわち DNA 多型を活用して個人を識別する．この方法は作物品種の識別や鑑定にも利用することができる．

DNA 多型の検出には，制限酵素断片長多型（RFLP）とポリメラーゼ連鎖反応（PCR）とが利用できる．

(1) RFLP法

外来のDNA(ウイルスなど)をバクテリアが攻撃・破壊するために進化させた制限酵素は，あらゆる種類の生物のDNAを特定の塩基配列部分で切断することができる(表4.4参照)．作物のゲノムから抽出したDNAを何種類かの制限酵素を組み合わせて切断(消化)すると，多数のDNA断片を作りだすことができる．これらを電位差のあるゲル担体上において電気泳動すると，DNA断片の表面電荷，大きさ，形状などにより移動速度に差異が生じ，DNA断片を一方の電極から他方の電極にバードコード状に配列させることができる．

ところで，同一の生物集団内の個体間に不連続な遺伝変異が存在する状態を遺伝的多型(genetic polymorphism)という．DNA多型は遺伝的多型の1種であり，ゲノム染色体上の特定座位の遺伝子またはDNA断片にみられる塩基配列変異である．たとえば，ある作物品種集団内の特定個体Xのゲノム上の特定座位のDNA断片がATCGTA………**GAATTC**………GATCGTAC / TAGCAT………**CTTAAG**………CTAGCATGであり，ほかの個体YのDNA断片がATCGTA………**GAATAC**………GATCGTAC / TAGCAT………**CTTATG**………CTAGCATGであるとする．前者XのDNA断片の中央部の6塩基の配列…**GAATTC**…/…**CTTAAG**…が回文配列構造になっていて，制限酵素*Eco* RIは，この部位を認識してDNA断片を切断する．その結果，DNA断片は2分割される．一方，個体Yでは，制限酵素認識部位の右から2番目の塩基のTがA(またはAがT)に変化しているため，*Eco* RIが切断部位を認識できず，DNA断片は切断されない(図17.3)．

電気泳動により分離したDNA断片を1本鎖に解離後ナイロン膜に転写し，分析対象となるDNA断片と結合できる十分な長さのDNA断片を放射線や蛍光色素などで標識してプローブとし，ナイロン膜状に展開したDNA断片と結合させると，この図に示すように多型化したDNA断片がナイロン膜上にあらわれる．このようにして電気泳動像として認知できるDNA多型をRLFP(Restriction Length Fragment Polymorphism)という．

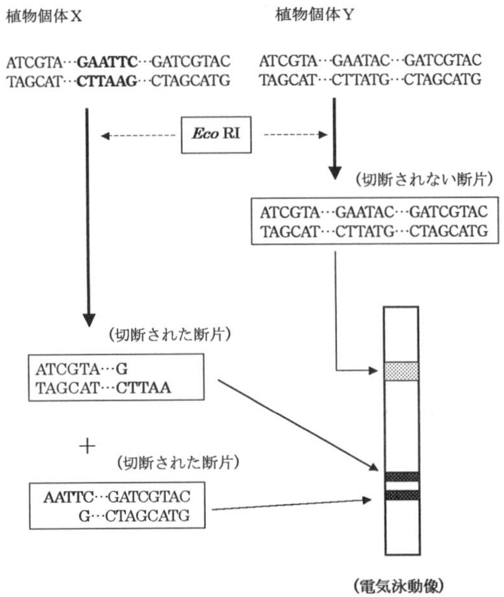

図 17.3　DNA多型の発生原理

反復配列がゲノム中に多数散在し，反復回数に顕著な多型がみられることがある．このような多数のミニサテライト様配列を検出できるように設計されたDNAプローブを多重座プローブ（MLP）という．MLPを用いたRLFP解析の結果のバンド型は，DNA指紋として，農作物の品種や系統の識別に活用できる．MLPを用いたDNA指紋は，作物の品種や系統の識別にきわめて有効であり，数種のMLPを併用すれば品種・系統間差異のみならず個体間差異まで効率的に検出可能である．

（2）PCR法

ポリメラーゼ連鎖反応（PCR）では，熱変成による2本鎖DNAの解離と温度下降に伴うポリメラーゼ反応による2本鎖DNAの再生とを繰り返すことにより，プライマーとなる短いDNA断片に挟まれた区間のDNA断片が増殖される．理論的には，n回のPCRの繰り返しによりDNA断片が2^n倍に増殖されることになる．

PCR法によるDNA多型の検出の原理は，図17.4のとおりである．

異なる作物品種からDNAを抽出し，熱変成により単鎖化する．2種類の12～15塩基からなるオリゴヌクレオチドをプライマーとして，4種類のヌクレオシド三リン酸とDNAポリメラーゼを加えて徐々に冷却する．このよう

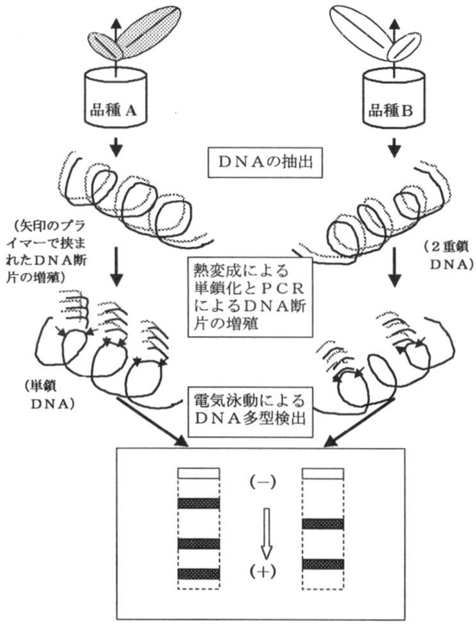

図17.4　PCR法によるDNA多型の検出原理

にして加熱と冷却を繰り返すと，2種類のプライマーに挟まれた領域の数十ないし数千の塩基をもつDNA断片がPCR反応により増殖される．増殖されたDNA断片を電気泳動により大きさにより分別して，エチジウムブロマイド染色を行えばバーコード状のバンドパターンが出現する．これがいわゆるDNA指紋（DNA fingerprint）と呼ばれる．こうして作物品種間や品種内個体間DNA構造の違いを識別できる．全く無作為に作成されるプライマーを用いてDNA多型を検出する方法をRAPD (Random Amplified Polymorphic DNA) 法と呼んでいる．RAPD法によりイネの35品種の識別が試みられ，Indica品種のすべてが識別された (橋詰ら，1992)．また，RAPD法によりジャガイモ品種の親子関係を部分的に明らかにできた (矢野，1993) (写真14)．

1992年からは種苗法に基づく品種登録の審査にもDNA分析が採用された．わが国では，種苗法により作物品種の権利が保護されているが，登録品種に権利侵害が社会問題となっている．農林水産先端技術産業振興センターが最近実施したアンケート調査では，作物の育成品種の約30％が許諾なしで種苗が生産される権利侵害を受けていることが明らかにされている (STAFF, 2002)．しかも侵害事例のうち36％は対抗策がなく，泣き寝入りの状態とされている．とくに，国内で育成された品種が海外に無断で持ち出され，生産物が逆輸入されているケースも少なくない．このような場合にDNA分析による品種鑑定が有力な対抗手段となることは間違いない．

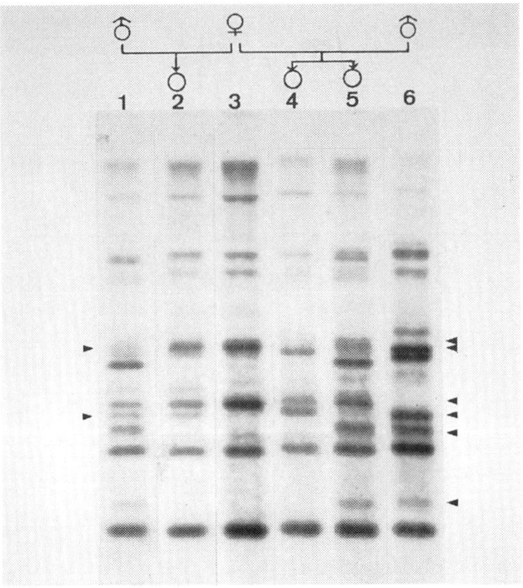

写真14　DNA指紋によるジャガイモ品種・系統の識別（矢野　博 氏：提供）
イネのrDNA (pRR 217) をプローブとし，制限酵素*Bam*HI切断RFLPによるジャガイモの品種・系統の識別.1：農林1号，2：オオジロ，3：男爵，4：農林2号，5：北海白，6：Pepo

参照文献

阿部　純・島本義也（2001）ダイズの進化…ツルマメの果たしてきた役割.「栽培植物の自然史」（山口裕文・島本義也偏）. 北海道大学図書刊行会. pp. 77-95.

Allard, R. W.（1960）Principles of Plant Breeding. John Wiley & Sons, Inc.

明峰英夫・菊池文雄（1958）日本稲雑種集団の遺伝子構成におよぼす環境の影響.「植物の集団育種法研究」（酒井寛一・高橋隆平・明峰英夫編）. 養賢堂. pp. 89-105.

Aronson, A. I.（1994）*Bacillus thuringiensis* and its use as a biological insecticide. Plant Breed. Rev. 12 : 19-45.

浅川征男・濱屋悦次・長谷部亮・松田　泉・佐藤　守・塩見正衛・鵜飼保雄・本吉総男・宇垣正志・野口勝可（1992）遺伝子組換えによってTMV抵抗性を付与したトマトの生態系に対する安全性評価. 農環研報告8 : 1-51.

Axtell, J. D.（1981）Breeding for improved nutritional quality. *In* : Plant Breeding II（Ed. by K. J. Frey）. Iowa State Univ. Press. pp. 356-432.

Barrett, S. C. H.（1983）Crop mimicry in weeds. Econ. Bot. 37 : 255-282.

Bateson, W. & R.C. Punnett（1905-1908）Experimental studies in the physiology of heredity. *In* : Classical Papers in Genetics（Ed.by J. A. Peters）（1959）. Prentice-Hall Inc. pp. 42-60.

Borlaug, N. E.（1959）The use of multilineal or composite varieties to control airborn epidemic diseases of self-pollinated crop plants. Proc. 1st Intern. Wheat Genetics Symp. pp. 12-27.

Briggs, F. N. and R. W. Allard（1953）The current status of the backcross method of plant breeding. Agron. Jour. 45 : 131-138.

Briggs, F. N. and P. F. Knowles（1967）Introduction to Plant Breeding. Reinhold Books in Agricultural Science.

Brim, C. A. and C. W. Stuber（1973）Application of genetic male sterility to recurrent selection schemes in soybeans. Crop Sci. 13 : 528-530.

Burton, J. W., E. M. K. Koinange and C. A. Brim（1990）Recurrent selfed progeny selection for yield in soybean using genetic male sterility. Crop Sci. 30 : 1222-1226.

Carter, G. R. and S. M. Boyle（1998）All You Need to Know about DNA, Genes and Genetic Engineering. Charles C. Thomas Publisher, Ltd. USA.（加藤郁之進監訳：「しっておきたいDNA, 遺伝子, 遺伝子工学の基礎知識」. 宝酒造株式会社）.

Choo, T. M., E. Reinbergs and K. J. Kasha（1985）Use of haploids in breeding barley. Plant Breed. Rev. 3 : 219-252.

Chrispeels, M. J. and D. E. Sadava（1994）Plants, Genes and Agriculture. Jones and Bartlett Publishers.

Comstock, R. E., H. F. Robinson and P. H. Harvey（1949）A breeding procedure designed by making maximum use of both general and specific combining ability. Agron. Jour. 41 : 360-367.

Crawley, M. J., S. L. Brown, R. S. Hails D. D. Kohn and M. Rees（2001）Transgenic crops in natural habitats. Nature 409 : 682-683.

Crow, J. F.（1964）Dominance and overdominance. *In* : Heterosis（Ed. by J. W. Gowen）. Hafner Pub. Comp. pp. 282-297.

Darwin, C.（1859）On the Origin of Species by Means of Natural Selection or the Preservation of Favored Races in the Struggle for Life.（八杉龍一訳：1990「種の起源」上・下巻. 岩波書店）

De Candolle, A.（1883）Origine des Plantes Cultivees. Paris.（加茂義一訳：1953「栽培植物の起源」上・中・下巻　岩波書店）

Dudley, J. W.（1977）76 generations of selection for oil and protein percentage in maize. Proc. Intern. Conf. Quant. Genet. pp. 459-473.

海老沼宏安（2002）植物病原菌の知恵に学ぶ次世代遺伝子導入法.「植物が未来を拓く」（駒峰穆編）. 共立出版. pp. 35-51.

Engelmann, F.（2000）Importance of cryo-preservation for conservation of plant genetic resources. *In* : Cryo-preservation of Tropical Plant Germplasm.（Ed. by F. Engelmann and H. Takagi）. JIRCAS. Japan. pp. 8-20.

Falconer, D. S.（1981）Introduction to Quantitative Genetics. Longman.

Finlay, K. W. and G. N. Wilkinson（1963）The analysis of adaptation in a plant-breeding programme. Austr. Jour. Agr. Res. 14 : 742-754.

Flor, H. H.（1956）The complimentary genetic systems in flax and flax rust. Adv. Genet. 8 : 29-54.

Fox, P. N., J. Crossa and I. Romagosa（1997）Multi-environment testing and genotype × environment interaction. *In* : Statistical Mothods for Plant Variety Evaluation（Ed. By R. A. Kempton and P. N. Fox）. pp. 115-138.

Fuji, K., Y. Hayano-Saito, K. Saito, N. Sugihara, N. Hayashi, T. Tsuji, T. Izawa and M. Iwasaki（2000）Identification of a RFLP marker tightly linked to the panicle blast resistance gene, *Pb1* in rice. Breed. Sci. 50 : 183-188.

Fujimaki, H. and R. E. Comstock（1970）A study of genetic linkage relative to success in backcross breeding programs. Japan. J. Breed. 27 : 105-115.

藤巻　宏・櫛渕欽也（1975）炊飯米の光沢による食味選抜の可能性. 農業および園芸 50 : 253-257.

Fujimaki, H.（1980）Recurrent population improvement for rice breeding facilitated with male sterility. Gamma Field Symp. 19 : 91-102.

藤巻　宏・平岩　進（1986）人為突然変異によって育成されたイネの雄性不稔系統の遺伝的解析.育雑 36 : 401-408.

藤巻　宏・鵜飼保雄・山元皓二・藤本文弘（1992）植物育種学（上・下）. 培風館.

Fujimaki, H.（1999）Strategies and potential for remodeling rice genotype required for global food security. Proc. Int. Symp. "World Food Security", Kyoto. pp. 81-87.

藤巻　宏（1999）世界に貢献する日本の米麦育種技術. 日本育種学会第96会大会公開シンポジウム. pp. 10-21.

藤巻　宏（2002）生物統計解析と実験計画. 養賢堂.

福田善通・吉田　久・福井希一・小林陽（1994）インド型品種南京11号より誘発された難脱粒性突然変異系統における脱粒性程度および離層形成の有無. 育雑 44 : 195-200.

福田善通・矢野昌裕・小林　陽（1994）インド型品種南京11号より誘発された難脱粒性突然変異系統の遺伝子分析. 育雑 44 : 325-331

Fukuta, Y.（1995）RFLP mapping of a shattering-resistance gene in the mutant line, SR-1 induced from an *indica* rice variety, Nan-jing 11. Breed. Sci. 45 : 15-19.

Fukuta, Y. and T. Yagi（1998）Mapping of a shattering resistance gene in a mutant line SR-5 induced from an *indica* rice variety, Nan-jing 11. Breed. Sci. 48 : 345-348.

蓬原雄三（1990）形態形質の遺伝. 色素的形質.「稲学大成」(松尾孝嶺監). 第3巻（遺伝編). 農文協. pp. 226-248.

蓬原雄三（1991）障害抵抗性育種.「新版植物育種学」(角田重三郎ら編). 文永堂出版. pp. 238-252.

Gardner, C. O.（1961）An evaluation of effects of mass selection and seed irradiation with thermal neutrons on yield of corn. Crop Sci. 1 : 241-245.

Grafius, J. E., W. L. Nelson and V. A. Dirks（1952）The heritability of yield in barley as measured by early generation bulked progenies. Agron. Jour. 44 : 253-257.

Griffing, B.（1956）Concept of general and specific combining ability in relation to diallel crossing systems. Austral. J. Boil. Sci. 9 : 463-493.

Grumet, R.（1994）Development of virus resistant plants via genetic engineering. Plant Breed. Rev. 12 : 47-79.

Guha, S. and S. C. Maheshwari（1966）Cell division and differentiation of embryos in the pollen grains of *Datura* in vitro. Nature 212 : 97-98.

Hallauer, A. R.（1987）Maize. ***In*** : Principles of Cultivar Development（Ed. by W. R. Fehr）. Macmillan Publ. Comp. Vol. 2 : 249-294.

Hancock, J. F.（1992）Plant Evolution and the Origin of Crop Species. Prentice Hall.

半田　宏（1997）わかりやすい遺伝子工学. 昭晃堂.

Hanson, W. D.（1959）The breakup of initial linkage blocks under selected mating systems. Genetics 44 : 857-868.

Harlan, H. V. and M. N. Pope（1922）The use and value of backcrosses in small grain breeding. Jour. Hered. 13 : 319-322.

Harlan, H. V. and M. L. Martini（1938）The effect of natural selection in a mixture of barley varieties. Jour. Agric. Res. 57 : 189-199.

Harlan, J. R.（1975）Crops and Man. Amer. Soc. Agron. Madison.

Harlan, J. R.（1995）The Living Fields…Our agricultural heritage…Cambridge Univ. Press.

Harushima, Y., M. Yano, A. Shomura. and 14 other authers（1998）A high-density rice genetic linkage map with 2275 markers using a single F_2 population. Genetics 148 : 479-494.

畠山豊治（1987）原々種・原種生産技術の発達.「技術革新と新しい主要農産物種子制度」. 地球社. pp. 162-171.

Hayman, B. I.（1954）The theory and analysis of diallel cross. Genetics 39 : 789-809.

Hayes, H. K.（1952）Development of the hetetosis concept. ***In*** : Heterosis（Ed. by J. W. Gowen）. Hafner Publish. Comp. pp. 49-65.

Hedrick, U. P.（1972）Sturtuvent's Edible Plants of the World. Dover Pub.

東　正昭（1995）イネいもち病の圃場抵抗性の遺伝様式. 東北農試研報 90 : 19-75.

日向康吉・佐野芳雄・吉村　淳・武田和義・亀谷寿昭・西尾　剛・内宮博文・笹原健夫・原田久也・池橋　宏（2000）植物育種学（第3版）. 文永堂.

Hirochika, H., K. Sugimoto, Y. Otsuki, H. Tsugawa and M. Kanda（1996）Retro-trasposons of rice involved in mutations induced by tissue culture. Proc. Natl. Acad. Sci. USA 93 : 7783-7788.

Hirochika, H.（1993）Activation of tobacco retro-transposons during tissue culture. EMB Jour. 12 : 2521-2528.

Hoopes, R. W. and R. L. Plaisted（1987）Potato. ***In*** : Principles of Cultivar Development（Ed. by W. R. Fehr）. Macmillan Publ. Comp. pp. 385-436.

Ikehashi, H. and H. Fujimaki (1981) Modified bulk population method for rice breeding. *In* : Innovative Approaches to Rice Breeding. IRRI. pp. 163-182.

池橋　宏 (1996) 植物の遺伝と育種. 養賢堂.

池橋　宏 (2000) イネに刻まれた人の歴史. 学会出版センター

石田寅夫 (1998) ノーベル賞からみた遺伝子の分子生物学入門. 化学同人.

伊藤隆二・橋爪　厚・小野敏忠・櫛渕欽也・根岸節郎・岩井　孝・谷口　晋・香山俊秋 (1961) 水稲品種「クサブエ」について.関東東山農試研報 18 : 23-33.

伊藤隆二 (1967) いもち病抵抗性品種の罹病化とその育種的対策. 育種学最近の進歩 8 : 61-66.

岩井孝尚・矢頭　治・福本文良・加来久敏・大橋祐子 (2002) エンバク由来の抗菌性タンパク質遺伝子導入による細菌病抵抗性イネの作出. 農業および園芸 77 : 954-958.

Iwai, T., H. Kaku, R. Honkura, S. Nakamura, H. Ochiai, T. Sasaki and Y. Ohashi (2002) Enhanced resistance to seed-transmitted bacterial diseases in transgenic rice plants overproducing an oat cell-wall-bound thionin. Mol. Plant-Microbe Interact. 15 : 515-521.

Jeffeys, A. J., A. MacLeod, K. Tamakl, D. L. Nell and D. G. Monckton (1991) Minisatellite repeat coding as a digital approach to DNA typing. Nature 354 : 204-209.

Johannsen, W. (1903) Heredity in populations and pure lines. *In* : Classical Papers in Genetics (Ed. by Peters, J. A., 1959) Prentice-Hall Inc. pp. 20-26.

Kasha, K. J. and K. N. Kao (1970) High frequency haploid production in barley (*Hordeum vulgare* L.) Nature 225 : 874-876.

鎌田　博 (2001) 遺伝子組換え作物の食品としての安全性. 遺伝 55 (6) : 46-52.

金田忠吉・池田良一 (1983) イネのトビイロウンカ抵抗性の育種. 育種学最近の進歩 24 : 59-69.

加藤恭宏・遠藤征馬・矢野昌裕・佐々木卓治・井上正勝・工藤　悟 (2002) 陸稲戦捷の葉いもち圃場抵抗性に関与する量的形質遺伝子座の連鎖分析. 育種学研究 4 : 119-124.

Kawata, M., T. Nakajima, K. Mori, T. Oikawa and S. Kuroda (2003) Genetic engineering for blast disease resistance in rice, using a plant defensin gene from *Brassica* species. Proc. 3rd Internat. Rice Blast Conf.

川田元滋・中島敏彦・松村葉子・及川鉄男・黒田　秧 (2003) アブラナ科野菜がもつ抗菌タンパク質デフェンシン遺伝子群の解析. 農業および園芸 78 : 470-476.

喜多村啓介・原田久也（1988）ダイズ種子タンパク質の遺伝変異と品質改良. 育種学最近の進歩 30：26－38.

菊池文雄（1979）イネ雑種集団の遺伝構成におよぼす環境の影響. 農技研報告 D30：69－179.

菊池文雄・板倉　登・池橋　宏・横尾政雄・中根　晃・丸山清明（1985）短稈・多収水稲品種の半矮性に関する遺伝子分析. 農技研報告 D36：125－145.

菊池文雄（1986）半矮性イネの育種. 育種学最近の進歩 27：59－68.

菊池文雄（1997）植物遺伝資源の利用と保全.「明日の地球を支える国際農業開発」（河合省三編）. 農林統計協会. pp. 236－254.

木原　均・西山市三（1947）三倍体を利用した無種子西瓜の研究. 生研時報 3：93－103.

木原　均（1973）コムギの合成. 講談社.

木下俊郎（1990）イネの染色体と染色体地図. 遺伝子分析.「稲学大成」（松尾孝嶺監修）. 第三巻（遺伝編）. 農文協. pp. 151－168.

清沢茂久（1980）イネ品種のいもち病抵抗性とその遺伝.「イネのいもち病と抵抗性育種」（山崎義人・高坂卓爾編）. 博友社. pp. 175－229.

Knott, D. R.（1989）The Wheat Rusts…Breeding for Resistance. Springer－Verlag.

Koda, Y. and Y. Kikuta（1991）Possible involvement of jasmonic acid in tuberization of yam plants. Plant Cell Physiol. 32：629－633.

香村敏郎（1979）水稲日本晴の育成.「続・稲の品種改良」（瀬古秀生監修）. 全国米国配給協会. pp. 129－241.

近藤頼巳（1929）温湯除雄法による稲の人工交配について. 農業及園芸 14：41－52.

Koshio, K., Y. Inaishi, Y. Hayamichi, H. Fujimaki, F. Kikuchi and H. Toyohara（2000）Character expression of isogenic lines with semi－dwarfing genes of different origins in rice（*Oryza sativa* L.）. Jour. Agr. Sci., Tokyo Nogyo Daigaku 45：201－209.

小関治男・永田俊夫・松代愛三・由良　隆（1996）生命科学のコンセプト：分子生物学. 化学同人.

小関良宏（2001）植物における遺伝子組換え技術　遺伝 55（6）：29－34.

国際農林業協力協会（1999）熱帯の植物遺伝資源. AICAF.

寿　和夫・真田哲朗・西田光夫・藤田晴彦・池田富喜夫（1992）ニホンナシ新品種‘ゴールド二十世紀’. 農業生物資源研究所研究報告 7：105－120.

國廣泰史（1994）植物遺伝資源の評価. 研究ジャーナル 17（4）：15－19.

Kiribuchi－Otobe, C., T. Nagamine, T. Yanagisawa, M. Ohnishi and I. Yamaguchi（1997）Production of hexaploid wheat with waxy endosperm character. Cereal Chemistry 74：72－74.

栗山英雄・工藤政明（1967）稲の成熟潁色を支配する補足遺伝子*Ph*および*Bh*とそれらの地理的分布. 育雑 17：13-19.

Ladizinsky, G. （1998） Plant Evolution under Domestication. Kluwer Adademic Publishers.

Li, Z. and Y. Zhu （1988） Rice male sterile cytoplasm and fertility restoration. *In*：Hybrid Rice. IRRI. pp. 85-102.

Loskutov, I. G. （1999） Vavilov and His Institute…A history of the world collection of plant genetic resources in Russia…. IPGRI. Rome.

Mather, K. & J. L. Jinks （1971） Biometrical Genetics. Chapman and Hall Ltd.

Masuda, T., T. Yoshioka, K. Kotobuki and T. Sanada （1999） Selection of mutants highly resistant to black-spot disease in Japanese pear 'Gold Nijisseiki' by irradiation of gamma-rays. Bull. Nat. Inst. Agrobiol. Resour. 13：135-144.

Matsuoka, M., Y. Tada, T. Fujimura and Y. Kano-Murakami （1993） Tissue-specific light-regulated expression directed by the promoter of a C4 plant, Maize, pyruvate, ortho-phosphate dikinase, in a C3 plant, rice. Proc. Natl. Acad. Sci. 90：9586-9590.

Mendel, G. （1865） Experiments in plant-hybridization. *In*：Classic Papers in Genetics （Ed. by Peter, J. A., 1959）. Prentice-Hall Inc. pp. 1-20.

Mitsuhara, I., M. Ugaki, H. Hirochika, and 13 other authors （1996） Efficient promoter cassettes for enhanced expression of foreign genes in dicotyledonous and monocotyledonous plants. Plant Cell. Physiol. 37：49-59.

Miyamoto, M., M. Yano and H. Hirasawa （2001） Mapping of quantitative trait loci conferring blast field resistance in the Japanese upland rice variety Kahei. Breed. Sci. 51：257-261.

望月　昇（1968）主成分分析によるトウモロコシの品種分類と育種材料探索に関する研究. 農技研報告 19：85-149.

森島啓子（2001）野生イネへの旅. 裳華房.

Muller, H. J. （1927） Artificial transmutation of the gene. Science 66：84-87.

村上寛一監修（1985）作物育種の理論と方法. 養賢堂.

永井卓太郎・藤巻　宏・横尾政雄（1970）日・印交雑によるイネのいもち病多菌系抵抗性系統「とりで1号」の育成とその抵抗性遺伝子. 育雑 20：7-14.

Nagatomi, S., I. Miyahira and K. Degi （1996） Combined effect of gamma irradiation methods and *in* vitro explant sources on mutation induction of flower color in *Chrysanthemum morifolium* RAMAT. Gamma Field Symp. 35：51-69.

Nagatomi, S., A. Tanaka, H. Watanabe and S. Tano（1997）Enlargement of potential chimera on chrysanthemum mutants regenerated from $^{12}C5+$ ion beam irradiated explants. TIARA Annual Report 1996 : 48-50.

長尾正人・高橋万右衛門（1954）稲の交雑に関する研究　第XVI報　潁の黄褐色系着色に関与する遺伝子に就いて. 育雑 4 : 25-30.

中尾佐助（1966）栽培植物と農耕の起源. 岩波書店.

Nakagahra, M., T. Akihama and K. Hayashi（1975）Genetic variation and geographic cline of esterase isozyme in native rice varieties. Japan. J. Genet. 50 : 323-328.

Nakagahra, M.（1977）Genic analysis for esterase isoenzymes in rice cultivars. Japan. J. Breed. 27 : 141-148.

中川原捷洋（1994）植物遺伝資源研究の歩み…これまで，これから…研究ジャーナル17（4）: 3-7.

中島哲夫・櫛渕欽也（1987）新しい植物育種技術…バイオテクノロジーを基盤として…. 養賢堂.

Nakamura,Y., M. Leppert, P.O'Connell, R. Wolff, T. Holm, M. Culver, C. Martin, E. Fujimoto, M. Hoff, E. Kumlin and R. White（1987）Variable number of tandem repeat（VNTR）markers for human gene mapping. Science 235 : 1616-1622.

中村俊一郎（1993）Recalcitrant種子（1），（2）農業および園芸. 68 : 1160-1164, 1272-1274.

Niizeki, H. and K. Oono（1968）Induction of haploid rice plant from anther culture. Proc. Japan. Acad. 44 : 554-557.

西　貞夫・川田穣一・戸田幹彦（1959）はい培養による*Brassica*属の*c*ゲノム（かんらん類）と*a*ゲノム（はくさい類）との種間雑種育成について. 育雑 8 : 215-222.

西山市三（1994）植物細胞工学. 内田老鶴圃.

農林水産省農林水産技術会議事務局（2001）組換え農作物早わかりQ & A.

農林水産省農林水産技術会議事務局（2001）作物育種研究・技術開発戦略. 農林水産研究・技術開発戦略. pp. 107-160.

農林水産省農林水産技術会議事務局（2001）水稲農林374号「春陽」. 平成13年度　農林水産省農作物命名登録品種. pp. 7-8.

農林水産先端技術産業振興センター（2002）商業化組換え作物の世界情勢（International Service for the Acquisition of Agri-biotech Applications.）1999年度ISAAA報告書, STAFF.

農林水産技術情報協会（1980）遺伝資源の探索・導入…経過とその経過…. 農林水産技術情報協会.

岡　彦一（1975）収量安定性の機構とその選抜. 育種学最近の進歩 16：41-45.

小倉　謙（1983）植物解剖および形態学. 養賢堂.

奥野員敏（1994）植物遺伝資源の探索・導入. 研究ジャーナル17（4）：8-14.

Orel, V.（1973）Secret of Mendel's Discovery.（篠遠喜人訳.「メンデルの発見の秘録」). 教育出版.

大澤勝次（1994）植物バイテクの基礎知識　農山漁村文化協会.

Pickersgill, B.（1999）*In situ* conservation of diversity within field crops : Is this necessary and / or feasible ？. *In* : MAFF International Workshop on Genetic Resources on *in situ* Conservation Research. NIAR / MAFF. Japan. pp. 3-19.

Plotkin, M. J.（1988）The outlook for new agricultural and industrial products from the tropics. *In* : Biodiversity（Ed. by E. O. Wilson). Nat. Acad. Press. pp. 106-116.

Powell, W., M. Morgante, J. J. Doyle, W. McNicol, S. V. Tingey and A. J. Rafalski（1966）Genepool variation in genus *Glycine* subgenus *Soja* revealed by polymorphic nuclear and chloroplanst microsatellites. Genetics. 144：793-803.

Raina, S. K.（1997）Doubled haploid breeding in cereals. Plant Breed. Rev. 15 : 141-186.

Raven, P. H., R. F. Evert and S. E. Eichhorn（1999）Biology of Plants（6th ed.). W. H. Freeman and Co. Worth Publishers. pp. 170-172.

Roberts, E. H.（1972）Viability of Seed. Chapman and Hall. London. pp. 14-58.

Roy, D.（2000）Plant Breeding. Analysis and exploitation of variation. Alpha Science Internat. Ltd.

Sakai, A., S. Kobayashi and I. Oiyama（1991）Survival by vitrification of nucellar cells of navel orange（*Citrus sinensis* Osb. var. *brasiliensis* Tanaka）cooled to －196 ℃. Jour. Plant Physiol. 137：465-470.

Sakai, A.（2000）Development of cryo-preservation techniques. *In* : Cryo-preservation of Tropical Plant Germplasm.（Ed. by F. Engelemann and H. Takagi).JIRCAS, Japan. pp. 1-7.

酒井　昭（2002）植物遺伝資源保存の重要性と最近の液体窒素利用（－150℃）保存法の進歩と問題点. 農業および園芸 77：860-870.

酒井寛一（1952）植物育種学　朝倉書店.

真田哲朗・西田光夫・池田富喜夫（1986）ニホンナシの黒斑病耐病性突然変異. 放射線育種場テクニカルニュース　No. 29.

Sano, Y.（1984）Differential regulation of waxy gene expression in rice endosperm. Theor. Appl. Genet. 68：467-473.

Sasaki, A., M. Ashikari, M. Ueguchi-Tanaka, H. Itoh, A. Nishimura, D. Swapan, K. Ishiyama, T. Saito, M. Kobayashi, G. S. Khush, H. Kitano and M. Matsuoka (2002) A mutant gibberellin-synthesis gene in rice. Nature 416 : 701-702.

佐々木武彦・阿部真三・松永和久他15名（2002）ササニシキの多系品種「ササニシキBL」について. 宮城県古川農業試験場研究報告 3 : 1-35.

Schwartz, D. and W. J. Laughner (1969) A molecular basis for heterosis. Science 166 : 626-627.

瀬古秀文（1996）植物遺伝資源研究をめぐる最近の動向と研究対応. 研究ジャーナル 19 (10) : 10-15.

SGRP (1998) Annual report of the CGIAR system-wide genetic resources programme. IPGRI

Schussler, J. R., M. L. Brenner and W. A., Brun (1984) Abscisic acid and its relationship to seed filling in soybeans. Plant Physiol. 76 : 301-306.

Sidhu, G. S. (1987) Host-parasite genetics. Plant Breed. Rev. 5 : 393-433.

Simmonds, N. W. (1979) Principles of Crop Improvement. Longman.

Simmonds, N. W. and J. Smartt (1999) Principles of Crop Improvement (2nd ed.). Blackwell Science.

Simmonds, N. W. (1976) Sugarcanes. *In* : Evolution of Crop Plants (Ed. by N. W. Simmonds). Longman. pp. 104-108.

島本　功・佐々木卓治（1997）新版植物のPCR実験プロとコール. 秀潤社.

新城長有（1984）イネにおける細胞質雄性不稔の雑種イネ育種への応用. 育種学最近の進歩. 25 : 98-107.

Singh, R. J. and H. Ikehashi (1981) Monogenic male-sterility in rice, induction, identification and inheritance. Crop Sci. 21 : 286-289.

白田和人（1994）植物遺伝資源の保存. 研究ジャーナル 17 (4) : 20-25.

Smartt, J. and N. W. Simmonds (1995) Evolution of Crop Plants (2nd ed.). Longman Scientific & Technical.

叢　花・藤巻　宏・長峰　司（2002）中国新疆ウイグル自治区の水稲品種の特性解析. 育種学研究 4 (別1) : 115.

Stadler, L. J. (1930) Some genetic effects of X-rays in plants. Jour. Hered. 21 : 3-19.

Stefansson, B. R., R. W. Houghen and R. K. Downey (1961) Note on the isolation of rape plants with seed oil free from erucic acid. Can. J. Plant Sci. 41 : 218-219.

Stern, C. and Eva R. Sherwood (1966) The Origin of Genetics. W. H. Freeman and Company.

Stuber, C. W. (1994) Heterosis in plant breeding. Plant Breed. Rev. 12 : 227 - 251.

Steward, F. C., M. O. Mapes, and K. Mears (1958) Growth and organized development of cultured cells II. Organization in cultures grown from freely suspended cells. Am. J. Bot. 45 : 705 - 708.

鈴木　茂（2001）遺伝子組換え植物の環境影響. 遺伝 55（6）: 53 - 59.

高倉成男（2002）資源アクセスと利用を巡る法制度…生物多様性条約と知的財産権.「生物資源アクセス」（渡辺幹彦・二村　聡編）. 東洋経済新報社. pp. 121 - 145.

Takahashi, M. (1957) Analysis of apicular color genes essential to anthocyanin coloration in rice. J. Fac. Agr. Hokkaido Univ. 50 : 266 - 362.

田中正武・鳥山国士・芦澤正和（1989）植物遺伝資源入門. 技報堂出版.

田中義麿（1955）遺伝学（第10版）. 裳華房.

Tanaka, R. and H. Ikeda (1983) Perennial maintenance of annual *Haplopappus gracilis* (2n = 4) by shoot tip cloning. Japan. J. Genet. 58 : 65 - 70.

Thoday, J. M. (1961) Location of polygenes. Nature 191 : 368 - 370.

Tumer, N. E., K. M. O'Connell, R. S. Nelson, P. R. Sanders, R. N. Beachy, R. T. Fraley and D. M. Shah (1987) Expression of alfalfa mosaic virus coat protein gene confers cross-protection in transgenic tobacco and tomato plants. EMBO Jour. 6 : 1181 - 1188.

上原泰樹・小林　陽・古賀義昭・内山田博士・三浦清之・福井清美・清水博之・太田久稔・藤田米一・奥野員敏・石坂昇助・堀内久満・中川原捷洋（1995）水稲品種「どんとこい」の育成. 北陸農試報告 37 : 107 - 131.

鵜飼保雄・藤巻　宏（1984）植物改良の原理（上・下）. 培風館.

鵜飼保雄（2000）ゲノムレベルの遺伝解析. 東京大学出版会.

鵜飼保雄（2002）量的形質の遺伝解析. 医学出版.

梅原正道（1994）: 植物遺伝資源の情報管理. 研究ジャーナル 17（4）: 26 - 33.

Van Hintum, Th. J. L., A. H. D. Brown, C. Spillane and T. Hodgkin (2000) Core Collections of Plant Genetic Resources. IPGRI. Rome.

Vavilov, N. I. (1926) Studies on the Origin of Cultivated Plants. Inst. Bot. Appl. Amelior. Plants, Leningrad.

Wang, G. L., D. J. Mackill, J. M. Bonman, S. R. McCouch, M. C. Champoux, R. J. Nelson (1994) RFLP mapping of genes conferring complete and partial resistance to blast in a durably resistant rice cultivar. Genetics 136 : 1421 - 1431.

渡辺好郎（1982）育種における細胞遺伝学. 養賢堂.

山根精一郎（1999）遺伝子組換え作物の現状と将来. FORUM（東京農大総研）88 : 1 - 21.

Yamamori, M., T. Nakamura, T. R. Endo and T. Nagamine （1994） Waxy protein deficiency and chromosomal location of coding genes in common wheat. Theo. Appl. Genet. 89 : 179 - 184.

山本隆一・堀末　登・池田良一（1996）イネ育種マニュアル. 養賢堂.

Yamada, M., L. Kiyosawa, T. Yamaguchi, T. Hirano, T. Kobayashi, K. Kushibuchi and S. Watanabe （1976） Proposal of a new method for differentiating races *of Pyricularia oryzae* Cavara in Japan. Ann. Phytopath. Soc. Japan 42 : 216 - 219.

山田昌雄・浅賀宏一・高橋広治・小泉信三（1976）1976年に日本に発生したイネいもち病菌のレース. 農事試研報 30 : 11 - 29.

山崎守正（1951）塩素酸加理法の理論に関する二三の考察　日作紀 20 : 149 - 152.

山崎義人・高坂卓爾（1980）イネのいもち病と抵抗性育種. 博友社.

Yano, M. and T. Sasaki（1997） Genetic and molecular dissection of quantitative traits in rice. Plant Molec. Biol. 35 : 145 - 143.

矢野　博（1993）DNAフィンガープリント法による作物の品種・系統識別. 農業および園芸 68 : 25 - 31.

吉田静夫（2002）寒さと戦う植物たち.「植物が未来を拓く」（駒峰穆編）. 共立出版. pp. 109 - 123.

Yuan, L. P. and S. S. Virmani（1988） Status of hybrid rice research and development. *In* : Hybrid Rice. IRRI. pp. 7 - 24.

Yuan, L. P. （1998） Hybrid rice breeding in China. *In* : Advances in Hybrid Rice Technology. IRRI. pp. 27 - 33.

Zeven, A.C. and P. M. Zhukovsky （1975） Dictionary of Cultivated Plants and Documentation. Wageningen.

索　　引

英・数字

AFLP……………………18
ASW …………133,139
Brassica oleracea L. ……………………9,10
Bt トキシン遺伝子……92
Bulbosum 法 …………161
C.Darwin…………………4
C3 植物………………135
C4 植物………………135
cDNA 多型 ……………50
D.S.Falconer …………112
D^+ 選択………………176
DNA ……………………69
DNA の複製 …………71
DNA ポリメラーゼ……71
DNA マーカー ………192
DNA リガーゼ……78,81
DNA 結合タンパク質 ……………………75
DNA 指紋… 18,298,299
DNA 多型………92,296
DNA 多型分析……16,95
DNA 分子モデル………70
DNA 分析……… 296,299
DNA 連鎖地図…50,192
D^- 選択………………176
*Eco*R Ⅰ …………17,77
FAO 条約………………34
G.J.Mendel ……………42
GE 相互作用…………268
GE 相互作用分散 ………………268,269
GMO…………………276
GM イネ ……85,86,88
GM ジャガイモ………89
GM ダイズ ………90,91
GM トウモロコシ ……………………91,92
GM トマト …………259
GM 作物‥80,85,89,90, ………… 276,277,279
GM 食品 ………90,279
GM 食品の安全性……280
GM 微生物 …………279
Hardy‐Weinberg の法則 ……………………104
IPGRI……………………30
K.Mather ……………112
N.I.Vavilov…………4,21
2,4‐D……………………64
PCR ……………………18
PCR 法…………………298
PLB…………… 242,293
QTL 解析 ………… 131,193,253
R.A.Fisher …………112
RAPD……………………17
RAPD 法 ……………299
RFLP…………… 17,297
RFLP マーカー ……………116,131
RFLP 法………………297
RNA ポリメラーゼ ……………………73,75
T‐DNA 領域 …………81
Ti 遺伝子………………81
Ti プラスミド…………81
TMV …………………244
UPOV 条約……………283
vir 領域…………………81
Vi‐Wi グラフ………128
VNTR……………………18
W.Johannsen…………113

あ行

アーモンド………………9
アイソザイム分析……14
秋播性…………………147
アクティブコレクション ……………………24,30
アシロマ会議…………276
総当たり交配…………126
アデニン（A） ……………70,71,74
アブシジン酸…………64
甘（無毒）ルーピン……11
アミクダリン……………9
アミノ酸 …………73,74
アミロース……………262
アミロペクチン ……262
アルブミン……………263
アレルゲン……………281
安全性評価……………279
アンチコドン…………73
アンチセンス DNA ……………………259
安定化選択……………175
イオン化放射線 ……163
イオンビーム…………236
鋳型 ……………………71
域外保存………………23
域内保存………………23
育種価 ………… 122,123
育種家種子…… 205,287
育種計画………………149
育種素材………………154
育種体系……… 151,152, ………… 153,194,233
育種目標………………132
育成者権………………284
異型除去………………175

維持系 B……………231
異質倍数性…………160
異質倍数体……………59
異質ヘテロ接合性集団
………………194,208
異質ホモ接合性集団
……………………194
異質四倍体…………160
異質六倍体…………160
移住 …………103,212
異数性変異
……… 160,234,235
異数体 ………159,236
イソフラボン…………11
1遺伝子1酵素説 ……62
一元配置……………119
一元配置実験………120
一次回帰分析………268
一次加工特性………260
一次相互作用………270
一次直線効果………118
一次特性 ……………31
一重分類データ ……179
一代雑種 (F_1) ………219
一代雑種 (雑種強勢) 育種
……………………152
一代雑種イネ… 230,231
一代雑種改良 (HYB) 方式
……………………153
一代雑種 (HYB) 集団
……………………152
一代雑種種子採種体系
……………………231
一代雑種 (F_1) 品種
……150,289,226,227
一回親 …… 150,156,187
一価染色体……………60
一般組合せ能力 (GCA)
……185,225,226,227
遺伝獲得量…………183
遺伝効果 ……… 117,119
遺伝子型…… 15,52,101
遺伝子型効果………268
遺伝子型頻度
……101,102,104,107
遺伝子銀行 (ジーンバンク)……………… 23,155
遺伝資源情報管理システム
………………………24
遺伝資源の探索収集 ··24
遺伝資源の保全 ………93
遺伝子間相互作用 ……51
遺伝子対遺伝子説
………………143,250
遺伝子特許……… 38,283
遺伝子突然変異
……… 165,167,234
遺伝子の相加効果 …122
遺伝子の単離…… 77,168
遺伝子発現調節 ………94
遺伝子頻度
……… 102,104,107
遺伝子プール…………19
遺伝情報 ………………73
遺伝子流出…… 103,277
遺伝子連鎖地図 ………49
遺伝的獲得量………213
遺伝的均質性………100
遺伝的組換え
……… 41,80,170,184
遺伝的効果…………178
遺伝的構造…………151
遺伝的侵食………21,23
遺伝的進歩…………213
遺伝的多型……… 14,297
遺伝的多様性……1,4,8,
………… 13,100,208
遺伝的抵抗性… 246,248
遺伝的負荷…………103
遺伝的浮動……………30
遺伝の法則……………42
遺伝分散 ·· 117,119,179
遺伝分散成分
………… 117,121,179
遺伝変異…· 41,112,113
遺伝変異固定法 ……194
遺伝変異の誘発 ……151
遺伝率 ………… 178,179
イヌサフラン…… 56,160
いもち病………………87
インドール酢酸 ………64
イントロン……………73
ウイルス感染………244
ウイルスフリー化
………………243,244
ウイルスフリー種苗
……65,92,244,245,294
ウラシル (U) …………74
うるちデンプン ……262
うるち・もち性 ……263
栄養系改良 (CLO) 方式
……153,233,236,237
栄養系統 (栄養系)…155
栄養生殖……………100
栄養成長 …………7,39
栄養体擬態……………12
栄養体保存……………28
栄養繁殖……………233
栄養繁殖植物…………40
エクソン………………73
エステラーゼ・アイソザイム
……………………15
枝変わり ……… 234,239
エチレン ……… 64,259
エルシン酸…………265
エレクトロポレーション
………………… 81,82
塩基欠失……………166
塩基配列………………73
塩基配列変異………297
オーキシン… 64,84,294
雄花 ……………………97
オペレータ……………75

オペロン説……………75
親子回帰……………180
親子間共分散………124
温湯除雄……………158
温度ストレス………254

か行

開花時期……………157
開花時刻……………157
外観形質……………258
回帰係数……………271
回帰分析………180,271
塊根茎作物…………137
介在配列……………73
害虫抵抗性遺伝子……85
回転培養……………66
カイネチン…………64
回避性………………253
外被タンパク質遺伝子
…………85,245,277
回復系C……………231
回文配列…………76,77
開放系利用実験……278
開放受粉系統………215
開放受粉（OPP）集団
……………152,208
開放受粉集団改良（OPP）
方式……………153,208
開放受粉品種………290
外来遺伝子
………82,83,84,267
改良集団……………152
化学的ストレッサー
……………………142
化学変異原…………163
核遺伝子……………46
核型…………………162
核型分析…………14,162
核相交代……………40
加工適性……………260
可消化養分総量（TDN）
……………………139
芽状突然変異………240
片側不完全ダイアレル
……………………225
株別系統……………200
株保存法……………289
花粉保存……………28
ガラス化法…………29
カルス……………65,66
カルビン回路………135
感温性………………147
環境影響評価………275
環境効果‥117,178,268
環境ストレス耐性
……………………8,141
環境適応性……267,269
環境反応性……………7
環境分散‥117,119,179
環境変異……………113
感光性…………146,147
環状DNA……………81
間接的GM食品……279
完全花………………97
完全自殖………104,110
完全他殖……………110
完全優性
……46,51,128,211
官能試験……………262
ガンマー線……164,234
含有成分……………261
機械的浮動
……102,209,288,290
器官形成……………294
器官培養……………65
器官肥大……………56
起源中心…………5,5,21
疑似超優性…………224
寄主・寄生者間相互作用
……………………144
記述子………………30
奇跡のイネ…………136
擬態…………………12
機能性成分…………133
基本栄養成長………146
基本染色体数……55,159
基本培地……………63
キメラDNA………82,83
逆位…………………162
逆交配………………54
急性毒性試験………281
休眠性………………259
狭義の遺伝率…179,180
共進化……………8,143
共分散………………125
共優性………………17
清見オレンジ………67
均一性………………283
近縁野生種………19,20,
…………103,155,235
近交系……169,194,227
近交係数………208,209
近交系選抜…………227
近親交配
……104,105,109,208
グアニン（G）‥70,71,74
偶発実生……………239
ククビタシン………145
草型改良……………136
区別性………………283
組合せ育種
…………149,155,196
組合せ能力……184,215,
…………216,218,224
組換え………………47
組換え価……………48
組換え型……………47
組換え細胞………83,84
組換え体利用のための
実験指針……………275
組換えDNA
……68,80,81,94,168
組換えDNA育種……150

グリアジン…………264
グリシニン…………263
グリッド(格子区画)
………………178,199
グリホサート…………91
グルテニン…………264
グルテリン……139,264
クローニング……77,78
クローン(栄養系)…237
クローン選抜………238
クローン増殖
…… 65,95,291,292
グロブリン…………263
形質転換……62,69,81
形質連鎖地図…………50
形態的耐旱性………256
茎頂………65,244,293
茎頂伸長……………293
茎頂培養
……65,242,244,293
系統…………………155
系統育種‥169,196,200
系統群………195,202
系統混合法…………289
系統栽培……………288
系統選抜……176,177,
…195,200,201,202
系統適応性検定試験
………………273,204
系統養成……195,200
傾母遺伝……………55
欠失…………71,162
ゲノム………………59
ゲノムの相同性………60
ゲノム分析……………60
原塊体類似小球(PLB)
……………………242
原核(細胞)生物…2,75
原形質的耐旱性……256
原々種………205,287
原産国主権…………283
原種…………206,287
減数分裂……39,40,41
検定親………………216
検定交配……………49
広域適応(高位安定)型
……………………271
広域適応性…………207
高栄養性……………133
広義の遺伝率…178,179
抗菌(性)タンパク質
……………85,88,86
光合成…………………1
光合成細菌……………2
光合成能……………135
光週性………………147
後熟性………………259
合成品種‥217,218,290
抗生物質耐性遺伝子‥84
構造遺伝子
…………75,136,165
構造的耐旱性………256
酵素多型……………14
交替栽培……………252
高タンパク米………141
耕地生態系…………276
高張液…………………29
公的育種……………132
交配様式……103,156
高品質化……………133
酵母人工染色体(YAC)
……………………78
国際遺伝資源計画
(SGRP)…31,33,34,35
国際稲研究所(IRRI)
……………………33
国際植物遺伝資源研究所
(IPGRI)…………25,30
国際とうもろこし・小麦
改良センター(CIMMYT)
……………………33
国際農業研究協議グループ(CGIAR)……31,33
国際ばれいしょセンター
(CIP)………………33
黒斑病抵抗性遺伝子
……………………150
誤差効果……………119
コスミド………………78
後代検定‥176,183,216
個体選抜
…176,177,199,227
コドン………………73
コルヒチン·56,160,236
根頭癌腫病……………81

さ行

在庫管理データ…24,32
採集狩猟生活…………2
採種体系……………290
サイトカイニン
…………64,84,295
栽培化シンドローム
………………5,11,13
栽培植物の起源………4
再分化…………63,65
再分化技術…………168
再分化系………80,81
細胞質遺伝……………55
細胞質雄性不稔
……………158,230
細胞選抜……………177
細胞培養……………62
細胞膜結合タンパク質遺伝子……………………85
細胞融合………68,94
ザイモグラフ…………15
材料移転契約(MTA)
………………31,37
作型分化……………145
サザンブロット法……17
雑種強勢……150,184,
………216,219,222

雑種崩壊……………159
雑草化…………12,277
雑草ライムギ…………13
サブクローバ…………11
三系交配（A/B//C）
………………149,196
三次特性………………31
三倍体…………160,236
自家不和合性……98,156
試験管内保存…………28
自殖系統
……155,169,176,215
自殖系統選抜…………195
自殖系統養成…………195
自殖集団………………106
自殖性作物（植物）
…………………98,288
雌蘂先熟性……………99
自然交雑………………277
自然生態系………3,276
自然選択…… 1,102,170,
………… 171,172,173
自然突然変異… 103,163
始祖効果………………30
実現遺伝率…… 181,183
実験計画‥ 117,119,269
実質的同等性…………280
質的形質
……30,112,177,178
質的相互作用… 268,271
質的抵抗性……………248
シトシン（C）‥70,71,74
ジベレリン……………64
弱毒ウイルス…………245
ジャスモン酸…………65
ジャンク DNA………296
雌雄異株作物… 156,230
雌雄異株性……………99
収穫指数…… 9,138,138
従属品種………………284
集団…………………96,101
集団育種…… 169,194,
………… 197,199,200
集団改良……… 176,215
集団栽培法……………289
集団選抜………………214
雌雄同株作物（植物）
………………156,230
雌雄同株性……………99
重複……………………162
重複作用………………53
収量……………………138
収量性………… 134,138
種間交配………………155
受光態勢……… 135,136
種子擬態………………12
種子休眠…………7,259
種子貯蔵庫……………24
種子貯蔵タンパク（質）
………………263,264
種子稔性………………102
種子の脱落性……………6
種子繁殖植物…………40
種子保存………………26
主成分分析……………13
主働抵抗性遺伝子の集積
……………………253
主導品種……… 190,196
種の起源…………………4
種の同定………………93
種苗管理センター…245
種苗登録……… 282,283
種苗法………… 282,283
受粉と受精………39,40
受粉媒体………………100
需要動向………………132
主要農産物種子法…285
春化……………………147
循環選抜
……170,184,215,216
順繰り選抜……………190
純系……………… 68,113
純系改良………………176
純系改良（IBL）方式
………………153,194
純系混合集団…………173
純系（IBL）集団
………………105,152
純系説…………………113
純系品種……… 194,288
上位効果‥ 112,118,119
上位作用………………54
上位性…………………52
上位分散……… 119,179
上位分散成分…………122
障害型冷害……………254
上下位性………………51
消費特性………………261
将来予測………………132
奨励品種……… 285,287
奨励品種決定試験
………………204,273
食の高度化・多様化
……………………139
食品の安全性…………279
植物育種の流れ……151
植物遺伝資源マニュアル
……………………31
植物成長調節剤………64
植物地理的微分法……4
植物デフェンシン……86
植物特許………………282
食味計…………………261
食味値…………………261
食味ランキング……262
除草剤耐性ダイズ…168
除草剤抵抗性遺伝子‥85
除雄……………………156
飼料用イネ……………139
白葉枯病………………87
人為選抜‥ 102,151,171
人為突然変異
……129,150,164,196

真核（細胞）生物 …2,75
新規形質（品種）
………………133,139
新規用途開発………132
シンク（容量）‥134,137
人工気象室…………254
人工合成コムギ ………61
人工交配
……156,196,233,234
人工種子………233,292
人工培養技術………168
新作型品種…………146
真性抵抗性
……143,144,248,252
垂直抵抗性…………248
炊飯特性……………260
水分ストレス………254
水平抵抗性…………248
スーパーレース ……253
ストレス耐性タンパク質
遺伝子…… 143,253,254
ストレッサー………141
スプライシング ………73
ゼアチン………………64
生活環………………7,39
正規分布……………114
正逆交配……………225
正逆総当たり交配 …130
正逆戻し交配集団
………………123,124
制限酵素
……… 16,76,81,297
制限酵素断片長多型
（RFLP）…… 50,116,296
生産力検定試験
………………203,204
生殖成長……………7,39
生殖的隔離機構 ……159
生殖様式………8,12,40,
………… 96,151,156
生体防御関連遺伝子‥85
生体防御機構………143
成長相（の）転換 …7,39,
……40,146,147,149
成長点培養
……… 100,239,245
成長抑制保存…………28
生物生産総量………138
生物多様性条約（CBD）
…………… 21,36,283
生物的隔離…………276
生物的ストレッサー
……………………143
成分特性……………262
製粉歩留 ……… 258,261
製麵適性……………133
生理・生態的抵抗性
……………………248
生理的活性…………144
生理的休眠性……………7
生理的耐旱性………256
整粒歩合……………258
ゼイン ………………264
セカリン ……………264
世代促進………94,169,
……… 194,197,198
接合子…………………40
切断型選抜…… 174,181
切断認識配列…………76
節部切片培養………245
セルラーゼ……………68
零染色体変異………160
全遺伝情報……………60
全きょうだい系統
……125,155,176,215
染色体異常
……… 159,167,234
染色体構造の変化 …234
染色体削除……… 94,161
染色体倍加………61,68
染色分体………………41
選択係数……………210
選抜基本集団
……… 151,168,227
選抜強度……… 183,202
選抜差 ………… 183,213
選抜指数……………191
選抜実験……………113
選抜単位……………176
選抜反応……………183
選抜法 ………………194
千宝菜…………………67
総当たり交配………225
相加効果……… 112,117,
……… 118,119,121
相加分散‥ 119,123,179
相加分散成分
……… 121,123,124
相互交配……………158
相互作用……… 117,178,
……… 267,268,269
相互作用分散………271
相互転座……………162
増殖効率……………291
増殖用種子……………30
相同染色体………41,46
挿入 ……………………71
相反 …………………108
相反循環選抜… 186,187
早晩性 ………… 145,149
相反連鎖……… 223,224
相引連鎖
……… 47,48,49,109
ソース（機能）‥134,135
素材集団……………151
組織培養………………62
組織片培養……………62
祖先種 …………………19

た行

ダイアレル表………126
ダイアレル分析 ……126
第一次遺伝子プール‥19

耐塩性……………………257
耐旱性………… 142,256
体細胞突然変異 ……233
体細胞分裂……………41
体細胞変異
………… 235,291,292
第三次遺伝子プール‥19
耐湿性………… 142,256
耐雪性……………………142
耐霜性……………………142
耐虫性トウモロコシ
…………………………168
大腸菌……………………77
耐凍性………… 254,255
耐倒伏性………………142
第二次遺伝子プール‥19
対立遺伝子…… 101,252
対立遺伝子置換 ……122
対立形質…………42,43
耐冷性………… 142,254
多芽体…… 65,292,293
多形質選抜……………191
多系(混合)品種
……………… 190,253
多交配……………………217
多重座プローブ(MLP)
…………………………298
他殖集団………………106
他殖性植物………………98
脱粒性……………5,129
多変量解析………………13
多様性解析………………15
多様性中心……13,16,23
タルホコムギ……………61
単形質選抜……………190
単交配(A/B)……149,
‥156,196,220,221,228
炭酸ガス濃縮回路…136
単純循環選抜…………185
炭水化物………………262
単性花……………………97
単相植物…………………40
短日植物……… 146,147
短日処理………………157
タンニン………………145
単複相植物………………40
単粒系統法……………198
地域適応性……………271
遅延型冷害……………254
チオニン…………………88
置換(効果)……71,118
地方番号系統…………273
地方品種……… 4,13,20,
……… 26,38,151,155
チミン (T)………70,71
中間親値………………125
中間もち………………263
中性植物………………147
虫媒花……………………100
超越育種……… 150,196
超多収品種……………150
超低温保存………………29
長日植物………………147
超優性…… 51,128,211
超優性説………………223
直接的GM食品……280
直播適性品種…………133
貯蔵タンパク質 ……264
ちりめんじわ…258,261
ツルマメ……………………6
低アミロ化……………259
低温貯蔵法……………289
抵抗性遺伝子
………… 143,251,252
抵抗性遺伝子分析…250
抵抗性の崩壊…144,249
抵抗性反応……………144
低樹高栽培………………28
低タンパク米…………141
定日植物………………147
データ辞書………………32
デオキシリボース……70
適応性検定……………202
適応性の評価…………267
適応戦略………………5,7
適応度………… 102,210
デフェンシン遺伝子‥86
テルペノイド…………144
電気泳動…………………16
転座 ……………………162
転写 ………………………73
デンプン………………262
転流効率………………137
同位酵素…………………14
同位酵素分析……………95
遠縁交配…………………66
等価染色体長…………110
同義遺伝子……………114
凍結障害………………254
凍結保存…………………29
動原体 …………… 14,162
同質遺伝子系統
……………… 190,253
同質三倍体･56,160,234
同質倍数性……………160
同質倍数体………………56
同質・ヘテロ接合性集団
…………………………208
同質ホモ接合(性)集団
……195,205,206,208
同質四倍体………………56
搗精歩合……… 258,260
同祖染色体……………115
倒伏抵抗性……………133
同類交配………………208
遠縁交配………………159
時無し品種……………146
特性検定(試験)
……………… 203,246
特性 ……………………246
特性情報管理システム
…………………………33
特性情報データ…23,32

特定域適応型………271
特定組合せ能力（SCA）
…..185,225,226,227
独立の法則……………45
突然変異‥103,163,212
突然変異育種………150
トップ交配
………217,226,227
トランスファー RNA（tRNA）…………………73
トランスポゾン……236

な行

苗条原基
…..100,242,292,293
苗立枯細菌病菌………89
ナフタレン酢酸………64
難脱粒性系統………129
難貯蔵種子……………27
難裂莢性……………133
二価染色体……………60
Ⅱ型制限酵素…………77
二次加工特性………260
二次曲線効果………118
二次作物…………12,13
二次代謝産物
…………8,9,143,144
二次特性………………31
二重組換え……………49
二重ヘテロ接合性……45
二重らせん構造………70
二倍体…………160,236
二粒系コムギ…………60
稔性回復遺伝子……231
粘着末端………………77
農業生態系……………3
農業生物資源ジーンバンク……………21,22,31
農民の権利…………283
農林10号………………20
農林登録（品種）
………………282,285
野敗（WA）系雄性不稔細胞質……………………231

は行

パーティクルガン
……………………81,82
バイオタイプ………248
バイオマス収量……146
倍加半数体（植物）
…………94,111,161
胚救済‥20,59,159,294
配偶体…………………40
倍数性…………55,160
倍数性変異
…..233,234,235,296
倍数体…………55,159
胚培養…………………66
胚発育………………294
配布目録………………32
配布用種子……………30
培養変異………166,236
麦芽特性……………261
バクテリオファージ‥78
ハクラン……59,67,294
半数体の作出…………94
パスポートデータ
………………23,26,32
発現調節因子…………94
発現調節領域…..75,296
発酵（粗）飼料（サイレージ）用（稲）品種
………………132,139
発酵粗飼料適性……141
花芽形成………146,147
花芽分化………………39
春播性品種…………147
半きょうだい系統
…..124,155,176,215
晩植適性品種………132
半数体（植物）….67,161
半数体育種……………68
反復親…..150,156,187
反復配列……………298
判別体系………250,251
判別品種………250,250
半もち………………263
半矮性遺伝子………9,20,
…………136,137,150
光中断………………148
非還元配偶子…235,236
非組換え型……………47
非相加的効果……52,54
非対立遺伝子相互間相互作用……………………122
非病原性遺伝子……144
非閉鎖系実験………277
日持ち性……………259
白火……………………20
病害虫抵抗性…133,143
表現型…………44,52
表現型値……………178
表現型分散
…………117,119,179
病原菌レース………248
表現形質………………13
病原性………………248
病原性遺伝子………143
病原力………………248
標識遺伝子……………83
苗条原基………………66
標本…………………102
標本変動……………102
ピリミジン塩基…70,71
ピレトリン…………145
品質成分特性………138
品種間交配…………155
品種鑑定……………296
品種登録（制度）
………………284,285
品種の鑑定………93,95
品種分化………13,15,15

品種保存圃…………154
品種…………155
ファージ…………78
ファセオリン…………263
フィトクローム……148
風媒花…………100
フェノール反応……52
フェノール系物質…144
不完全花…………97
不完全ダイアレル…225
不完全優性…………128
不完全粒…………258
複合交配…………198
複交配(A/B//C/D)…………149,156,196,220,221
複交配雑種…………220
複合病害虫抵抗性品種…………133
複相植物…………40
複二倍体植物…………61
稃先色…………52
普通系コムギ…………60
物理的休眠性…………7
物理的ストレッサー…………142
不定芽…………66,294
不定根…………66,294
不稔系A…………231
部分ダイアレル交配…………180
部分他殖植物…………98
部分優性…………46,51,130,211
不飽和脂肪酸…………265
ブラシノライド……65
プラスミド(感染)…………78,81
プラントハンター……20
不利な連鎖…………94,149
プリン塩基…………70,71
フレームシフト(突然変異)…………71,166
プローブ…………79,297
プロセッシング……73
プロトプラスト…68,81
プロモータ…………75,83
プロラミン……139,264
不和合性…………99
分化全能性……62,63,80
分散成分…………120
分散分析(ANOVA)…………117,119,121,127,179,270,271
分離の法則…………44
分裂選択…………175
平滑末端…………77
平均効果…………122
閉鎖系実験…………277
並立交配…………290
ベースコレクション…………24
ベクター…………76,81
ペクチナーゼ…………68
ヘテロ接合性…………44
ヘテロ接合性優位…219
変異原…………234
変異セクター…………234
ベンジルアデニン……64
方向選択…………174,181
胞子体…………40
放射性同位元素……163
放射線育種場…164,234
紡錘体形成阻害……56
飽和脂肪酸…………
圃場検定…………255,257
保証種子…………206,287,288
圃場抵抗性…………144,248,253
圃場保存…………28
補足作用…………52
穂発芽耐性……133,142,256,259
穂別系統…………200
母本回帰…………235
ポマト…………69
ホモ接合化…………109
ホモ接合性…………44
ポリエチレングリコール(PEG)…………69,82
ポリジーン…………115,117,178
ポリメラーゼ連鎖反応(PCR)…………296,298
ホルデイン…………264
翻訳…………73

ま行

マイクロチューバ…………29,92,100,245,292,293
慢性毒性試験…………281
未譲渡性…………283
緑の革命……9,20,136
民間育種…………132,283
無エルシン酸…………266
無作為交配……95,103,105,170,198
無作為交配モデル…121
無作為指数…………209
娘細胞…………41
無性生殖…………96,100
無性世代…………40
無配偶生殖…………100
無優性…………46,51,128,210
命名登録…………282
雌花…………97
メリクロン…………65,92,100,242,292
免疫性…………246
メンデル集団…………101

メンデルの（遺伝の）法則
……………………17,42
模擬的環境利用……278
もちコムギ
…………20,139,263
もち性………………263
もちデンプン………262
戻し交配（A／B//B///
B・・・）…19,20,95,156
………159,170,196
戻し交配育種…150,152
もみ枯細菌病…………89
紋枯病…………………87

や行

葯（花粉）培養……67,94
………111,161,170
野生祖先種………9,155
有害・不快成分の除去
……………………………9
有効な（遺伝的）組換え
………………109,198
優秀性………………284
雄蘂先熟性……………99
優性遺伝子連鎖説…223
優性親………………129
優性効果……112,117,
………118,119,121
有性生殖………………96
有性世代………………40
優性……………………43
優性度……128,210,211
優性の法則………43,44
雄性不稔遺伝子……198
雄性不稔植物………158
雄性不稔性……………55
優性分散‥119,123,179
優性分散成分
………122,123,124
優性偏差………122,123
雄穂除去……………230
有用性………………284
有利な遺伝子型……151
優劣性…………………51
油脂…………………265
幼苗検定……………257
葉緑素変異…………164
葉緑体……………………2
抑制作用………………53
四倍体…………160,236

ら・わ行

ラウンドアップ………91
ラクトースオペロン‥75
乱塊法……121,269,287
ランダムプライマー‥18
リノール酸…………265
リプレッサー…………75
リポキシゲナーゼ…265
リボゾーム……………73
流通特性……………259
両性花…………97,156
量的形質
……30,112,177,178
量的形質遺伝子座（QTL）
分析………………………
量的相互作用………267
量的抵抗性…………248
ルーピン…………………9
冷温障害……………254
冷水掛流し法………254
レース………………143
劣性……………………43
劣性親………………128
劣性突然変異………234
レトロトランスポゾン
………167,196,296
連鎖………………47,48
連鎖地図…47,48,49,50
連鎖不平衡…………108
連鎖ブロック………110
連鎖分析………………48
連続的変異…………114
連続分布……………114
ロテノン……………145
矮性台木………………28
早生化………………133

JCLS 〈㈱日本著作出版権管理システム委託出版物〉

2003 2003年11月20日 第1版発行

植物育種原理

著者との申し合せにより検印省略

©著作権所有

本体4400円

著作者 藤巻(ふじまき) 宏(ひろし)

発行者 株式会社 養賢堂
代表者 及川 清

印刷者 株式会社 三秀舎
責任者 山岸真純

発行所 〒113-0033 東京都文京区本郷5丁目30番15号
株式会社 養賢堂
TEL 東京(03)3814-0911 [振替00120 7-25700]
FAX 東京(03)3812-2615
URL http://www.yokendo.com/

ISBN4-8425-0352-1 C3061

PRINTED IN JAPAN 製本所 板倉製本印刷株式会社